计算机基础与实训教材系列

U0128750

中文版

Dreamweaver CS3网页制作

实用教程

王蓓 编著

清华大学出版社

北 京

内 容 简 介

本书由浅入深、循序渐进地介绍了 Macromedia 公司最新推出的网页制作软件——Dreamweaver CS3 的操作方法和使用技巧。全书共分 12 章，分别介绍了 Dreamweaver CS3 基础知识，创建和管理站点，使用表格和框架规划网页布局，在网页中添加网页元素，制作基本页面，创建超链接，使用 CSS 样式，使用层和行为，创建时间轴动画，使用模板和库，插入表单对象，动态网页基础以及制作动态网页，站点的测试与发布。最后一章安排了综合实例，用于提高和拓宽读者对 Dreamweaver CS3 操作的掌握与应用。

本书内容丰富，结构清晰，语言简练，图文并茂，具有很强的实用性和可操作性，是一本适合于大中专院校、职业院校及各类社会培训学校的优秀教材，也是广大初、中级电脑用户的自学参考书。

本书对应的电子教案、实例源文件和习题答案可以到 http://www.tupwk.com.cn/edu 网站下载。

图书在版编目(CIP)数据

中文版 Dreamweaver CS3 网页制作实用教程/王蓓 编著. —北京：清华大学出版社，2009.1
(计算机基础与实训教材系列)

ISBN 978-7-302-19069-1

Ⅰ. 中… Ⅱ. 王… Ⅲ. 主页制作—图形软件，Dreamweaver CS3—教材 Ⅳ.TP393.092

中国版本图书馆 CIP 数据核字(2008)第 188797 号

责任编辑：胡辰浩(huchenhao@263.net) 袁建华
装帧设计：孔祥丰
责任校对：成凤进
责任印制：杨 艳

出版发行：清华大学出版社　　　　　　　　　地　　　址：北京清华大学学研大厦 A 座
　　　　　http://www.tup.com.cn　　　　　　　邮　　　编：100084
　　　　　社　总　机：010-62770175　　　　　邮　　　购：010-62786544
　　　　　投稿与读者服务：010-62776969,c-service@tup.tsinghua.edu.cn
　　　　　质　量　反　馈：010-62772015,zhiliang@tup.tsinghua.edu.cn
印　刷　者：北京四季青印刷厂
装　订　者：北京市密云县京文制本装订厂
经　　　销：全国新华书店
开　　　本：190×260　印　张：19.5　字　数：512 千字
版　　　次：2009 年 1 月第 1 版　　　印　　　次：2009 年 1 月第 1 次印刷
印　　　数：1～5000
定　　　价：30.00 元

本书如存在文字不清、漏印、缺页、倒页、脱页等印装质量问题，请与清华大学出版社出版部联系调换。联系电话：(010)62770177 转 3103　　产品编号：026396-01

编审委员会

丛书序

计算机已经广泛应用于现代社会的各个领域，熟练使用计算机已经成为人们必备的技能之一。因此，如何快速地掌握计算机知识和使用技术，并应用于现实生活和实际工作中，已成为新世纪人才迫切需要解决的问题。

为适应这种需求，各类高等院校、高职高专、中职中专、培训学校都开设了计算机专业的课程，同时也将非计算机专业学生的计算机知识和技能教育纳入教学计划，并陆续出台了相应的教学大纲。基于以上因素，清华大学出版社组织一线教学精英编写了这套"计算机基础与实训教材系列"丛书，以满足大中专院校、职业院校及各类社会培训学校的教学需要。

一、丛书书目

本套教材涵盖了计算机各个应用领域，包括计算机硬件知识、操作系统、数据库、编程语言、文字录入和排版、办公软件、计算机网络、图形图像、三维动画、网页制作以及多媒体制作等。众多的图书品种，可以满足各类院校相关课程设置的需要。

◉ 第一批出版的图书书目

《计算机基础实用教程》	《中文版 AutoCAD 2009 实用教程》
《计算机组装与维护实用教程》	《AutoCAD 机械制图实用教程(2009 版)》
《五笔打字与文档处理实用教程》	《中文版 Flash CS3 动画制作实用教程》
《电脑办公自动化实用教程》	《中文版 Dreamweaver CS3 网页制作实用教程》
《中文版 Photoshop CS3 图像处理实用教程》	《中文版 3ds Max 9 三维动画创作实用教程》
《Authorware 7 多媒体制作实用教程》	《中文版 SQL Server 2005 数据库应用实用教程》

◉ 即将出版的图书书目

《中文版 Word 2003 文档处理实用教程》	《中文版 3ds Max 2009 三维动画创作实用教程》
《中文版 PowerPoint 2003 幻灯片制作实用教程》	《中文版 Indesign CS3 实用教程》
《中文版 Excel 2003 电子表格实用教程》	《中文版 CorelDRAW X3 平面设计实用教程》
《中文版 Access 2003 数据库应用实用教程》	《中文版 Windows Vista 实用教程》
《中文版 Project 2003 实用教程》	《电脑入门实用教程》
《中文版 Office 2003 实用教程》	《Java 程序设计实用教程》
《Oracle Database 11g 实用教程》	《JSP 动态网站开发实用教程》
《Director 11 多媒体开发实用教程》	《Visual C#程序设计实用教程》
《中文版 Premiere Pro CS3 多媒体制作实用教程》	《网络组建与管理实用教程》
《中文版 Pro/ENGINEER Wildfire 5.0 实用教程》	《Mastercam X3 实用教程》
《ASP.NET 3.5 动态网站开发实用教程》	《AutoCAD 建筑制图实用教程(2009 版)》

二、丛书特色

1、选题新颖，策划周全——为计算机教学量身打造

本套丛书注重理论知识与实践操作的紧密结合，同时突出上机操作环节。丛书作者均为各大院校的教学专家和业界精英，他们熟悉教学内容的编排，深谙学生的需求和接受能力，并将这种教学理念充分融入本套教材的编写中。

本套丛书全面贯彻"理论→实例→上机→习题"4 阶段教学模式，在内容选择、结构安排上更加符合读者的认知习惯，从而达到老师易教、学生易学的目的。

2、教学结构科学合理，循序渐进——完全掌握"教学"与"自学"两种模式

本套丛书完全以大中专院校、职业院校及各类社会培训学校的教学需要为出发点，紧密结合学科的教学特点，由浅入深地安排章节内容，循序渐进地完成各种复杂知识的讲解，使学生能够一学就会、即学即用。

对教师而言，本套丛书根据实际教学情况安排好课时，提前组织好课前备课内容，使课堂教学过程更加条理化，同时方便学生学习，让学生在学习完后有例可学、有题可练；对自学者而言，可以按照本书的章节安排逐步学习。

3、内容丰富、学习目标明确——全面提升"知识"与"能力"

本套丛书内容丰富，信息量大，章节结构完全按照教学大纲的要求来安排，并细化了每一章内容，符合教学需要和计算机用户的学习习惯。在每章的开始，列出了学习目标和本章重点，便于教师和学生提纲挈领地掌握本章知识点，每章的最后还附带有上机练习和习题两部分内容，教师可以参照上机练习，实时指导学生进行上机操作，使学生及时巩固所学的知识。自学者也可以按照上机练习内容进行自我训练，快速掌握相关知识。

4、实例精彩实用，讲解细致透彻——全方位解决实际遇到的问题

本套丛书精心安排了大量实例讲解，每个实例解决一个问题或是介绍一项技巧，以便读者在最短的时间内掌握计算机应用的操作方法，从而能够顺利解决实践工作中的问题。

范例讲解语言通俗易懂，通过添加大量的"提示"和"知识点"的方式突出重要知识点，以便加深读者对关键技术和理论知识的印象，使读者轻松领悟每一个范例的精髓所在，提高读者的思考能力和分析能力，同时也加强了读者的综合应用能力。

5、版式简洁大方，排版紧凑，标注清晰明确——打造一个轻松阅读的环境

本套丛书的版式简洁、大方，合理安排图与文字的占用空间，对于标题、正文、提示和知识点等都设计了醒目的字体符号，读者阅读起来会感到轻松愉快。

三、读者定位

本丛书为所有从事计算机教学的老师和自学人员而编写，是一套适合于大中专院校、职业院校及各类社会培训学校的优秀教材，也可作为计算机初、中级用户和计算机爱好者的学习计算机知识的自学参考书。

四、周到体贴的售后服务

为了方便教学，本套丛书提供精心制作的 PowerPoint 教学课件(即电子教案)、素材、源文件、习题答案等相关内容，可在网站上免费下载，也可发送电子邮件至 wkservice@vip.163.com 索取。

此外，如果读者在使用本系列图书的过程中遇到疑惑或困难，可以在丛书支持网站(http://www.tupwk.com.cn/edu)的互动论坛上留言，本丛书的作者或技术编辑会及时提供相应的技术支持。咨询电话：010-62796045。

Dreamweaver CS3 是 Adobe 公司最新推出的专业化网页制作软件，目前正广泛应用于网站设计、网页规划等诸多领域。随着 Internet 的日益盛行，成功的网页不仅能提升公司和个人形象，还能展现一些特有的产品、个人信息等内容。为了适应网络时代人们对网页制作软件的要求，新版本的 Dreamweaver CS3 在原有版本的基础上进行了诸多功能改进。

本书从教学实际需求出发，合理安排知识结构，从零开始、由浅入深、循序渐进地讲解 Dreamweaver CS3 的基本知识和使用方法。本书共分为 12 章，主要内容如下：

第 1 章介绍了网页制作的基础，包括网页的设计构思以及 Dreamweaver CS3 的操作界面。

第 2 章介绍了创建和管理站点，主要包括规划、创建和管理本地站点等基本操作。

第 3 章介绍了使用表格和框架规划网页布局的方法。

第 4 章介绍了制作基本网页的方法，包括在网页中插入各个元素以及设置其相关属性。

第 5 章介绍了在网页中插入多媒体内容和超链接的方法。

第 6 章介绍了使用 CSS 样式，包括使用 CSS 样式以及设置 CSS 常用样式。

第 7 章介绍了使用层并设置层属性，时间轴动画以及添加 Dreamweaver 内置行为。

第 8 章介绍了使用模板和库，主要包括使用模板创建网页文档并根据模板制作网页，使用、管理和编辑库项目。

第 9 章和第 10 章介绍了动态网页制作基础，以及常用 ASP 对象的使用方法。主要包括表单页面的制作，构建动态网页的开发环境，创建和链接数据库等。

第 11 章介绍了网页站点的测试与发布，以及对站点进行维护的方法。

第 12 章介绍了制作一个个人动态网站的过程。

本书图文并茂，条理清晰，通俗易懂，内容丰富，在讲解每个知识点时都配有相应的实例，方便读者上机实践。同时在难于理解和掌握的部分内容上给出相关提示，让读者能够快速地提高操作技能。此外，本书还配有大量综合实例和练习，让读者在不断的实际操作中更加牢固地掌握书中讲解的内容。

除封面署名的作者外，参加本书编写的人员还有洪妍、方峻、何亚军、王通、高鹃妮、严晓雯、杜思明、孔祥娜、张立浩、孔祥亮、陈笑、陈晓霞、王维、牛静敏、牛艳敏、何俊杰、葛剑雄等人。由于作者水平有限，本书不足之处也在所难免，欢迎广大读者批评指正。我们的电子邮箱是 huchenhao@263.net，电话 010-62796045。

作　者

2008 年 10 月

推荐课时安排

章　名	重点掌握内容	教学课时
第 1 章　Dreamweaver CS3 网页制作基础	1. 网页和网站的基础知识 2. 网页的设计构思 3. 初识 Dreamweaver CS3	2 学时
第 2 章　创建和管理站点	1. 规划站点 2. 创建本地站点 3. 管理站点 4. 使用站点地图 5. 网页文档的基本操作	2 学时
第 3 章　使用表格和框架规划网页布局	1. 认识表格 2. 使用表格 3. 编辑表格 4. 使用表格规划网页布局 5. 认识框架 6. 使用框架设置网页布局	3 学时
第 4 章　制作网页	1. 在网页中插入文本 2. 编辑文本 3. 在网页中插入图像 4. 编辑图像 5. 创建网页导航条	4 学时
第 5 章　插入多媒体内容和超链接	1. 插入多媒体内容 2. 超链接的概念 3. 创建超链接 4. 管理超链接	3 学时
第 6 章　使用 CSS 样式	1. CSS 样式的概念 2. 使用 CSS 样式	2 学时
第 7 章　使用层、时间轴和行为	1. 层的概念 2. 使用时间轴 3. 认识行为	3 学时

(续表)

章　名	重点掌握内容	教学课时
第 8 章　使用模板和库	1. 使用模板 2. 使用模板创建网页文档 3. 使用库项目	2 学时
第 9 章　动态网页基础	1. 动态网页的概念 2. 构建 ASP 网页开发环境 3. 创建 Access 数据库连接	3 学时
第 10 章　制作动态网页	1. 创建表单 2. 插入表单 3. ASP 的概念 4. ASP 对象及应用 5. VBScript 基本语法	4 学时
第 11 章　站点的测试与发布	1. 测试站点 2. 管理站点 3. 维护站点 4. 发布站点	2 学时
第 12 章　Dreamweaver 综合实例应用	1. 新建站点 2. 规划站点 3. 制作页面 4. 设置服务器 5. 创建数据库 6. 连接数据库 7. 制作留言板 8. 添加网站计数器 9. 添加鼠标效果	4 学时

注：1、教学课时安排仅供参考，授课教师可根据情况作调整。

　　2、建议每章安排与教学课时相同时间的上机练习。

计算机
基础与实训教材系列

目录 CONTENTS

计算机 基础与实训教材系列

计算机 基础与实训教材系列

第1章

Dreamweaver CS3 网页制作基础

学习目标

　　Dreamweaver CS3 是一款专业的网页制作软件，它具有简单易学、操作方便以及适用于网络等优点，即使没有任何网页制作经验的用户，也能很容易上手，制作出精美的网页。本章主要介绍了网页的基本概念、网页设计的构思和设计流程，以及 Dreamweaver CS3 的简介、操作界面和工作环境。

本章重点

- ⊙　网页和网站的基础知识
- ⊙　网页的设计构思
- ⊙　Dreamweaver CS3 的简述
- ⊙　Dreamweaver CS3 的操作界面
- ⊙　Dreamweaver CS3 的工作环境

1.1　Dreamweaver CS3 网页制作基础

　　随着互联网的迅猛发展，人们可以获取、交换和存储连接到网络上的各计算机上的信息。网络上存放信息和提供服务的地方就是网站。一个成功的网站离不开精美绚丽的网页，要制作出美观的网页，首先要学习网页制作的相关知识，例如制作网页的知识、制作网页元素的知识以及设计网页效果的知识等。而一个网页的成功与否，很重要的因素就在于制作者对网页设计基本知识的掌握程度，富有创意的构思与巧妙的页面元素处理会让网页内容更加鲜明与美观，而Dreamweaver 作为目前最受欢迎的网页制作软件之一，使用它可以制作出绚丽的网页。

①.1.1　网页和网站的概念

关于网络，有着各式各样的专有名词。弄清楚它们的概念和联系，对于学习各种网络知识都将会有极大的好处。

1. 网页的概念

网页(web)，也就是网站上的某一个页面，它是一个纯文本文件，是向浏览者传递信息的载体，以超文本和超媒体为技术，采用 HTML、CSS、XML 等语言来描述组成页面的各种元素，包括文字、图像、音乐等，并通过客户端浏览器进行解析，从而向浏览者呈现网页的各种内容。

网页经由网址(URL)来识别与存放，在浏览器地址栏中输入网址后，经过一段复杂而又快速的程序，网页文件会被传送到计算机，然后再通过浏览器解释网页内容，再展示在计算机用户面前。例如，访问 www.id123321.cn，实际在浏览器中打开的是 www.id123321.cn/index.html 文件，它是 www.id123321.cn 服务器主机上的默认主页文件。因此，在浏览器地址栏中输入 www.id123321.cn 或者 www.id123321.cn/index.html，所展示的网页内容相同，如图 1-1 所示。

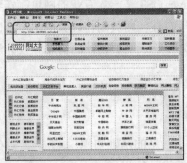

图 1-1　在浏览器地址栏中输入网址

2. 网站的概念

网站(Website)，它是指在互联网上，根据一定的规则，使用 HTML 等工具制作的用于展示特定内容的相关网页集合，它建立在网络基础之上，以计算机、网络和通信技术为依托，通过一台或多台计算机向访问者提供服务。平时所说的访问某个站点，实际上访问的是提供这种服务的一台或多台计算机。

①.1.2　网页的基本元素

网页是一个纯文本文件，通过 HTML、CSS 等脚本语言对页面元素进行标识、然后由浏览器自动生成的页面。构建网页的基本元素包括文本、图像和超链接，其他元素包括声音、动画、视频、表格、导航栏、表单等，如图 1-2 所示。

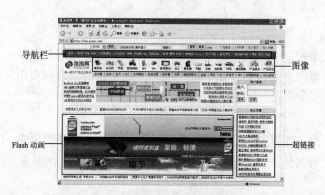

图 1-2　网页的部分组成元素

1. 文本

文本是最重要的网页信息载体与交流工具，网页中的主要信息一般都以文本形式为主。与图像网页元素相比，文字虽然并不如图像那样容易被浏览者注意，但却能包含更多的信息并更准确地表达信息的内容和含义。

2. 图像

图像元素在网页中具有提供信息并展示直观形象的作用。用户可以在网页中使用 GIF、JPEG 和 PNG 等多种文件格式的图像。目前应用最广泛的图像文件格式是 GIF 和 JPEG 这两种。

3. Flash 动画

动画在网页中的作用是有效地吸引访问者更多的注意。用户在设计制作网页时可以通过在页面中加入动画使页面更加活泼。

4. 声音

声音是多媒体和视频网页重要的组成部分。用户在为网页添加声音效果时应充分考虑其格式、文件大小、品质和用途等因素。另外，不同的浏览器对声音文件的处理方法也有所不同，彼此之间有可能并不兼容。

5. 视频

视频文件的采用使网页效果更加精彩且富有动感。常见的视频文件格式包括 RM、MPEG、AVI 和 DivX 等。

6. 超链接

超链接是从一个网页指向另一个目的端的链接，超链接的目的端可以是网页，也可以是图片、电子邮件地址、文件和程序等。当网页访问者单击页面中某个超链接时，将根据自身的类型以不同的方式打开该目的端。例如，当超链接的目的端是一个网页时，将会自动弹出窗口以显示网页内容。

7. 表格

表格在网页中用来控制页面信息的布局方式。其作用主要有两个方面：一方面是使用行和列的形式布局文本和图像以及其他列表化数据；另一方面是精确控制网页中各种元素的显示位置。

8. 导航栏

导航栏在网页中是一组超链接，其链接的目的端是网站中重要的页面。在网站中设置导航栏可以使访问者既快又容易地浏览站点中的其他网页。

9. 交互式表单

表单在网页中通常用来联系数据库并接受访问用户在浏览器端输入的数据。表单的作用是收集用户在浏览器上输入的联系信息、接受请求、反馈意见、设置签名以及登录信息等。

10. 其他网页元素

网页中除了上面介绍的网页元素之外，还包括悬停按钮、Java 特效、ActiveX 等各种特效。用户在制作网页时，可以使用它们来点缀网页效果，使页面更加活泼有趣。

①1.3 网页类型

目前，常见的网页有静态网页和动态网页两种。

静态网页的 URL 通常以.htm、.html、.shtml、.xml 等形式为后缀；动态网页的 URL 一般以.asp、.jsp、.php、.perl、.cgi 等形式为后缀。

1. 静态网页

网页所基于的底层技术是 HTML 和 HTTP，在过去，制作网页都需要专门的技术人员来逐行编写代码，编写的文档称为 HTML 文档。然而这些 HTML 文档类型的网页仅仅是静态的网页，常见的静态网页如图 1-3 所示。但要注意的是，静态网页并非是没有动画的页面，在网页设计中，纯 HTML 格式的网页通常被称为【静态网页】。

这种网页完全由 HTML 标签构成，可以直接针对浏览器做出请求响应，它具有以下几点特点：

- ◉ 制作速度快，成本低。
- ◉ 模板一旦确定下来，不易修改，更新比较费时费事。
- ◉ 常用于制作一些固定版式的页面。
- ◉ 通常由文本和图像组成，常用于子页面的内容介绍。

2. 动态网页

随着网络和电子商务的快速发展，产生了许多网页设计新技术，例如 ASP 技术、JSP 技术等，采用这些技术编写的网页文档称为 ASP 文档或 JSP 文档，这种文档类型的网页由于采用了动态页面技术，所以拥有更好的交互性、安全性和友好性，常见的动态网页如图 1-4 所示。简单来说，动态网页是由网页应用程序反馈至浏览器上生成的网页，它是服务器与用户进行交互的界面。

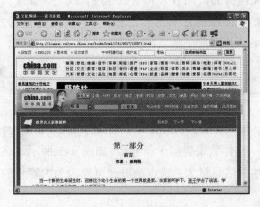

图 1-3　常见的静态网页

图 1-4　常见的动态网页

目前动态网页开发的 3 种主流技术是 ASP、PHP 和 JSP，它们各有所长，都需要把脚本语言嵌入到 HTML 文档中。这 3 种技术的不同之处在于，ASP 学习简单、使用方便；PHP 软件免费，运行成本低；JSP 多平台支持，转换方便。这 3 种技术具体作用如下。

- ⊚ ASP：主要为 HTML 编写人员提供了在服务器端运行脚本的环境，使 HTML 编写人员可以利用 VBScript 和 JScript 或其他第三方脚本语言来创建 ASP，实现有动态内容的网页，如计数器等。

- ⊚ PHP：是一种跨平台的服务器端的嵌入式脚本语言，它是技术人员在制作个人主页的过程中开发的小应用程序，而后经过整理和进一步开发而形成的语言。它能使用户独自在多种操作系统下迅速地完成一个简单的 Web 应用程序。PHP 支持目前绝大多数数据库，并且是完全免费的，可以从 PHP 官方站点(http: //www.php.net)上自由下载。用户可以不受限制地获得源码，甚至可以在其中加进自己需要的特色。

- ⊚ JSP：全称是 Java Server Pages，它的突出特点是开放的、跨平台的结构，可以运行在几乎所有的服务器系统上。JSP 将 Java 程序段和 JSP 标记嵌入普通的 HTML 文档中。当客户端访问一个 JSP 网页时，就执行其中的程序段。Java 是一种成熟的跨平台的程序设计语言，它可以实现丰富强大的功能。

1.2　网页的设计构思

在制作网页之前，首先要进行网页的设计与构思，主要包括网页的布局、网页的配色、网页的设计原则。

①2.1 网页的布局

网页布局能决定网页是否美观。合理的布局，可以将页面中的文字、图像等内容完美、直观地展现给访问者，同时合理安排网页空间，优化网页的页面效果和下载速度。反之，如果页面布局不合理，网页在浏览器中的显示将十分糟糕，页面中的各个元素显示效果可能会重叠或丢失。因此，在对网页进行布局设计时，应遵循对称平衡、异常平衡、对比、凝视和空白等原则。常见的网页布局形式包括：π型布局、T型布局、"三"型布局、对比布局和POP布局等。

1. π型布局

π型结构网页顶部一般为网站标志、主菜单和广告条。下方分为3个部分，左、右侧为链接、广告或其他内容，中间部分为主题内容的布局，整体效果类似于符号π，如图1-5所示。这种网页布局的优点是充分利用了页面的版面，可容纳的信息量大；缺点是页面可能因为大容量的信息而显得拥挤，不够生动。

2. T型布局

T型结构布局的网页顶部一般是网站标志和广告条，页面的左侧是主菜单，右侧是主要内容，如图1-6所示。这种网页布局的优点是页面结构清晰，内容主次分明，是初学者最容易上手的布局方法。T型布局网页的缺点是布局规格死板，如果不注意细节上的色彩调整，很容易产生乏味感。

图1-5 π型布局网页

图1-6 T型布局网页

3. "三"型布局

"三"型结构布局的网页布局常见于国外的网站，这种网页布局是在页面上横向的两条色块将整个网页划分为上、中和下3个区域，如图1-7所示。而色块中一般放置广告更新和版权提示等信息。

4. 框架布局

框架布局包括左右框架布局、上下框架布局和综合框架布局几种形态。采用框架布局布局的网页一般可以通过某个框架内的链接控制另一个框架内的页面内容显示，如图 1-8 所示。

图 1-7　"三"型布局网页　　　　　　　　　图 1-8　框架布局网页

5. POP 布局

POP 引自于广告术语，指的是页面布局像一张宣传海报，以一张精美的图片作为页面设计的中心，如图 1-9 所示。

6. Flash 布局

Flash 布局网页的整体就是一个 Flash 动画，画面一般制作得比较绚丽活泼。是一种能迅速吸引访问者注意的新潮布局方式，如图 1-10 所示。

图 1-9　POP 布局网页　　　　　　　　　图 1-10　Flash 布局网页

①2.2　网页的设计原则

网页的设计不仅涉及各种软件的操作技术，还关联到设计者对生活的理解和体验。网页设计就是要把适合的信息传达给适合的观众，要设计出一个既好看又实用的网页，就必须要遵循一些必要的原则。

1. 页面的统一、连贯、和谐

一个精美的网页必须拥有良好的整体统一效果,在设计过程中一定要将页面的各个组成部分进行合理的布局,以避免出现纷杂的凌乱情况。

网页的连贯是指页面中各部分的相互关系。在网页设计过程中,应充分利用各组成部分在内容上的内在联系和表现形式上的相互呼应,并使整个页面设计保持一致,实现视觉上和心理上的连贯,使整个页面的各个部分融洽。

网页的和谐是指整个页面符合美的法则,和谐不仅要看页面的结构形式,而且要看作品所形成的视觉效果(颜色搭配、形式等)能否与人的视觉感受形成一种有效沟通,产生心灵的共鸣,这是网页能够设计成功的关键因素之一。

2. 较快的下载速度

良好的下载速度是一个优秀网页所必备的条件,在网络速度相当缓慢的情况下,设计者应该为节约访问者的时间而精心设计。即使不能让每个页面都保持比较快的下载速度,至少应该确保首页和主要内容页面的下载要尽可能地快。

在目前的技术条件下,保持网页的优质下载速度的主要方法是尽量让页面简洁,避免使用大量的图片,以及取消自动下载的音乐和媒体素材。

3. 网页链接无误

网页的主要功能就是向访问者提供信息。如果网页的链接出现错误,访问者就无法获取自己所需的资料。因此网页链接无误,是网页设计的最基本原则。

4. 兼容性

不同的浏览器和分辨率,对网页的显示效果会有比较大的区别。目前广泛应用的浏览器有微软的 IE、网景的 Navigator 和 Mozilla 的 Firefox 3 种。在设计网页时,要充分考虑不同浏览器的显示要求,始终从用户的实际情况出发,完成网页设计后,可以使用不同的浏览器先测试一下,没有问题后再进行发布。

计算机 基础与实训教材系列

1.3 初识 Dreamweaver CS3

Dreamweaver 系列软件集合了网页制作和网站管理于一身,是一款"所见即所得"的网页制作软件。它强大的功能和清晰的操作界面备受广大网页制作用户的欢迎。Dreamweaver CS3 作为 Dreamweaver 系列中的最新版本,在增强了面向专业人士的基本工具和可视技术外,同时提供了功能强大、开放式且基于标准的开发模式,可以轻而易举地制作出跨平台和基于浏览器的动感效果网页。

1.3.1　Dreamweaver CS3 简述

Dreamweaver CS3 是 Adobe 公司最新推出的网页制作软件，用于对网站、网页和 Web 应用程序进行设计、编码和开发，广泛用于网页制作和网站管理。

1. 网页制作

Dreamweaver CS3 为开发各种网页和网页文档提供了灵活的环境，除了可以制作传统的 HTML 静态网页外，还可以使用 ASP、PHP 或 JSP 技术，创建基于数据库的交互式动态网页。此外，Dreamweaver CS3 对 CSS 样式表提供了更强劲的支持，并扩展了对 XML 和 XSLT 技术的支持，以帮助设计人员创建功能复杂的专业级 Web 页面。

2. 站点管理

Dreamweaver CS3 既是一个网页制作软件，也是一个站点创建与管理工具，使用它不仅可以制作单独的网页文档，还可以创建并管理完整的基于 Dreamweaver 软件开发平台的 Web 站点。它提供了合理组织和管理所有与站点相关文档的方法，通过 Dreamweaver CS3 提供的工具，可以将站点上传到 Web 服务器，并且可以自动跟踪和维护网页链接，管理和共享网页文件。

1.3.2　Dreamweaver CS3 的工作界面

Dreamweaver CS3 的工作界面秉承了 Dreamweaver 系列产品一贯的简洁、高效和易用性，大多功能都能在工作界面中很方便地找到。它的工作界面主要由【文档】窗口、【文档】工具栏、菜单栏、插入栏、状态栏、面板组和【属性】面板组成，如图 1-11 所示。

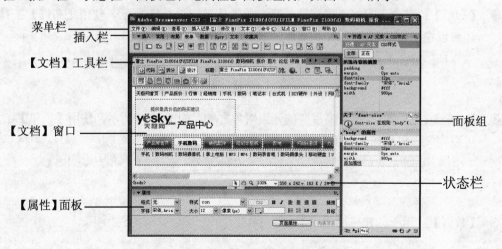

图 1-11　Dreamweaver CS3 工作界面

1. 菜单栏

菜单栏提供了用于各种操作的标准菜单命令，它由【文件】、【编辑】、【查看】、【插入记录】、【修改】、【文本】、【命令】、【站点】、【窗口】和【帮助】10 个菜单命令组成。

◉ 【文件】：用于文件操作的标准菜单选项，如【新建】、【打开】和【保存】等。

◉ 【编辑】：用于基本编辑操作的标准菜单选项，如【剪切】、【复制】和【粘贴】等。

◉ 【查看】：用于查看文件的各种视图，如设计视图、代码视图等。

◉ 【插入记录】：用于将各种对象插入到页面中的各种菜单选项，如表格、图像、表单等。

◉ 【修改】：用于编辑标签、表格、库和模板的标准菜单选项。

◉ 【文本】：用于文本设置的各种标准菜单选项。

◉ 【命令】：用于各种命令访问的标准菜单选项。

◉ 【站点】：用于站点编辑和管理的各种标准菜单选项。

◉ 【窗口】：用于打开或关闭各种面板、检查器的标准菜单选项。

◉ 【帮助】：用于使用户了解并使用 Dreamweaver CS3 的软件和相关网站链接菜单选项。

2. 插入栏

选择插入工具栏中相应的命令，可以向网页中添加文字、图像、表格、按钮、导航以及程序等各种设计元素。根据类别不同，【插入】工具栏由【常用】、【布局】、【表单】、【数据】、【Spry】、【文本】和【收藏夹】组成。

◉ 【常用】：包括网页中最常用的元素对象，例如插入超链接、插入表格、插入时间日期等，如图 1-12 所示。

图 1-12　【常用】工具栏

◉ 【布局】：整合了表格、层和框架等布局工具，如图 1-13 所示。使用【布局】工具栏，还可以在【标准】、【扩展】和【布局】模式之间进行切换。

图 1-13　【布局】工具栏

◉ 【表单】：是动态网页中最重要的元素对象之一，如图 1-14 所示，使用【表单】工具栏可以定义表单和插入表单对象。

图 1-14　【表单】工具栏

◉ 【数据】：用于创建应用程序，如图 1-15 所示。

图 1-15　【数据】工具栏

- 【Spry】：使用【Spry】工具栏，可以更快捷地构建 Ajax 页面，包括 Spry XML 数据集、Spry 重复项、Spry 表等，如图 1-16 所示。对于不擅长编程的用户，也可以通过修正它们来制作页面。

图 1-16　【Spry】工具栏

- 【文本】：用于对文本对象进行编辑，如图 1-17 所示。

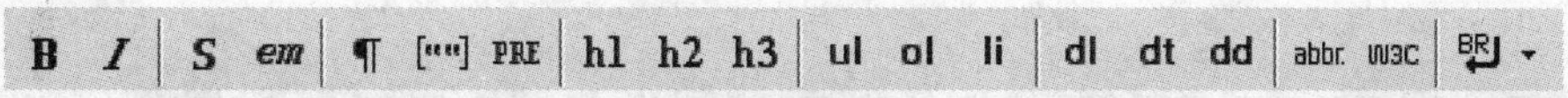

图 1-17　【文本】工具栏

- 【收藏夹】：可以将常用的按钮添加到【收藏夹】工具栏中，方便以后的使用。

3．【文档】工具栏

【文档】工具栏中主要包含了一些对文档进行常用操作的功能按钮，用户通过单击这些按钮可以在文档的不同视图模式间进行快速切换，如图 1-18 所示。

图 1-18　【文档】工具栏

【文档】工具栏上各选项具体作用如下。

- 【代码】按钮：在文档窗口中显示 HTML 源代码视图。
- 【拆分】按钮：在文档窗口中同时显示 HTML 源代码和设计视图。
- 【设计】按钮：系统默认的文档窗口视图模式，显示设计视图。
- 【标题】文本框：可以输入要在网页浏览器上显示的文档标题。
- 【文件管理】按钮：当很多用户同时操作一个网页时，使用该按钮进行打开文件、导出和设计附注等操作。
- 【在浏览器中预览/调试】按钮：该按钮通过指定浏览器预览网页文档。可以在文档中存在 JavaScript 错误时查找错误。
- 【刷新设计视图】按钮：在代码视图中修改网页内容后，可以使用该按钮刷新文档窗口。
- 【视图选项】按钮：在文档窗口中显示例如文件头部内容、网络、标志和辅助线等视图选项。
- 【可视化助理】按钮：在文档窗口中显示各种可视化助理。
- 【验证标记】按钮：验证当前文档或选定的标签。
- 【检查浏览器兼容性】按钮：检查所设计的页面对不同类型的浏览器的兼容性。

4．【文档】窗口

【文档】窗口是 Dreamweaver CS3 进行可视化编辑网页的主要区域，可以显示当前文档的所有操作效果，例如插入文本、图像、动画等。

5．【属性】面板

【属性】面板，如图 1-19 所示，可以查看并编辑页面上文本或对象的属性。该面板中显示的属性通常对应于标签的属性，更改属性通常与在【代码】视图中更改相应的属性具有相同的效果。

图 1-19　【属性】面板

要使用【属性】面板设置文档窗口中某个对象的属性参数，选中该对象后，选择【窗口】|【属性】命令，即可显示【属性】面板。单击右下角的展开箭头，可以折叠面板，只显示最常见的属性。

6．状态栏

Dreamweaver CS3 中的状态栏位于文档窗口的底部，它的作用是显示用户正在编辑的文档的相关信息。例如当前窗口大小、文档大小和估计下载时间等，如图 1-20 所示。各选项具体作用如下。

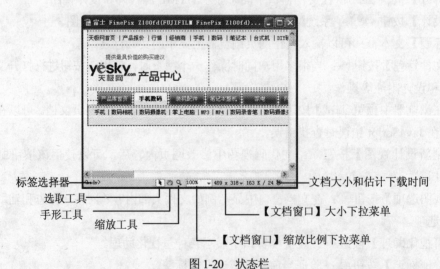

图 1-20　状态栏

- 标签选择器：用于显示环绕当前选定内容的标签的层次结构。单击该层次结构中的任何标签可以选择该标签及其全部内容，例如单击<body>可以选择文档的整个正文。

- ⦿ 选取工具：用于选中当前文档中的内容。
- ⦿ 手形工具：用户可以单击该工具按钮，在文档窗口中以拖曳方式查看文档内容。单击选取工具可禁用手形工具。
- ⦿ 缩放工具和【文档窗口】缩放比例下拉菜单：用于设置当前文档内容的显示比例。
- ⦿ 【文档窗口】大小下拉菜单：用于设置当前文档窗口的大小比例。

7．面板组

为使设计界面更加简洁，同时也为了获得更大的操作空间，Dreamweaver CS3 中类型相同或功能相近的面板分别被组织到不同的面板下，然后这些面板被组织在一起，构成面板组。默认的面板有【CSS】、【应用程序】、【标签检查器】和【文件】。这些面板都是折叠的，通过标题左角处的展开箭头可以对面板进行折叠或展开，并且可以和其他面板组停靠在一起。面板组还可以停靠到集成的应用程序窗口中。

除上述面板外，还有【框架】面板、【结果】面板等，选择【窗口】菜单命令选项下的相应命令即可调出。

1.3.3　设置 Dreamweaver CS3 工作环境

Dreamweaver CS3 提供了【标尺】、【网格】和【跟踪图像】3 种可视化向导，用于辅助设计和预先设置网页在浏览器中的显示尺寸。

1．使用【标尺】功能

在设计页面时需要设置页面元素的位置，可以使用【标尺】功能。选择【查看】|【标尺】|【显示】命令，可以在文档中显示【标尺】，如图 1-21 所示。重复操作，可以隐藏显示标尺。

设置标尺的原点，可在标尺的左上角区域单击，然后拖至设计区中的适当位置。释放鼠标按键后，该位置即成为新标尺原点，如图 1-22 所示。如果要恢复标尺初始位置，双击窗口左上角的标尺交点处即可。

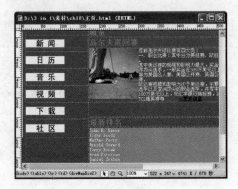

图 1-21　显示标尺

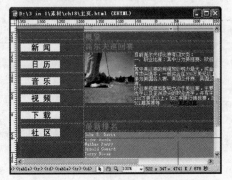

图 1-22　设置新的标尺原点

2. 使用【网格】功能

在设计页面时需要对齐页面元素，可以使用【网格】功能。选择【查看】|【网格】|【显示网格】命令，可以在网页文档中显示网格，如图 1-23 所示。

重复操作，【查看】|【网格】|【显示网格】命令，可以隐藏显示网格。

网格设置包括网格的颜色、间隔和显示方式。选择【查看】|【网格】|【网格设置】命令，打开【网格设置】对话框，如图 1-24 所示。

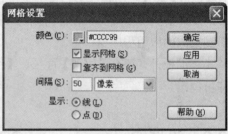

图 1-23　显示网格　　　　　　　　图 1-24　【网格设置】对话框

在【网格设置】对话框中，各选项的具体功能如下。

- ◉ 【颜色】：可以在文本框中输入网格线的颜色，或者单击颜色框▢按钮，打开调色板选择网格线的颜色。
- ◉ 【显示网格】：选中该复选框，可以显示网格线。
- ◉ 【靠齐到网格】：选中该复选框，可以在移动对象时自动捕捉网格。
- ◉ 【间隔】：可以在文本框中输入网格之间的间距，在右边的下拉列表框中选择网格间距的单位，可以选择【像素】、【英寸】和【厘米】。
- ◉ 【显示】：选中【线】单选按钮，网格线以直线方式显示；选中【点】单选按钮，网格线以点线方式显示。

【例 1-1】设置 Dreamweaver CS3 工作环境。

(1) 启动 Dreamweaver CS3，选择【窗口】|【文件】命令，打开【文件】面板，如图 1-25 所示。

(2) 选择【窗口】|【CSS 样式】命令，打开【CSS 样式】面板。

(3) 右击【CSS 样式】面板，在弹出的快捷菜单中选择【将 CSS 样式组合至】|【文件】命令，如图 1-26 所示。

(4) 将【CSS 样式】面板组合到【文件】面板中，如图 1-27 所示。

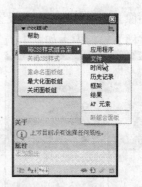

图 1-25　打开【文件】面板　　　　　　　图 1-26　选择命令

(5) 单击【文档窗口】大小下拉菜单，设置当前文档窗口的大小比例为 80%。

(6) 选择【查看】|【标尺】|【显示】命令，可以在文档中显示【标尺】，设置的工作环境如图 1-28 所示。

图 1-27　将【CSS 样式】面板组合到【文件】面板中　　　　　图 1-28　设置工作环境

3. 使用【跟踪图像】功能

在 Dreamweaver CS3 中，使用跟踪图像功能可以载入某个网页的布局(或图片)，然后借助该网页的布局来安排正在制作的网页布局。选择【查看】|【跟踪图像】|【载入】命令，打开【选择图像源文件】对话框，如图 1-29 所示。选择要载入的【图片】文件，单击【确定】按钮，打开【页面属性】对话框，默认打开的是【跟踪图像】选项卡，如图 1-30 所示。

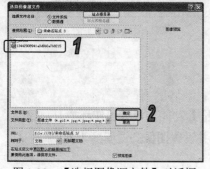

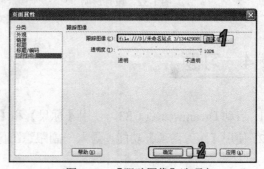

图 1-29　【选择图像源文件】对话框　　　　　图 1-30　【跟踪图像】选项卡

在【跟踪图像】选项卡中，可以设置跟踪图像的【透明度】值，单击【确定】按钮，即可将图像载入到【文档】窗口中，如图 1-31 所示。

图 1-31　将图像载入到【文档】窗口

> **提示**
>
> 　　因为载入的跟踪图像不会在浏览器中显示，只供参考，所以在设置跟踪图像时，可以设置适当的透明度，这样既能辅助设计，又不会影响到设计效果。

选择【查看】|【跟踪图像】菜单中的其他命令，可以执行以下操作。

- ◎　选择【显示】命令：可以显示或隐藏跟踪图像。
- ◎　选择【对齐所选范围】命令：可以跟踪图像与某个选中对象(如图层、对象等)对齐。
- ◎　选择【调整位置】命令：可以调整跟踪图像位置。
- ◎　选择【重设位置】命令：可以复位跟踪图像位置。

【例 1-2】使用【跟踪图像】功能，插入跟踪图像，设置跟踪图像属性。

(1) 启动 Dreamweaver CS3，选择【查看】|【跟踪图像】|【载入】命令，打开【选择图像源文件】对话框，如图 1-29 所示。选择要载入的【图片】文件，单击【确定】按钮，打开【页面属性】对话框，默认打开的是【跟踪图像】选项卡，如图 1-30 所示。

(2) 在【跟踪图像】选项卡中，调节【透明度】滑杆，设置透明度为 60%，如图 1-32 所示。单击【确定】按钮，插入的跟踪图像如图 1-33 所示。

图 1-32　设置透明度

图 1-33　插入跟踪图像

1.4　习题

1. 启动 Dreamweaver CS3，使用【标尺】和【网格】功能，设置工作环境。
2. 使用【跟踪图像】功能，导入一副跟踪图像，并设置图像的透明度为 60%。

第2章

创建和管理站点

学习目标

在建立网站之前，首先应设计和规划好整个站点，继而才能进行具体的网页制作过程。创建好一个本地站点后，可以进行管理站点操作，还可以创建文档并将其保存在站点文件夹中。本章将主要介绍使用不同的方法创建和管理站点，创建不同类型文档的方法以及网页制作的常用操作。

本章重点

- ⊙ 规划站点
- ⊙ 创建本地站点
- ⊙ 管理站点
- ⊙ 使用站点地图
- ⊙ 网页文档的基本操作

2.1 站点的简介和规划

规划站点的目的在于明确创建站点的方向和采用的方法，同时也是确定本地站点所要实现的功能。规划时要明确网站的主题，搜集需要的信息等。规划站点主要是规划站点的结构。创建站点既可以创建一个网站，又可以创建一个本地网页文件的存储地址，规划好站点后即可开始创建站点。

2.1.1 站点的简介

网站建立在互联网基础之上，是以计算机、网络和通信技术为依托，通过一台或多台安装了系统程序、服务程序及相关应用程序的计算机，向访问者提供相应的服务。

互联网中包括无数的网站和客户端浏览器，网站宿主于网站服务器中，它通过存储和解析网页内容，向各种客户端浏览器提供信息浏览服务。通过客户端浏览器打开网站中的某个网页时，网站服务软件会在完成对网页内容的解析工作后，将解析的结构回馈给网络中要求访问该网页的浏览器，流程如图 2-1 所示。

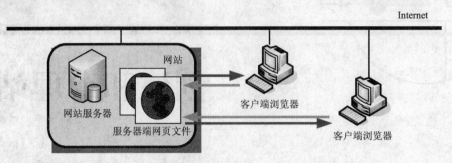

图 2-1　网站服务器、网页和浏览器

1．网站服务器和本地计算机

通常情况下，浏览的网页都存储在网站服务器上。网站服务器是指用于提供网络服务(例如WWW、FTP、E-mail 等服务)的计算机。对于 WWW 浏览服务，网站服务器主要用于存储用户所浏览的 Web 站点和页面。

对于大多数访问者来说，网站服务器只是一个逻辑名称，不需要了解服务器具体的数量、性能、配置和地理位置，在浏览器的地址栏中输入网址，就可以轻松浏览网页。用于浏览网页的计算机就称为本地计算机，只有本地计算机才是真正的实体。本地计算机和网站服务器之间通过各种线路，包括电话线、ISDN、ADSL 或其他线缆等进行连接，以实现相互间的通信。

2．本地站点和远程站点

网站由文档及其所在的文件夹组成，设计良好的网站都具有科学的体系结构，利用不同的文件夹，将不同的网页内容进行分类组织和保存。

在互联网上浏览各种网站，其实就是用浏览器打开存储于网站服务器上的网页文档及其相关资源，由于网站服务器的不可知特性，通常将存储于网站服务器上的网页文档及其相关资源称为远程站点。

利用 Dreamweaver CS3 可以对位于网站服务器上的站点文档直接进行编辑和管理，但是由于网速和网络传输的不稳定性等原因，会对站点的管理和编辑带来不良的影响。可以先在本地计算机的磁盘上构建出整个网站的框架，编辑相关的网页文档，然后再通过各种上传工具将站点上传到远程的网站服务器上。这种在本地计算机上创建的站点被称为本地站点。

3. Internet 服务程序

在一些特殊情况下，如站点中包含 Web 应用程序，在本地计算机上是无法对站点进行完整测试的，这时就需要借助 Internet 服务程序来完成测试。

在本地计算机上安装 Internet 服务程序，实际上是将本地计算机构建成一个真正的 Internet 服务器，可以从本地计算机上直接访问该服务器，这时该计算机已经和网站服务器合二为一了。

　　目前，Microsoft 的 IIS 是应用比较广泛的 Internet 服务程序。依据不同的操作系统，应该安装不同的服务程序。在安装完 IIS 后，可以通过访问 http://localhost 来确认程序是否安装成功。成功安装后，用户就可以在未连入互联网的情况下创建站点，并对站点进行完全充分的测试。

4．上传和下载

　　下载是资源从网站服务器传输到本地计算机的过程，而上传则是资源从本地计算机传输到 Internet 服务器的过程。

　　在实际的网页浏览过程中，上传和下载是经常使用到的操作。如浏览网页就是将 Internet 服务器上的网页下载到本地计算机上，然后进行浏览；用户在使用 E-mail 时输入用户名和密码，就是将用户信息上传到网站服务器。Dreamweaver CS3 内置了强大的 FTP 功能，可以帮助用户将网站服务器上的站点结构及其文档下载到本地计算机中，经过修改后再将站点上传到网站服务器上，实现对站点的同步和更新。

②.1.2　规划站点

　　创建 Web 站点的第一步是规划。为了使网站在完成后能够达到最佳效果，在利用 Dreamweaver CS3 建立任何 Web 站点之前，应根据需求对站点的结构进行设计与规划。

1．规划站点的目录结构

　　站点的目录指的是在建立网站时用户为存放网站文档所创建的目录，网站目录结构的好坏对于网站的管理和维护至关重要。用户在规划站点的目录结构时，应注意以下几点：

- ◉　不要用一个目录存放整个站点的文档，而应使用子目录分类保存网站栏目内容文档。将所有网站文件都放在根目录下，容易造成网站文件管理混乱和上传更新站点文件时速度缓慢等问题。因此，在规划网站目录结构时，应尽量减少网站根目录中的文件存放数量。要根据网站的栏目在网站根目录中创建相关的子目录，例如企业站点可以按网站首页中的公司简介、产品介绍、价格查询、在线订单、反馈联系等栏目建立相应的站点目录。
- ◉　站点的每个栏目目录下都建立 Image、Music 和 Flash 目录，以存放图像、音乐、视频和 Flash 文件。在网站的每个栏目子目录和根目录下都建立 Image、Music 和 Flash 目录，存放属于该栏目的图像、音乐、视频和 Flash 文档，从而可以方便用户在管理网站文件时，正确区分具体网站素材文档的确切位置。
- ◉　避免目录层次太深。网站目录的层次最好不要超过 3 层，因为太深的目录层次不利于维护与管理。
- ◉　不要使用中文作为目录名。使用中文作为站点目录名称可能会影响网站网址的正确显示。因此，在规划网站目录结构时用户应尽量避免使用中文作为站点目录名。

◉ 避免使用太长的站点目录名。长目录名不容易被记住，用户在规划时应尽量使用简短有效的单词作为目录名称，以方便日后查找与管理。

◉ 使用意义明确的字母作为站点目录名称。使用例如 HTML、Database、Image 或 ASP 等意义明确的字母作为站点目录的名称，既容易识别又容易记忆，能够方便用户的管理操作。

2. 规划站点的链接结构

站点的链接结构，是指站点中各页面之间相互链接的拓扑结构，规划网站的链接结构的目的是利用尽量少的链接达到网站的最佳浏览效果。通常，网站的链接结构包括树状链接结构和星型链接结构，在规划站点链接时应混合应用这两种链接结构设计站点内各页面的链接，尽量使网站的浏览者既可以方便快捷地打开自己需要访问的网页，又能清晰地知道当前页面处于网站内的确切位置，例如在网站的首页和站点内的一级页面之间使用星型链接结构，一级和二级页面之间使用树状链接结构，如图 2-2 所示。

计算机 基础与实训教材系列

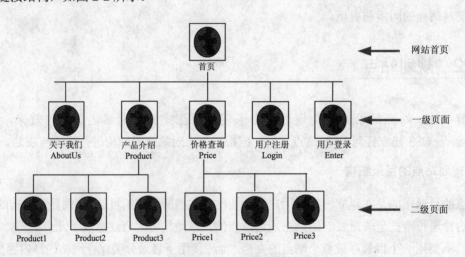

图 2-2　网站的链接结构

网站中的首页、关于我们、产品介绍、价格查询、用户注册、用户登录等页面之间采用星型链接结构，互相之间可以通过链接直接到达。而产品介绍和价格查询页面和它们的子页面之间则采用树状链接结构，用户在访问了 Product1 后，需要返回产品介绍页面才能访问 Product2 页面或 Product3 页面。

【例 2-1】规划个人网站的星型站点目录结构和链接结构。

(1) 在本地计算机中的 D 盘中新建一个文件夹，重命名该文件夹为【myWebSite】。

(2) 打开该文件夹，在该文件夹中创建【个人简介】文件夹，用于存储【个人简介】栏目中的文档；创建【日志】文件夹，用于存储【日志】栏目中的文档，继续创建【相册】、【好友】、【收藏】和【其他信息】文件夹，用于存储对应栏目中的文档。

(3) 打开【个人简介】文件夹，在该文件夹中创建【基本资料】、【个性资料】文件夹。重复操作，分别在其他文件夹中创建相应的文件夹，存储相应的文件，完成网站的目录结构。

(4) 根据在本地计算机中创建的文件夹，规划的个人网站星型站点目录结构和链接结构如图2-3 所示。

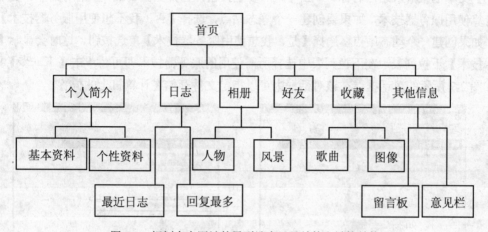

图 2-3　规划个人网站的星型站点目录结构和链接结构

2.2　创建本地站点

在创建站点之前，一般在本地将整个网络完成，然后再将站点上传到 Web 服务器上。因此，在开始创建网页之前，最好的选择是用 Dreamweaver 建立一个本地站点。

2.2.1　使用向导创建本地站点

选择【站点】|【管理站点】命令，打开【管理站点】对话框，如图 2-4 所示，单击【新建】按钮，在弹出的菜单中选择【站点】命令，打开【站点定义为】对话框，如图 2-5 所示。

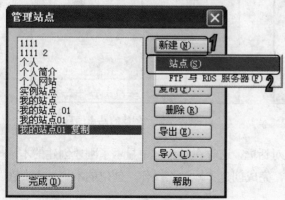

图 2-4　【管理站点】对话框

图 2-5　【站点定义为】对话框

在【站点定义为】对话框中，默认打开的是【基本】选项卡，在【您打算为您的站点取什么名字？】文本框中输入站点名称。单击【下一步】按钮，打开如图 2-6 所示的对话框。要求选择是否打算使用服务器技术，如果要创建一个静态站点，选择【否，我不想使用服务器技术】单选按钮；如果创建一个动态站点，选择【是，我想使用服务器技术】单选按钮，这时会显示【哪种服务器技术】下拉列表，在下拉列表中选择所需使用的服务器技术即可。单击【下一步】按钮，打开如图 2-7 所示的对话框。在该对话框中可以指定文件存储在计算机上的位置。

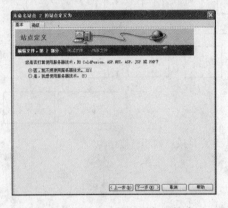

图 2-6　选择是否使用服务器技术　　　　图 2-7　指定文件存储位置

单击【下一步】按钮，打开如图 2-8 所示的对话框，要求选择如何连接到远程服务器，因为创建的是本地站点，并没有使用远程服务器，所以在下拉列表中选择【无】选项即可。单击【下一步】按钮，打开如图 2-9 所示的对话框，在该对话框中显示了站点设置的相关信息，包括本地信息、远程信息和测试服务器信息。

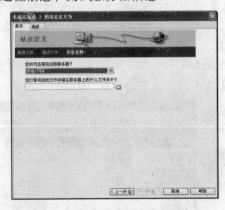

图 2-8　选择如何连接到远程服务器　　　　图 2-9　显示创建的站点信息

单击【完成】按钮，打开【管理站点】对话框，这时在对话框中显示了刚才创建的本地站点名称，如图 2-10 所示。单击【完成】按钮，完成创建本地站点操作，创建的本地站点会在【文件】面板中显示，如图 2-11 所示。

图 2-10 【管理站点】对话框

图 2-11 【文件】面板

②2.2 使用高级面板创建本地站点

使用高级面板创建本地站点，选择【站点】|【管理站点】命令，打开【管理站点】对话框，单击【新建】按钮，在弹出的菜单中选择【站点】命令，打开【站点定义为】对话框。单击【高级】选项卡，打开该选项卡对话框，如图 2-12 所示。

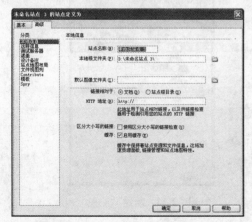

图 2-12 【高级】选项卡对话框

提示

使用高级面板创建的本地站点，创建完成后，同样会在【管理站点】对话框中显示。

在【高级】选项卡对话框中的【分类】列表框中选择【本地信息】选项，打开该选项对话框，在【本地信息】选项中各参数作用如下。

- ◉ 【站点名称】：输入创建的站点名称。
- ◉ 【本地根文件夹】：指定本地站点文件夹存储路径。
- ◉ 【默认图像文件夹】：指定本地站点的默认图像文件夹存储路径。
- ◉ 【HTTP 地址】：输入已经完成的站点将使用的 URL 地址。
- ◉ 【区分大小写的链接】：选中该复选框，系统会自动区分链接的大小写。

◉ 【缓存】：选中该复选框，可以指定是否创建本地缓存来提高链接和站点管理任务的速度。

设置好这些站点信息后，单击【确定】按钮，即可创建本地站点。

②2.3 站点的基本操作

创建好站点后，根据需要创建各频道、栏目文件夹等，对于创建好的站点，也可以进行再次编辑，或删除和复制这些站点。

1. 创建文件夹和文件

创建文件夹和文件相当于规划站点。选择【窗口】|【文件】命令，打开【文件】面板，创建的站点会显示在该面板中，如图 2-13 所示。

在【文件】面板中，右击站点根目录，在弹出的快捷菜单中选择【新建文件夹】命令，即可新建名为 untitled 的文件夹，如图 2-14 所示。同样，右击新建的文件夹，在弹出的快捷菜单中选择【新建文件夹】命令，创建该文件夹目录下的新文件夹。

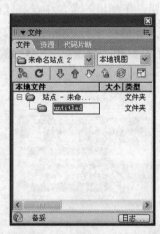

图 2-13　【文件】面板　　　　　　　图 2-14　新建文件夹

右击文件夹，在弹出的快捷菜单中选择【文件】命令，可以在该文件夹目录下创建一个名为 untitled.html 的新文件。

2. 删除文件和文件夹

在站点中创建的文件和文件夹，如果不需要使用，可以删除它们。右击所要删除的文件或文件夹，在弹出的快捷菜单中选择【编辑】|【删除】命令，系统会打开一个信息提示框，如图 2-15 所示，要求确定是否删除，单击【是】按钮，即可删除该文件或文件夹。

图 2-15　信息提示框

3. 重命名文件或文件夹

重命名文件或文件夹可以更清晰地管理站点。右击所要重命名的文件或文件夹，在弹出的快捷菜单中选择【编辑】|【重命名】命令，然后输入重命名的名称，按下 Enter 键即可。也可以选中所要重命名的文件或文件夹，按下 F2 键，然后输入重命名的名称，按下 Enter 键。还可以选中所需重命名的文件或文件夹，单击文件或文件夹名称，输入重命名的名称，按下 Enter 键即可。

4. 编辑本地站点

创建好站点后，可以对站点进行编辑操作。选择【站点】|【管理站点】命令，打开【管理站点】对话框。选择所需编辑的站点，单击【编辑】按钮，打开【站点定义为】对话框，在该对话框中的操作与创建站点的操作相同。

5. 删除站点

从站点列表中删除站点，实际上只是删除了 Dreamweaver 同本地站点之间的关联，但保存在磁盘上的站点内容，包括各文件夹和文件并不会被删除。如果要删除站点，在【站点管理】对话框中选中所要删除的站点，单击【删除】按钮，系统会打开一个信息提示框，如图 2-16 所示。要求确认是否删除该站点，单击【是】按钮即可删除。

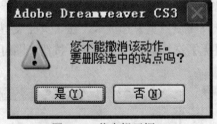

图 2-16　信息提示框

【例 2-2】在【文件】面板中规划【例 2-1】中的站点。

(1) 启动 Dreamweaver CS3，选择【窗口】|【文件】命令，打开【文件】面板。

(2) 右击创建的本地站点文件夹，在弹出的快捷菜单中选择【新建文件】命令，新建一个 html 文件。

(3) 单击新建的 html 文件，在文本框中输入名称"主页"，如图 2-17 所示。

(4) 参照步骤(3)，新建 html 文件，根据【例 2-1】重命名这些文件，在【文件】面板中规划的站点如图 2-18 所示。

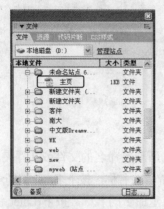

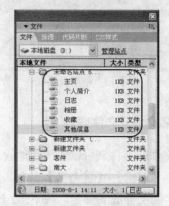

图 2-17　新建"主页"html 文件　　　　　图 2-18　在【文件】面板中规划站点

2.3　网页文档的基本操作

创建了本地站点后，就可以创建文档并将其保存在站点文件夹中。Dreamweaver CS3 提供了多种创建文档的方法，可以创建一个新的空白 HTML 文档，或使用模板创建新文档。同时，还提供了功能强大的【新建文档】对话框来满足用户创建不同类型的文档的需求。

2.3.1　创建空白网页文档

在 Dreamweaver CS3 中创建空白网页文档，选择【文件】|【新建】命令，或按下 Ctrl+N 键，打开【新建文档】对话框，如图 2-19 所示。选择【空白页】选项卡，在【页面类型】列表框中选择 HTML 选项，在【布局】列表框中选择【无】选项，单击【创建】按钮，即可创建一个空白网页文档，如图 2-20 所示。

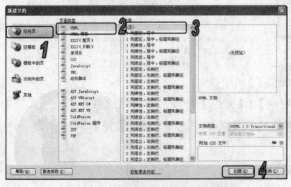

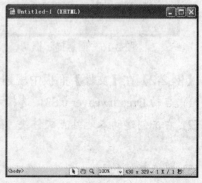

图 2-19　【新建文档】对话框　　　　　　图 2-20　创建的空白网页文档

在【新建文档】对话框中，除了可以新建 HTML 类型空白网页文档外，还可以在【页面类型】列表框中选择其他类型的空白网页，例如 CSS、XML、JSP 等类型空白网页。在选择好要创建的空白网页类型后，还可以在【布局】列表框中选择网页布局，选择的网页布局会在右侧的预览框中显示。

除了新建空白网页文档外，还可以新建空模板网页文档、模板网页文档、示例网页文档和其他网页文档，创建的操作方法与创建空白网页文档相同。

②.3.2 创建模板网页文档

Dreamweaver 模板是一种特殊类型的文档，用于创建具有相同页面布局的统一页面。

要创建模板网页文档，选择【文件】|【新建】命令，打开【新建文档】对话框，选择【示例中的页】选项卡，在【示例文件夹】列表框中选择【起始页(主题)】选项，在右边的列表框中选择任意模板网页，单击【创建】按钮，如图 2-21 所示，即可创建一个模板网页文档，如图 2-22 所示。

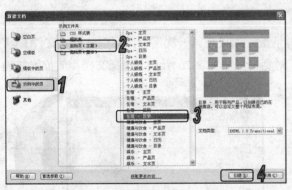

图 2-21　创建模板网页文档

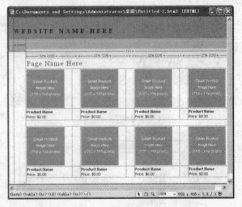

图 2-22　模板网页文档

②.3.3 打开和保存网页文档

在使用 Dreamweaver CS3 制作网页时，打开和保存文档是最常用的命令。

1. 打开文档

在 Dreamweaver CS3 中要打开现有的网页文档，可以选择【文件】|【打开】命令或按下 Ctrl+O 键，打开【打开】对话框，如图 2-23 所示。选择所需打开的网页文档，单击【打开】按钮即可。

2. 打开最近使用的文档

启动 Dreamweaver CS3 时,在显示页面左侧的【打开最近的项目】列表中,可以打开最近打开的文档,如图 2-24 所示。也可以选择【文件】|【打开最近的文件】命令,在弹出菜单中选择最近打开过的文档,如图 2-25 所示。

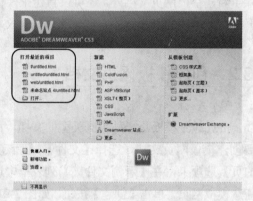

图 2-23　【打开】对话框　　　　　　　　图 2-24　启动 Dreamweaver CS3 的显示页面

3. 保存网页文档

在 Dreamweaver CS3 中保存文档有两种情况。如果是第一次保存,可以选择【文件】|【保存】命令或按下 Ctrl+S 键,打开【另存为】对话框,如图 2-26 所示。选择文档存放位置并输入保存的文件名称,单击【保存】按钮即可。

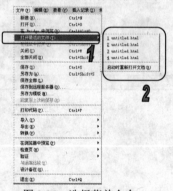

图 2-25　选择菜单命令　　　　　　　　图 2-26　【另存为】对话框

如果是已经保存过的文档,同样也是选择【文件】|【保存】命令或按下 Ctrl+S 快捷键,但不会打开【另存为】对话框,系统自动对文件进行保存。

 知识点 -

　　在保存文档时,不能在文件名和文件夹名中使用空格和特殊符号(如@、#、$等),因为很多服务器在上传文件时会更改这些符号,将导致与这些文件的链接中断。而且,文件名最好不要以数字开头。

计算机 基础与实训教材系列

②.3.4 设置网页文档属性

文档的属性包括页面标题、背景图像、背景颜色、文本和链接颜色、边距等。【页面标题】确定和命名了文档的名称,【背景图像】和【背景颜色】决定了文档显示的外观,【文本颜色】和【链接颜色】帮助站点访问者区别文本和超文本链接等。

要设置文档的属性,选择【修改】|【页面属性】命令,打开【页面属性】对话框,如图 2-27 所示。

图 2-27 【页面属性】对话框

在【页面属性】对话框中,【分类】列表框中各选项的功能如下。

◉ 【外观】:设置网页默认的字体、字号、文本颜色、背景颜色、背景图像以及四个边距的距离。

◉ 【链接】:设置网页中链接的字体、字号、各种颜色属性等。

◉ 【标题】:设置网页的各段落标志的属性。

◉ 【标题/编码】:设置网页的标题及编码方式。

◉ 【跟踪图像】:指定一幅图像作为网页创作时的草稿图,它显示在文档的背景上,便于在网页创作时进行定位和安放其他对象。在实际生成网页时,并不显示在网页中。

②.3.5 设置网页文档头部信息

每一个网页都是由 HTML 脚本所组成的*.html 文件,一个完整的 HTML 网页文件包含 head 和 body 两个部分,head 部分包括许多不可见的信息,例如语言编码、版权声明、关键字等。

1. 显示文档头部信息

头部信息除了文档 Title 外,其余都是不可见的,要查看这些头部信息,可以使用【查看】菜单,或在代码视图中查看。

打开一个网页文件，选择【查看】|【文件头内容】命令，文档头部中的元素将以图标的形式显示在文档窗口的设计视图上边，如图 2-28 所示。

文档头
部的元
素标志

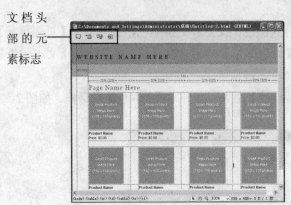

图 2-28　显示文档头部的元素标志

计算机
基础与实训教材系列

2. 在文档头部插入元素

单击【插入】工具栏上的【常用】选项卡，切换到【常用】插入栏，单击【文件头】按钮旁边的下拉箭头，在弹出的菜单中选择要插入的文件头对象。可以插入 META、【关键字】、【说明】、【刷新】、【基础】和【链接】6 种文件头对象，如图 2-29 所示。

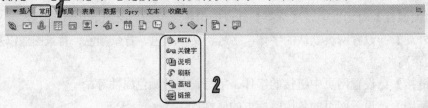

图 2-29　6 种文件头插入对象

3. 设置头部元素

选择要插入的文件头对象，打开该对象对应的对话框，可以设置相关的选项。这 6 种文件头对象的相关选项具体设置如下。

- 设置 META：META 是 HTML 头部的主要组成部分，用于记录一个文档的页面信息，例如编码、作者、版权等，也可以用来给服务器提供信息，并且计算机能识别这些信息。在【文件头】下拉菜单中选择 META 命令，打开 META 对话框，如图 2-30 所示，在【属性】下拉列表框中可以选择 HTTP-equivalent 和【名称】两个选项，分别对应 HTTP-EQUIV 和 NAME 变量；在【值】文本框中可以输入所选变量的值；在【内容】文本框中可以输入所选变量的内容。

- 设置关键字：关键字属于元数据的一种，用来表述网页的主要内容。在【文件头】下拉菜单中选择【关键字】命令，打开【关键字】对话框，如图 2-31 所示。在【关键字】文本框中可以输入关键字内容。

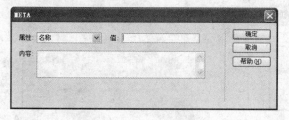

图 2-30　META 对话框

图 2-31　【关键字】对话框

● 设置说明：说明也属于元数据的一种，提供网页内容的描述信息。在【文件头】下拉菜
单中选择【说明】命令，打开【说明】对话框，如图 2-32 所示。在【说明】文本框中
可以输入描述内容。

● 设置刷新：刷新功能可以使在浏览器中显示时每隔一段制定的时间自动刷新当前页面或
跳转到其他页面。在【文件头】下拉菜单中选择【刷新】命令，打开【刷新】对话框，
如图 2-33 所示。在【延迟】文本框中可以输入页面延时的秒数；选中【转到 URL】单
选按钮，经过一段时间后会跳转到另一个页面，在【转到 URL】单选按钮旁边的文本
框中可以输入跳转页面的 URL 地址，也可以单击【浏览】按钮，打开【选择文件】对
话框，选择跳转的网页文件；选中【刷新此文档】单选按钮，经过一段时间后会自动刷
新当前页面。

图 2-32　【说明】对话框

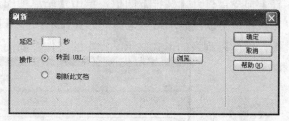

图 2-33　【刷新】对话框

● 设置基础：网页中的<base>标记定义了文档的基本 URL 地址，在文档中，所有的相对
地址形式的 URL 都是相对于这个 URL 地址的。一个文档中的<base>标记只有一个，必
须在文档头部，并且在所有包含 URL 地址的语句之前。在【文件头】下拉菜单中选择
【基础】命令，打开【基础】对话框，如图 2-34 所示。在 Href 文本框中输入基本 URL
地址，在【目标】下拉列表框中选择连接文档打开的方式，可以选择【空白】、【父】、
【自身】和【顶部】4 种方式。

● 设置链接：网页中的<link>标记定义了文档之间的链接关系。在【文件头】下拉菜单中
选择【链接】命令，打开【链接】对话框，如图 2-35 所示。在 Href 文本框中可以输入
链接资源所在的 URL 地址，在 ID、【标题】、Rel 和 Rev 文本框中可以分别输入链接
关系的描述属性。

计算机 基础与实训教材系列

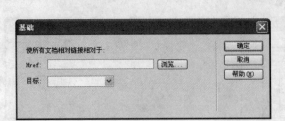

图 2-34 【基础】对话框　　　　　　　　　　　　　图 2-35 【链接】对话框

②.4 使用站点地图

站点地图是以树形结构图方式显示站点中文件的链接关系的。在站点地图中可以添加、修改和删除文件间的链接关系。

②.4.1 查看站点地图

使用站点地图，可以以图形的方式查看站点结构，构建网页之间的链接。选择【窗口】|【文件】命令，打开【文件】面板，单击【站点地图】按钮，在弹出的菜单中选择【仅地图】选项，窗口中以仅显示站点地图的形式显示；选择【地图和文件】选项，在窗口左侧会显示站点地图，右侧以列表的形式显示站点中的文件，如图 2-36 所示。

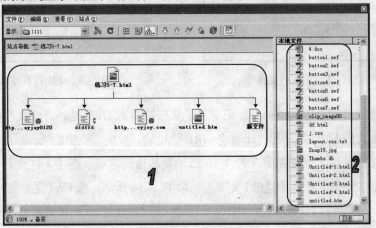

图 2-36 显示地图和文件

②.4.2 站点地图布局

使用【站点地图布局】选项可以自定义站点地图的外观，可以更改主页、显示的列数、图标标签显示文件名还是显示页标题以及是否显示隐藏文件和相关文件。

要设置站点地图布局，选择【站点】|【管理站点】命令，打开【管理站点】对话框，选中要创建站点地图的本地站点，单击【编辑】按钮，打开【站点定义为】对话框，单击【高级】选项卡，打开该选项卡。在【分类】列表框中选择【站点地图布局】选项，打开该选项对话框，如图 2-37 所示。可以设置站点地图的列数、列宽、图标标签显示方式、是否显示标记为隐藏的文件、显示相关的文件等，选中相应的选项即可设置站点地图布局显示方式，设置好后，单击【确定】按钮，可以看出站点地图发生了变化，如图 2-38 所示。

图 2-37 【站点地图布局】选项对话框

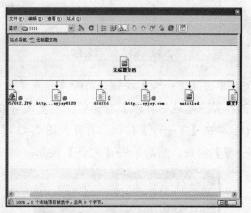

图 2-38 站点地图

2.5 上机练习

本章的上机练习主要是在 Dreamweaver 中创建本地站点，并在【文件】面板中构建站点；新建一个模板网页文档，设置文档的头部信息。对于本章中的其他内容，可根据相应章节进行练习。

2.5.1 构建本地站点

创建一个本地站点，在【文件】面板中构建网站。

(1) 启动 Dreamweaver CS3，选择【站点】|【管理站点】命令，打开【管理站点】对话框，单击【新建】按钮，在弹出的菜单中选择【站点】命令，打开【站点定义为】对话框。在【您打算为您的站点取什么名字？】文本框中输入站点名称为【资讯】，如图 2-39 所示。

(2) 单击【下一步】按钮，打开【站点定义为】对话框第 2 部分，选中【否，我不想使用服务器技术】单选按钮，如图 2-40 所示。

计算机 基础与实训教材系列

图 2-39　输入站点名称　　　　　　　　　图 2-40　选择单选按钮

(3) 单击【下一步】按钮，打开【站点定义为】对话框第 3 部分，单击【打开】按钮，打开【选择站点本地根目录】对话框，指定文件在计算机上的存储位置，如图 2-41 所示。

(4) 单击【下一步】按钮，打开如图 2-42 所示对话框，在下拉列表中选择【无】选项。单击【下一步】按钮，然后单击【完成】按钮，创建好本地站点。

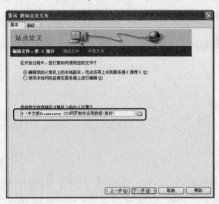
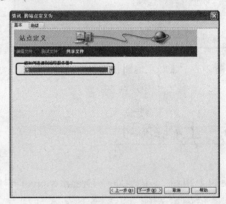

图 2-41　指定文件存储位置　　　　　　　　图 2-42　选择【无】选项

(5) 选择【窗口】|【文件】命令，打开【文件】面板。右击站点根目录，在弹出的快捷菜单中选择【新建文件夹】命令，新建一个文件夹，重命名该文件夹为【国内】。

(6) 参照步骤(5)，新建【社会】、【奥运】、【影视】和【汽车】4 个文件夹，如图 2-43 所示。

(7) 右击【国内】文件夹，在弹出的快捷菜单中选择【新建文件】命令，新建一个 HTML 文件。

(8) 单击新建的文件，在文本框中输入文件名称为【新闻】。重复操作，新建名为【动态】文件。

(9) 参照以上步骤，分别在【社会】、【奥运】、【影视】和【汽车】4 个文件夹下分别新建相应的文件，如图 2-44 所示。

图 2-43 新建文件夹   图 2-44 新建文件

②.5.2 创建模板网页文档

新建【住宿-主页】示例的模板网页文档，设置文档的页面头部信息。

(1) 选择【文件】|【新建】命令，打开【新建文档】对话框，选择【示例中的页】选项卡，在【示例文件夹】列表框中选择【起始页(主题)】选项，在【示例页】列表框中选择【住宿-主页】选项，如图 2-45 所示。单击【创建】按钮，创建【住宿-主页】示例的模板网页文档，如图 2-46 所示。

图 2-45 创建模板网页   图 2-46 【住宿-主页】示例模板网页

(2) 单击【插入】工具栏上的【常用】选项卡，打开【常用】插入栏。单击【常用】插入栏上的【文件头】按钮 ，在弹出的下拉菜单中选择【说明】选项，打开【说明】对话框，在【说明】文本框中输入相应的说明内容，如图 2-47 所示。单击【确定】按钮，插入说明。

(3) 单击【常用】插入栏上的【文件头】按钮 ，在弹出的下拉菜单中选择【关键字】命令，打开【关键字】对话框，在【关键字】文本框中输入内容【住宿主题-主页】，如图 2-48 所示。单击【确定】按钮，插入关键字。

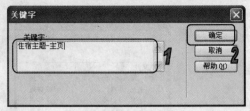

图 2-47　输入说明内容　　　　　　　　　图 2-48　输入关键字内容

(4) 选择【查看】|【代码】或【查看】|【拆分】命令，切换到【代码】或【拆分】视图，查看设置的关键字和说明信息，如图 2-49 所示。

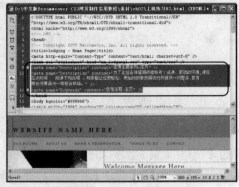

在【代码】视图中查看插入信息　　　　　　在【拆分】视图中查看插入信息

图 2-49　查看插入信息

②.6　习题

1. 对【装饰公司】网站进行站点目录结构规划和链接结构规划，如图 2-50 所示。

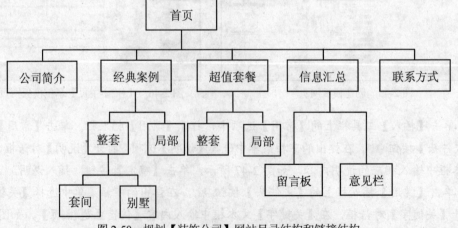

图 2-50　规划【装饰公司】网站目录结构和链接结构

2. 在【文件】面板中，参照图 2-50，规划【装饰】网站。

第3章

使用表格和框架规划网页布局

学习目标

规划网页布局，表格是常用的工具之一，表格在网页中不仅可以排列数据，还可以对页面中的图像、文本、动画等元素进行准确的定位，使页面显得整齐有序、分类明确，便于访问者浏览。使用表格布局网页，在不同平台和不同分辨率的浏览器中都能保持原有的布局。使用框架规划网页，可以把网页分成几个部分，每个部分都是一个独立的 HTML 页。本章主要介绍使用表格和框架规划网页布局。

本章重点

- ◉ 表格的概念
- ◉ 使用表格
- ◉ 编辑表格
- ◉ 使用表格规划网页布局
- ◉ 框架的概念
- ◉ 使用框架设置网页布局

3.1 使用表格

网页向浏览者提供的信息是多样化的，例如文字、图像、Flash 动画等。如何使这些网页元素在网页中的合理位置上显示出来，使网页变得有条理和美观，是设计人员在着手设计网页之前必须考虑的事情。表格的作用就在于帮助设计者高效、准确地定位各种网页数据，直观、鲜明地表达设计者的思想。

③.1.1 表格的概念

在网页文档中，表格是用于整理复杂的数据内容，安排网页文档的整体布局。利用表格来设计网页的布局，可以不受网页形态的限制，并在不同分辨率下维持原有的页面布局。典型的利用表格设计的网页如图 3-1 所示。

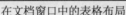

在文档窗口中的表格布局　　　　　　　　在浏览器中的效果

图 3-1　利用表格设计网页

 知识点

使用表格进行网页布局时，为了不在浏览器中显示表格的边框，一般将表格边框的数值设置为 "0"。

Dreamweaver CS3 提供了 3 种表格视图模式，可以根据实际需要选择不同的视图模式。选择【查看】|【表格模式】命令，在弹出的菜单中可以选择【标准模式】、【扩展表格模式】和【布局模式】。这 3 种视图模式具体作用如下。

◉ 【标准】模式：该模式是最常用的编辑模式，也是最接近浏览器中预览效果的模式。

◉ 【扩展】模式：在该模式中，表格的边框将会变得非常粗，而间距将会变得非常宽大，这样就方便用户选择较为细小的单元格及其内容。

◉ 【布局】模式：在该模式中，可以通过拖动的方式绘制表格和单元格。

 提示

在【代码】视图中不可以选择表格的视图模式，所以要选择表格视图模式，必须切换到【拆分】或【设计】视图。

③.1.2 插入表格

Dreamweaver CS3 中，表格可以用于制作简单的图表，使用表格来显示数据，可以更加方便地进行查看、修改以及分析等目的。

表格不仅可以为页面进行宏观的布局，还可以使页面中的文本、图像等元素更有条理。

要在网页中创建表格，选择【插入记录】|【表格】命令，或者单击【常用】插入栏上的【表格】按钮 ，打开【表格】对话框，如图 3-2 所示。该对话框中各参数具体作用如下。

- ⊙ 【行数】：可以在文本框中输入表格的行数。
- ⊙ 【列数】：可以在文本框中输入表格的列数。
- ⊙ 【表格宽度】：可以在文本框中输入表格的宽度，在右边的下拉列表中可以选择度量单位，有【百分比】和【像素】两个选项。
- ⊙ 【边框粗细】：可以在文本框中输入表格边框的粗细，一般情况下设置为【0】。
- ⊙ 【单元格边距】：可以在文本框中输入单元格中的内容与单元格边框之间的距离值。
- ⊙ 【单元格间距】：可以在文本框中输入单元格与单元格之间的距离值。

📖 知识点

　　【边距】是指单元格中文本与单元格边框之间的距离，而【间距】是指单元格之间的距离，如图 3-3 所示。如果用户没有明确指定单元格间距和单元格边距的值，则大多数浏览器按单元格边距设置为 1，单元格间距设置为 2 显示表格。为了确保浏览器不显示表格中的边距和间距，可以将【单元格边距】和【单元格间距】设置为 0。

图 3-2　【表格】对话框

图 3-3　【边距】和【间距】

计算机 基础与实训教材系列

- ⊙ 【页眉】：可以选择表格的页眉样式，图标中的深蓝色部分表示页眉所在的行或列。
- ⊙ 【辅助功能】：在【标题】文本框中可以输入表格的标题名称；在【对齐标题】下拉列表中可以选择表格标题的对齐方式，可以选择【默认】、【顶部】、【底部】、【左】和【右】5 个选项。
- ⊙ 【摘要】：可以在文本框中输入表格的摘要说明内容，但输入的摘要内容不会在浏览器中显示。

设置好相关参数后，单击【确定】按钮，即可在文档中插入表格。在文档中插入表格后，就可以在表格中输入表格内容。将光标移至表格单元格中，然后插入表格内容即可，可以添加文本或插入图像等网页元素。

如果要定位和移动光标插入点，可以单击鼠标，也可以使用键盘上的方向键移动。按下 Tab 键，可以在单元格之间进行切换。

【例 3-1】新建一个网页文档，在文档中插入表格并插入表格内容。

(1) 选择【文件】|【打开】命令，打开【打开】对话框，打开一个网页文档，如图 3-4 所示。

(2) 新建一个空白网页文档，选择【插入记录】|【表格】命令，打开【表格】对话框。

(3) 在【表格】对话框中的【行】文本框中输入数值9，在【列】文本框中输入数值1，单击【确定】按钮，在网页文档中插入一个 9 行 1 列的表格，如图 3-5 所示。

图 3-4　打开网页文档　　　　　　　　　　　图 3-5　插入表格

(4) 在表格的各单元格中插入表格内容，如图 3-6 所示。

(5) 按下 F12 键，在浏览器中预览网页文档，如图 3-7 所示。

图 3-6　插入表格内容　　　　　　　　　　　图 3-7　在浏览器中预览网页文档

③.2　编辑表格

创建表格后，可以对表格进行编辑，包括合并和拆分单元格、添加和删除单元格、设置单元格和表格属性等，并且可以导入和导出表格。

③.2.1　选择表格

要对网页元素进行编辑或设置，首先需要选择表格。在 Dreamweaver CS3 中，可以一次选择整个表、行或列，也可以选择连续的单元格。

1. 选择整个表格

要在文档中选择整个表格对象，有以下几种方法。

- ◉ 将光标移动到表格的左上角或底部边缘稍向外一点的位置，当光标变成【表格】光标时单击鼠标，即可选中整个表格，如图 3-8 所示。
- ◉ 单击表格中任何一个单元格，然后在文档窗口左下角的标签选择器中选择<table>标签，即可选中整个表格，如图 3-9 所示。

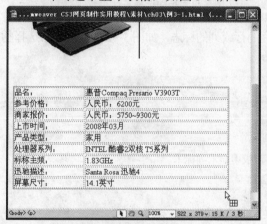

图 3-8　用鼠标选取表格

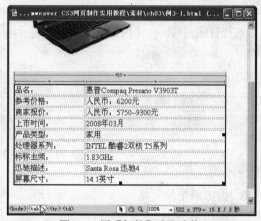

图 3-9　用【标签】选取表格

- ◉ 单击表格单元格，然后选择【修改】|【表格】|【选择表格】命令，即可选中整个表格。
- ◉ 将光标移至任意单元格上，按住 Shift 键，单击鼠标，即可选中整个表格。

 提示

在 Dreamweaver CS3 中选中整个表格，可以在表格的【属性】面板中设置表格内的所有元素属性。

2. 选择表格中的行或列

在对表格进行操作时，有时需要选中表格中的某一行或某个列，如果要选择表格的某一行或列，有以下几种方法。

- ◉ 将光标移至表格的上边缘位置，当光标显示为向下箭头 ↓ 时，单击鼠标，可以选中整列；将光标移至表格的左边缘位置，当光标显示为向右箭头 → 时，单击鼠标，可以选中整行，如图 3-10 所示。

⊙ 单击单元格，拖动鼠标，即可拖动选择整行或整列。同时，还可以拖动选择多行和多列，
如图 3-11 所示。

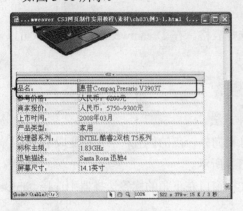
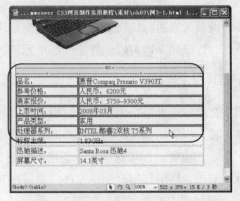

图 3-10 选中整行   图 3-11 拖动选择多行和多列

选择行或列后，在【属性】面板中会显示相应的行或列的标志，如图 3-12 所示，表示选择的是
整列。

图 3-12 【属性】面板中显示列标志

3. 选择单个单元格

在对表格进行操作时，也可以选择单一的单元格，要选择表格单元格，有以下几种方法。

⊙ 单击单元格，然后在文档窗口左下角的标签选择器中选择<td>标签，即可选中该单元格，
如图 3-13 所示。

⊙ 单击单元格，然后选择【编辑】|【全选】命令，或是按下 Ctrl+A 键，即可选中该单
元格。

图 3-13 选择单格单元格   图 3-14 选择单行或矩形单元格块

4. 选择单行或矩形单元格块

在对表格进行操作时，如果要选择单行或矩形单元格块，有以下几种方法。

- 单击单元格，从一个单元格拖到另一个单元格即可，如图 3-14 所示。
- 选择一个单元格，按住 Shift 键，单击矩形另一个单元格即可。

5. 选择不相邻的单元格

要选择不相邻的单元格，有下面几种方法。

- 按住 Ctrl 键，将光标移至任意单元格上，光标会显示一个【矩形】图形，单击所需选择的单元格、行或列即可，如图 3-15 所示。
- 按住 Ctrl 键，单击尚未选中的单元格、行或列，可以选中它们。

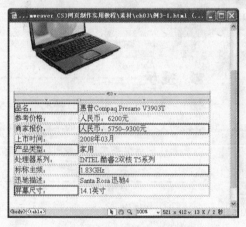

图 3-15　选择不相邻单元格

提示

在 Dreamweaver CS3 中，按住 Ctrl 键选择不相邻的单元格时，如果单元格已经被选中，则再次单击会将其从选择集中删除。

③2.2　编辑表格和单元格

在 HTML 页中的表格，可以设置表格单元格的属性来改变外观，也可以对网页中的表格及单元格进行调整大小、添加及删除行列、合并拆分单元格等操作。

1. 调整表格的大小

选择表格后，表格上会出现 3 个控制点，可以调整表格的大小，具体操作方法如下。

- 拖动右边的选择控制点，光标显示为水平调整指针，拖动鼠标可以在水平方向上调整表格的大小；拖动底部的选择控制点，光标显示为垂直调整指针，拖动鼠标可以在垂直方向上调整表格的大小，如图 3-16 所示。
- 拖动右下角的选择控制点，光标显示为沿对角线调整指针，拖动鼠标可以在水平和垂直两个方向调整表格的大小，如图 3-17 所示。

水平方向调整表格大小

垂直方向调整表格大小

图 3-16　拖动表格大小

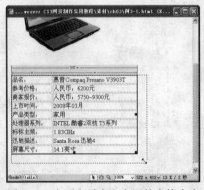

图 3-17　水平和垂直方向调整表格大小

> **提示**
>
> 在 Dreamweaver CS3 环境中，调整表格的大小时，如果表格的单元格没有设置宽高，则每个单元格都会同比例调整。

2. 更改列宽和行高

可以在【属性】面板中或拖动列或行的边框来更改表格的列宽或行高，也可以在【代码】视图中修改 HTML 代码来更改单元格的宽度和高度。具体操作方法如下。

- 要更改列宽，将光标移至所选列的右边框，光标显示为【左右】指针 ↔ 时，拖动鼠标即可调整，如图 3-18 所示。
- 要更改行高，将光标移至所选行的下边框，光标显示为【上下】指针 ↕ 时，拖动鼠标即可调整，如图 3-19 所示。

图 3-18　调整表格列宽

图 3-19　调整表格行高

在【属性】面板中调整表格行和高的数值可以改变列宽和行高，但必须首先选中列或行，然后在【属性】面板中的【宽】或【高】文本框中输入数值来调整列宽或行高，如图 3-20 所示。

图 3-20 在【属性】面板中设置列宽和行高

3. 添加和删除行、列

在 Dreamweaver CS3 中，可以删除不需要使用的行或列，具体操作方法如下。

- ⊙ 要在当前单元格的上面添加一行，选择【修改】|【表格】|【插入行】命令即可。
- ⊙ 要在当前单元格的左边添加一列，选择【修改】|【表格】|【插入列】命令即可。
- ⊙ 单击【插入】工具栏上的【布局】选项卡，打开【布局】插入栏，分别单击【在上面插入行】按钮 、【在下面插入行】按钮 、【在左边插入列】按钮 和【在右边插入列】按钮 ，可以分别实现在单元格上面插入行、下面插入行及左边插入列、右边插入列的功能。
- ⊙ 要一次添加多行或多列，或者在当前单元格的下面添加行或在其右边添加列，可以选择【修改】|【表格】|【插入行或列】命令，打开【插入行或列】对话框，如图 3-21 所示，选择插入行或列、插入的行数和列数以及插入的位置，然后单击【确定】按钮即可。
- ⊙ 要删除行或列，选择要删除的行或列，选择【修改】|【表格】|【删除行】命令或按下 Del 键，可以删除整行；选择【修改】|【表格】|【删除列】命令或按下 Del 键，可以删除整列。
- ⊙ 要删除单元格里面的内容，选择要删除内容的单元格，然后选择【编辑】|【清除】命令，或是键入 Del 命令。

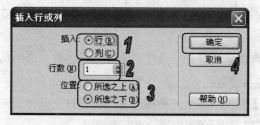

图 3-21 【插入行或列】对话框

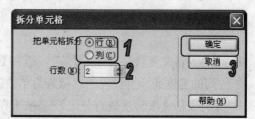

图 3-22 【拆分单元格】对话框

4. 拆分和合并单元格

对于创建好的表格，根据需要，可以拆分和合并单元格。选择【修改】|【表格】|【合并单元格】命令，即可合并选择的单元格；选择【修改】|【表格】|【拆分单元格】命令，即可拆分选择的单元格。

如果要合并两个或多个单元格,必须先选择连续的且形状如矩形的一组单元格,然后选择【修改】|【表格】|【合并单元格】命令,或单击【属性】面板中的合并按钮 。

如果要拆分某个单元格,可先选择需要拆分的单元格,然后选择【修改】|【表格】|【拆分单元格】命令,或单击【属性】面板中的拆分按钮 ,打开【拆分单元格】对话框,如图 3-22 所示,选择要把单元格拆分成行或列,然后在设置要拆分的行数或列数,单击【确定】按钮即可。

5. 设置表格属性

表格在网页文档中可以被看做是一个小的独立个体,设置表格的属性,包括表格的背景、背景颜色、表格中间距、边距等。

要设置表格的属性,首先选中表格,打开【属性】面板,如图 3-23 所示,在该面板中各参数选项的具体作用如下。

图 3-23　表格的【属性】面板

- ◉ 【表格 ID】文本框:输入表格的 ID。
- ◉ 【行】和【列】文本框:设置表格的行数和列数。
- ◉ 【宽】和【高】文本框:设置表格的宽度和高度,在右边的下拉列表中可以选择高度和宽度的单位,选择像素为单位和按占浏览器窗口宽度的百分比为单位。
- ◉ 【填充】文本框:设置单元格内容和单元格边界之间的像素数。
- ◉ 【间距】文本框:设置相邻的表格单元格之间的像素数。
- ◉ 【对齐】下拉列表框:设置确定表格相对于同一段落中其他元素的显示位置。
- ◉ 【边框】文本框:设置表格边框的宽度,单位为像素。
- ◉ 【清除列宽】 按钮和【清除行高】 按钮:从表格中删除所有显式指定的行高或列宽值。
- ◉ 【将表格宽度转换成像素】 按钮和【将表格高度转换成像素】 按钮:将表格中每个列的宽度或高度设置为以像素为单位的当前宽度。
- ◉ 【将表格宽度转换成百分比】 按钮和【将表格高度转换成百分比】 按钮:将表格中每个列的宽度或高度设置为按占文档窗口宽度百分比表示的当前宽度。
- ◉ 【背景颜色】按钮 :设置表格的背景颜色。
- ◉ 【边框颜色】按钮 :设置表格边框的颜色。
- ◉ 【背景图像】文本框:设置表格的背景图像。

当【边框】文本框设置为 0 时,表格就起到了定位作用了,这也是表格应用广泛的主要原因。

6. 设置单元格、行和列的属性

除了设置表格属性外,还可以设置单元格、行或列的属性。首先选中一个或一组单元格,打开【属性】面板，如图 3-24 所示，在该面板中各参数具体作用如下。

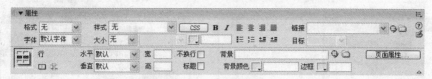

图 3-24 单元格、行或列的【属性】面板

- ◉ 【水平】下拉列表框：指定单元格、行或列内容的水平对齐方式。
- ◉ 【垂直】下拉列表框：指定单元格、行或列内容的垂直对齐方式。
- ◉ 【宽】和【高】文本框：设置单元格的宽度和高度。
- ◉ 【背景】文本框：设置单元格、列或行背景图像的文件名。
- ◉ 【背景颜色】按钮▢⏷：设置使用颜色选择器选择的单元格、列或行的背景颜色。
- ◉ 【边框】按钮▢⏷：设置单元格的边框颜色。
- ◉ 【合并单元格】按钮▣：将所选的单元格、行或列合并为一个单元格。
- ◉ 【拆分单元格】按钮⺊：分开一个单元格，创建两个或多个单元格。
- ◉ 【不换行】复选框：防止换行，从而使给定单元格中的所有文本都在一行上。
- ◉ 【标题】复选框：将所选的单元格格式设置为表格标题单元格。默认情况下，表格标题单元格的内容为粗体并且居中。

【例 3-2】打开【例 3-1】的网页文档，编辑表格，使表格更加美观。

(1) 打开【例 3-1】的网页文档，如图 3-25 所示。

(2) 将光标移至表格边框位置，当光标显示为【表格】光标时，单击鼠标，选中整个表格。打开【属性】模板，设置表格的边框宽度为 1 像素，表格的背景颜色为灰色，表格的边框颜色为深灰色，设置的表格如图 3-26 所示。

图 3-25 打开【例 3-1】的网页文档

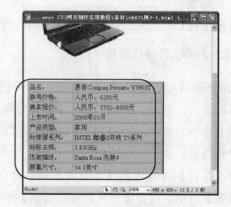

图 3-26 设置表格属性

(3) 拖动选中表格第 1 行中 2 个单元格，选择【修改】|【表格】|【合并单元格】命令，合并单元格。将光标移至单元格边框位置，当光标显示为【左右】指针⊩时，拖动鼠标调整单元格合适宽度，如图 3-27 所示。

计算机 基础与实训教材系列

(4) 保存文件，按下 F12 键，在浏览器中预览网页文档，如图 3-28 所示。

图 3-27 调整单元格宽度　　　　图 3-28 在浏览器中预览网页文档

7. 剪切、拷贝和粘贴单元格

可以选择【编辑】|【剪切】、【拷贝】、【粘贴】命令来实现单元格的剪切、拷贝和粘贴的操作。

如果要剪切或拷贝单元格，选择一组连续的且形状为矩形的单元格，然后选择【编辑】|【剪切】命令或【编辑】|【拷贝】命令，可以剪切或复制单元格。

如果要粘贴单元格，选择要粘贴单元格的位置，然后选择【编辑】|【粘贴】命令即可。其中，选择要粘贴单元格的位置的方法如下。

- 要用正在粘贴的单元格替换现有的单元格，可选择一组与剪贴板上的单元格具有相同布局的现有单元格。
- 要用粘贴的单元格创建一个新表格，可将插入点放置在表格之外。

8. 导入、导出表格式数据

Dreamweaver CS3 可以在另一个应用程序(例如 Microsoft Excel)中创建并以分隔文本格式(其中的项以制表符、逗号、冒号、分号或其他分隔符隔开)保存的表格式数据导入到 Dreamweaver 中并设置为表格的格式；也可以将表格数据从 Dreamweaver 导出到文本文件中，相邻单元格的内容由分隔符隔开。

选择【文件】|【导入】|【表格式数据】命令，或者选择【插入记录】|【表格对象】|【导入表格式数据】命令，打开【导入表格式数据】对话框，如图 3-29 所示，设置相应的参数，即可导入表格式数据。在【导入表格式数据】对话框中各参数具体作用如下。

- 【数据文件】文本框：可以设置要导入的文件名称。用户也可以单击【浏览】按钮选择一个导入文件。
- 【定界符】下拉列表框：可以选择在导入的文件中所使用的定界符，如 Tab、逗号、分号、引号等。如果在此选择【其他】选项，在该下拉列表框右面将出现一个文本框，用户可以在其中输入需要的定界符。【定界符】就是在被导入的文件中用于区别行、列等信息的标志符号。定界符选择不当，将直接影响到导入后表格的格式，而且有可能无法导入。

- 【表格宽度】选项区域：可以选择创建的表格宽度。其中，选择【匹配内容】单选按钮，可以使每个列足够宽以适应该列中最长的文本字符串；选择【设置为】单选按钮，将以像素为单位，或按占浏览器窗口宽度的百分比指定固定的表格宽度。
- 【单元格边距】文本框与【单元格间距】文本框：可以设置单元格的边距和间距。
- 【格式化首行】下拉列表框：可以设置表格首行的格式，可以选择【[无格式]】、【粗体】、【斜体】或【加粗斜体】4 种格式。
- 【边框】文本框：可以设置表格边框的宽度，单位为像素。

如果要导出表格式数据，选择要导出的表格，选择【文件】|【导出】|【表格】命令，打开【导出表格】对话框，如图 3-30 所示。

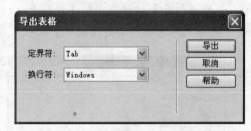

图 3-29　【导入表格式数据】对话框　　　图 3-30　【导出表格】对话框

在【导出表格】对话框中各参数具体作用如下。

- 【定界符】下拉列表框：可以设置要导出的文件以什么符号作为定界符。
- 【换行符】下拉列表框：可以设置在哪个操作系统中打开导出的文件，如 Windows，Macintosh 或 UNIX，因为在不同的操作系统中具有不同的指示文本行结尾的方式。

【练习 3-3】将表格数据导出到桌面中，然后使用【导入功能】，将这个文件导入到一个新页面中，导出过程中，使用 Tab 为【定界符】，在 Windows 中打开。

(1) 打开一个含有表格的网页文档。选择【文件】|【导出】|【表格】命令，打开【导出表格】对话框。

(2) 单击【导出表格】对话框中的【导出】按钮，打开【表格导出为】对话框，如图 3-31 所示。

(3) 在【表格导出为】对话框中，设置保存路径为桌面，在【文件名】文本框中输入保存的文件名为【日程表数据】，单击【保存】按钮，导出表格。

(4) 选择【文件】|【新建】命令，打开【新建文档】对话框，如图 3-32 所示。

图 3-31　【表格导出为】对话框

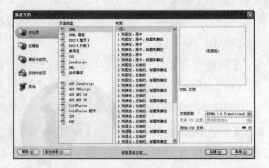

图 3-32　【新建文档】对话框

(5) 选择【文件】|【导入】|【表格式数据】命令，打开【导入表格式数据】对话框。

(6) 单击【导入表格式数据】对话框中的【浏览】按钮，打开【打开】对话框，如图 3-33 所示。

(7) 选择【打开】对话框中的【日程表 数据】文件，单击【打开】按钮，在【定界符】下拉列表中选择 Tab 选项，单击【确定】按钮，导入表格数据，如图 3-34 所示。

图 3-33　【打开】对话框

图 3-34　导入表格数据

③.3　使用表格规划网页布局

在网页设计中，页面布局是非常重要的部分。好的布局能使整个网页更加美观、大方、实用。Dreamweaver CS3 提供了多种方法来创建和控制网页布局，在表格的【布局模式】中规划网页布局就是最常用、最实用的方式之一。

表格的【布局模式】来源于表格，但是在布局模式中简化了使用表格进行网页布局的过程，避免了使用传统的方法创建基于表格的页面布局时经常出现的一些问题，如定位不准、不易调整等。

③3.1　在【布局模式】下规划网页布局

表格除了可以罗列数据，还可以进行页面定位。但是，创建表格最初是为了显示表格数据，而不是用于对 Web 页布局，因此使用表格进行页面定位或是设计布局并不是非常方便。除此以外，使用表格还存在一些其他问题。为了解决这一问题、简化使用表格进行页面布局的过程，Dreamweaver CS3 在表格中提供了【布局模式】。

在【布局模式】中，可以在页面上方便地绘制布局单元格，灵活地将这些单元格移动到所需的位置，还可以创建固定宽度的布局和自动伸展为整个浏览器窗口宽度的布局，从而减少了繁琐的参数设置与定义，可以更高效、快速地制作结构复杂的版面。

1.　认识布局单元格和表格

在 Dreamweaver CS3 中，表格有【标准模式】、【扩展表格模式】和【布局模式】3 种模式。【标准模式】是最基本的表格模式；【扩展表格模式】是【标准模式】的扩充，可以方便地选择表格进行编辑；【布局模式】是专门为方便页面布局而设计的模式，与前两种模式相比，这种模式下表格和单元格边框是没有宽度的。

在页面文档中创建布局单元格时，Dreamweaver CS3 会自动创建一个布局表格，用于放置布局单元格。也可以先创建一个布局表格，然后再在布局表格内添加布局单元格。但要注意的是，布局单元格不能存放在布局表格之外，在创建页面布局时可以在同一个布局表格中放置多个布局单元格，还可以在布局表格内嵌套创建多个布局表格。

使用布局表格可以将页面布局分隔成区域，当在一个区域中编辑时，不会影响其他的区域。这一特性对于那些在布局单元格中添加对象时引起布局单元尺寸增大的情况非常有效。当布局单元格增大时，它只会影响与其他单元格之间的距离，因为布局单元不能相互重叠。如果使用多个布局表格创建页面布局，表格的长宽不会受其他布局表格的改变的影响。布局单元格与表格的典型应用如图 3-35 所示。

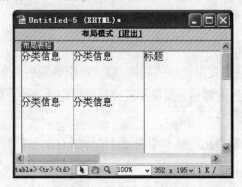

图 3-35　页面布局模式

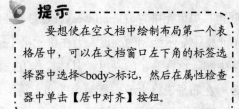

提示

要想使在空文档中绘制布局第一个表格居中，可以在文档窗口左下角的标签选择器中选择<body>标记，然后在属性检查器中单击【居中对齐】按钮。

-51-

2. 绘制布局单元格和表格

在表格的【布局模式】中，可以绘制布局单元格和表格。在创建布局单元格时，Dreamweaver CS3 将自动创建用于放置布局单元格的布局表格。选择【查看】|【表格模式】|【布局模式】命令，切换到【布局模式】，单击【布局】插入栏上的【绘制布局单元格】按钮 🔲，将光标移至表格，光标显示为加号(+)形状，在页面上拖动即可绘制出布局单元格。

默认情况下，页面布局表格边线颜色为绿色(#009900)，页面布局表格背景颜色为灰色(#DDDDDD)，布局表格不能相互重叠，在布局表格的上面会显示该表格的尺寸。当在一个空文档中绘制布局表格时，表格总能自动捕捉页面窗口的左上角。

Dreamweaver CS3 可以自动捕捉已有的表格或单元格的边界，在绘制布局单元格和表格时按下 Alt 键，可以暂时关闭自动捕捉功能。

3. 选择布局单元格和表格

在 Dreamweaver CS3 中，要选择绘制的布局单元格，可以将光标移动到布局单元格的边框位置，单击鼠标，布局单元格周围会显示 8 个控制点，如图 3-36 所示，表示已经选中布局单元格。要选择绘制的布局表格，单击布局表格的灰色区域即可，如图 3-37 所示。

图 3-36　选择布局单元格　　　　　图 3-37　选择布局表格

4. 清除单元格高度

创建布局单元格时，Dreamweaver CS3 会自动指定单元格的高度，即使是空单元格也会指定，并在单元格中显示绘制的高度。当在单元格中插入内容后，如果不需要显示指定的高度，可以从单元格中删除这些显示的高度，具体操作方法如下。

- ◉　在布局表格上单击标尺上的向下箭头，从弹出的菜单中选择【清除所有高度】选项，如图 3-38 所示。
- ◉　选中布局表格，然后在【布局表格属性检查器】中单击【清除行高】按钮 🔲 即可。

5. 绘制嵌套布局表格

在 Dreamweaver CS3 的【布局模式】中，可以将一个布局表格绘制在另一个布局表格范围以内，用于创建嵌套布局表格效果。当在嵌套布局表格中的布局单元格中插入对象时，布局单元格的长宽变化不会受外部表格的大小影响。实际上，平时所见到的大多数网页都使用嵌套布局表格。

要绘制嵌套布局表格，可以单击布局插入栏中的 回 按钮，在已有布局表格范围内，拖动鼠标绘制布局表格即可，如图 3-39 所示。

图 3-38　清除所有高度

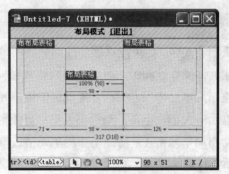

图 3-39　绘制嵌套布局表格

知识点 -

不能在布局单元格中创建布局表格，只能在现有布局表格的空白区域中或在现有单元格周围创建嵌套布局表格。

6. 将布局单元格靠齐到网格

在 Dreamweaver CS3 中，使用网格功能，可以精确定位布局单元格和表格。使用网格可以让单元格在移动或是绘制时自动靠齐到网格。同时，无论是否显示网格，靠齐功能都是可以使用的。

要将布局单元格对齐到网格，可以选择【查看】|【网格】|【显示网格】命令，在文档中显示网格，再选择【查看】|【网格】|【靠齐到网格】命令，开启靠齐到网格功能，这时，如果绘制或是移动单元格，系统就会自动捕捉相应的【网格】，如图 3-40 所示。即使不显示网格，如果启用了【靠齐到网格】功能，系统也会自动捕捉。

如果需要更改网格的设置，可以选择【查看】|【网格设置】|【网格设置】命令，打开【网格设置】对话框，如图 3-41 所示，设置相关参数，单击【确定】按钮即可。

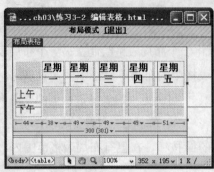

图 3-40　靠齐到网格

图 3-41　【网格设置】对话框

7．移动和调整布局单元格和表格

在页面布局中，如果能够移动或调整布局单元格和表格的位置或尺寸，这将更利于设计网页布局。在具体操作过程中，可以使用网格线做向导辅助移动或调整。

调整布局单元格尺寸时，首先要选中该单元格，然后将光标移至边角控制点上，根据箭头方向调整单元格大小，但是，布局单元格边界不能超出它所在的布局表格。

移动布局单元格，只需拖动布局单元格边框，将其移动到需要的位置即可。也可以在选中该单元格后，按箭头键移动布局单元格，每次移动 1 个像素；按住 Shift 键的同时按箭头键移动布局单元格时，每次移动 10 个像素。

调整布局表格的方法与调整表格方法相同，选中表格，将光标移动到边角控制点，根据箭头方向调整表格大小。移动布局表格时，可以拖动表格标签或拖动表格边线，移动到需要的位置即可。

8．设置布局宽度

在【布局模式】中，可以使用固定宽度和自动伸展两种类型的宽度，这些宽度都显示在每一栏的头上。其中，固定宽度显示的是具体的宽度值，例如，100 像素；自动伸展宽度与文档窗口大小相关，显示的是波浪线。在布局自动伸展模式下，布局表格总是充满整个浏览窗口，与窗口视图的尺寸设置无关，利用这一点，可以方便地设计出跟随用户浏览器窗口大小变化而变化的页面。在默认情况下，布局按固定宽度显示。

9．使用间隔图像

间隔图像(也叫做间隔 GIF)是透明的图像，用于控制自动伸展表格中的间距。间隔图像由一个单像素的透明 GIF 图像组成，向外伸展到指定像素数的宽度。浏览器绘制的表格列不能窄于该列的单元格中所包含的最宽图像，因此，在表格列中放置间隔图像要求浏览器至少应该保持该列与该图像一样的宽度。

当设置某列自动伸展时，Dreamweaver CS3 会自动添加间隔图像。此外，还可以在每个列中手动插入和删除间隔图像。

要在布局模式中添加间隔图像,可在布局表格上单击标尺上的向下箭头,从弹出的菜单中选择【添加间隔图像】命令,打开【选择占位图像】对话框。在该对话框中选择【创建占位图像文件】选项,如图 3-42 所示,单击【确定】按钮,打开【保存间隔图像文件为】对话框,如图 3-43 所示,指定图像的保存路径,单击【保存】按钮即可。

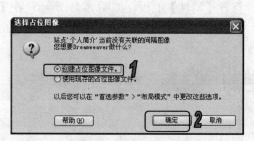

图 3-42　【选择占位图像】对话框

图 3-43　【保存间隔图像文件为】对话框

③3.2　设置布局表格和单元格属性

在 Dreamweaver CS3 中,可以在【属性】面板中设置【布局模式】中的任何布局单元格和布局表格的外观,例如背景、元素对齐方式等。

1. 设置布局单元格的格式

要设置布局单元格的属性,在页文档中选中一个布局单元格,打开【属性】面板,如图 3-44 所示。在【属性】面板中,可以为布局单元格设置内容对齐方式、宽度和高度、背景颜色等属性,各参数选项具体作用如下。

图 3-44　布局单元格的【属性】面板

- ◉ 【固定】单选按钮:选中该单选按钮,在右边的文本框中可以输入布局单元格的宽度数值。
- ◉ 【自动伸展】单选按钮:选中该单选按钮后,可以使用布局单元格的自动伸展功能。
- ◉ 【高】文本框:输入布局单元格的高度数值。
- ◉ 【背景颜色】按钮:设置布局单元格的背景颜色。
- ◉ 【水平】下拉列表框:设置单元格内容的水平对齐方式,可以选择【默认】、【左对齐】、【居中对齐】和【右对齐】4 种对齐方式。

- 【垂直】下拉列表框：设置单元格内容的垂直对齐方式，可以选择【默认】、【顶端】、【中间】、【底部】和【基线】5 种对齐方式。
- 【不换行】复选框：在输入内容时自动改变布局单元格的宽度，不会换行。
- 【类】下拉列表框：设置单元格内元素的 CSS 样式。

2. 设置布局表格的格式

要设置布局表格的属性，选中布局表格，打开【属性】面板，如图 3-45 所示。在【属性】面板中，可以为布局表格设置内容对齐方式、宽度和高度、背景颜色等属性，各参数选项具体作用如下。

图 3-45　布局表格的【属性】面板

- 【固定】单选按钮：选中该单选按钮，可以在右边的文本框中输入布局表格的宽度数值。
- 【自动伸展】单选按钮：选中该单选按钮后，可以使用布局表格的自动伸展功能。
- 【高】文本框：输入布局表格的高度数值。
- 【背景颜色】按钮：设置布局表格的背景颜色。
- 【填充】文本框：在文本框中输入布局单元格中的内容和单元格边框之间的距离数值，与表格中的【填充】意义相同，如图 3-46 所示。
- 【间距】文本框：输入布局单元格之间的距离数值，效果如图 3-47 所示。
- 【类】下拉列表框：用于设置布局表格的样式。

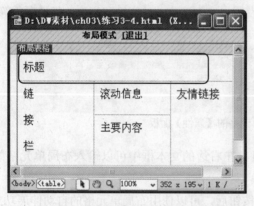
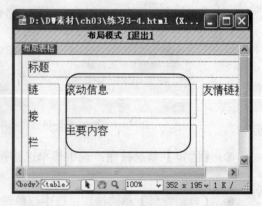

图 3-46　设置【填充】数值后的表格　　　图 3-47　设置【间距】数值后的表格

- 【清除行高】按钮：清除布局表格中的行高度。
- 【使单元格宽度一致】按钮：自动设置布局单元格与其内容相匹配的宽度。

【例3-3】新建一个网页文档，在【布局模式】下规划【游戏网站】主页布局并设置布局单元格的样式。

(1) 新建一个网页文档，选择【查看】|【表格模式】|【布局模式】命令，切换到【布局模式】。

(2) 单击【插入栏】上的【布局】选项卡，打开【布局】插入栏。单击【布局】插入栏上的【绘制布局表格】按钮 ，将光标移至文档中，拖动绘制布局表格，打开【属性】面板，在【宽】和【高】文本框中分别输入数值 800 和 600，设置布局表格尺寸为 800×600 像素。

(3) 单击【布局】插入栏上的【绘制布局单元格】按钮 ，绘制布局单元格，并且在【属性】面板中设置布局单元格合适大小。重复操作，规划页面布局，如图 3-48 所示。

(4) 选中某个布局单元格，打开【属性】面板，设置背景颜色。重复操作，根据页面规划的内容，设置布局单元格背景颜色，如图 3-49 所示。

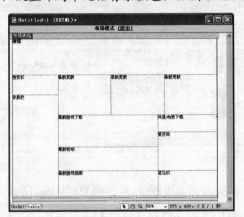
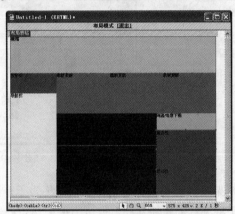

图 3-48　绘制布局单元格　　　　　图 3-49　设置布局单元格背景颜色

③.4　使用框架

在网络带宽十分有限的情况下，如何提高网页的下载速度，是设计网页时必须考虑的问题。如果多个网页拥有相同的导航区，只是内容有所不同，则可以考虑使用框架来设计网页布局。这样浏览者在查看不同内容时，便无需每次都下载整个页面，而可以保持导航部分不变，只下载网页中需要更新的内容即可，从而能够极大提高网页的下载速度。这样的网页也称为框架页，其最典型的应用便是当前十分流行的各种论坛。

③.4.1　框架的概念

框架页面通过框架将网页分成多个独立的区域，在每个区域可以单独显示不同的网页，每个区域可以独立翻滚。正是基于框架页面的这种特点，使用框架可以极大丰富网页设计的自由度，在不同的页面部分设置不同的网页属性，尤其是对于页面间的链接，可以使页面的结构变化自如。

1．框架网页的结构

框架由框架和框架集组成，框架就是网页中被分隔开的各个部分，每部分都是一个完整的网页，这些网页共同组成了框架集，框架集实际上也是一个网页文件，用于定义框架的结构、数量、尺寸等属性。如图 3-50 所示的就是框架页面。从图 3-51 中可以看出该框架网页包含了两个框架，而框架集并不显示在具体的浏览器中，如果要访问一个框架网页，则需要输入这个框架网页的框架集文件所在的 URL 地址。

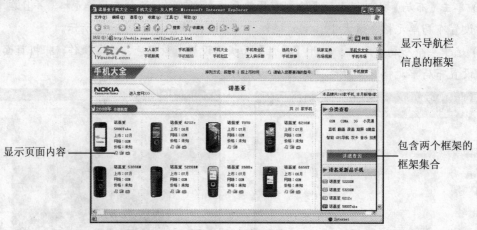

图 3-50　框架页面

框架集又被称为父框架，框架被称为子框架。将某个页面划分为若干框架时，既可独立地操作各个框架，创建新文档，也可为框架指定已制作好的文档。选择【查看】|【可视化助理】|【框架边框】命令可以显示或隐藏框架边界。

2．框架网页的功能

框架在网页中最常见的用途是导航。网页中的一组框架通常包括一个含有导航条的框架和另一个要显示主要内容的框架。单击导航条框架内的链接会改变主要内容页面的显示画面，而不会改变整个框架页面。例如单击图 3-51 上方页面框架内的某个导航链接会更改下方页面框架中显示的内容，但整个框架网页本身的内容保持静态。

图 3-51　框架网页

3. 框架结构的优缺点

框架技术自从推出以来就成了一个争论不休的话题。一方面,它可以将浏览器显示空间分割成几个部分,每个部分可以独立显示不同的网页,同时对于整个网页设计的整体性的保持也是有利的;但它的缺陷又同样明显,对于不支持框架结构的浏览器,页面信息不能显示。不过,现在大部分浏览器都支持框架结构,因此使用框架制作的网页还是大量存在,最典型的例子就是各个大型网站的论坛。同时,在使用框架时应该在设计的框架集中提供 noframes 部分,以便那些不能查看这些框架的访问者。

使用框架具有以下优缺点:

⦿ 访问者的浏览器不需要为每个页面重新加载与导航相关的图形。这样可以大大提高网页下载的效率,同时也减轻了网站服务器的负担。

⦿ 每个框架都具有自己的滚动条,因此访问者可以独立滚动这些框架。

⦿ 可能难以实现在不同框架中精确地对齐各个页面元素。

⦿ 对导航进行测试时可能很耗时间。

⦿ 带有框架的页面的 URL 不显示在浏览器中,因此访问者可能难以将特定页面设为书签。

③.4.2　创建框架网页文档

使用框架最方便的方法就是创建框架网页文档,在 Dreamweaver CS3 中,创建框架网页文档的方法有:在【新建文档】对话框中创建、在【布局】插入栏中创建和手动创建 3 种。

1. 在【新建文档】对话框中创建

选择【文件】|【新建】命令,打开【新建文档】对话框,单击【示例中的页】选项卡,在【示例文件夹】列表框中选择【框架集】选项,在【示例页】列表框中选择所需创建的框架结构,如图 3-52 所示。

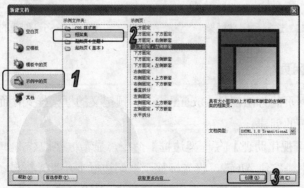

图 3-52　【新建文档】对话框

单击【创建】按钮,打开【框架标签辅助功能属性】对话框,在【框架】下拉列表框中选择某格框架,在【标题】文本框中输入框架标题,如图 3-53 所示。

单击【确定】按钮，完成框架网页的创建。如图 3-54 所示。

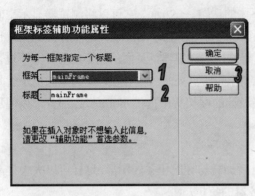

图 3-53 【框架标签辅助功能属性】对话框

图 3-54 创建的框架网页文档

2. 在【布局】插入栏中创建

新建一个空白网页文档，单击【插入栏】上的【布局】选项卡，打开【布局】插入栏。单击【框架】按钮□·右边的下拉箭头，在弹出的菜单中选择所需创建的框架，可以选择 13 种预定义框架，如图 3-55 所示。选择框架后，打开【框架标签辅助功能属性】对话框，单击【确定】按钮，即可完成框架网页的创建，如图 3-56 所示。

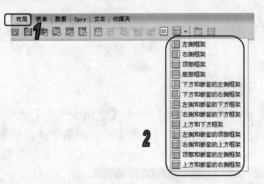

图 3-55 选择预定义框架

图 3-56 创建的框架网页

3. 手动创建框架网页

前两种创建框架网页的方法都是 Dreamweaver 预定义的框架样式，而在实际制作时，经常需要手动进行框架网页的创建。

选择【查看】|【可视化助理】|【框架边框】命令，显示框架边线，如图 3-57 所示。将光标移至所需分割的框架中，按住 Alt 键，将光标移至框架边框上，当光标显示为双向箭头时，拖动至合适位置后，即可将一个框架拆分为两个框架，如图 3-58 所示。

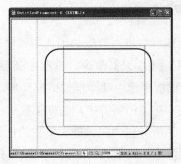

图 3-57　显示框架边线　　　　　图 3-58　拆分框架

③.5　编辑框架

创建好框架后，可以修改框架，主要包括选择框架、设置框架属性。框架并不是在所有浏览器中都可以显示的，这时就需要在标签中输入提示信息。

③.5.1　框架的基本操作

编辑框架的操作主要包括创建嵌套框架、选择框架以及设置框架的属性等。

1. 创建嵌套框架

在一个框架中存在的框架集称作嵌套框架集，一个框架集文件可以包含多个嵌套框架集。大多数使用框架的网页，实际上都使用了嵌套的框架，并且在 Dreamweaver 中的多数预定义的框架集也使用嵌套。如果在一组框架里，不同行或不同列中有不同数目的框架，则要求使用嵌套框架集。

要创建嵌套框架集，将光标置于相应的框架中，用通常创建框架集的方法创建即可。选择【文件】|【打开】命令，打开【打开】对话框，打开一个框架网页，如图 3-59 所示。将光标移至要创建嵌套框架集的框架中，选择【插入记录】|HTML|【框架】|【下方及左侧嵌套】命令，插入一个嵌套框架集，如图 3-60 所示。

图 3-59　打开框架网页　　　　　图 3-60　插入嵌套框架集

中文版 **Dreamweaver CS3** 网页制作实用教程

2．选择框架和框架集

要改变框架或框架集，首先必须选中该框架或框架集，最好的方法是使用【框架】面板。选择【窗口】|【框架】命令，显示【框架】面板，如图 3-61 所示。

在【框架】面板中选中某个框架或框架集，在【框架】面板和文档窗口的同一个框架中都将显示框架选择线。在文档窗口中，当框架被选中时，边框线显示为点划线，如图 3-62 所示。当框架集被选中时，所有包含在该框架集中的框架边线都显示为点划线。

【框架】面板除了用于选择框架和框架集外，还可以显示文档中框架集结构的层次关系，这是在文档窗口中无法看到的。如果要在文档窗口中选择框架，可按下 Alt 键，然后单击需要选择的框架即可；如果要选择框架集，可直接单击框架边线。

如果当前网页中包含了较多的框架，则框架集是分层次的，单击框架边线，并观察虚线显示情况，即可了解选定框架集包含了哪些框架。

计算机基础与实训教材系列

图 3-61　【框架】面板

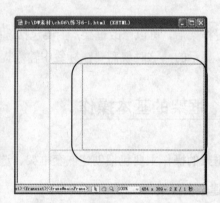

图 3-62　选中框架后的显示

③.5.2　设置框架和框架集属性

在制作网页的过程中，使用框架的属性检查器可以定义框架名称、源文件、页边距等属性，使用【框架集属性检查器】可以定义框架集边线颜色、宽度等属性。

1．设置框架属性

要设置框架的属性，在网页文档中选中一个框架，选择【窗口】|【属性】命令，打开框架的【属性】面板，如图 3-63 所示。

图 3-63　框架的【属性】面板

-62-

在【属性】面板中，各参数选项具体作用如下。

- 【框架名称】文本框：在该文本框中输入框架的名称，在使用 Dreamweaver 行为或脚本撰写语言(例如 JavaScript 或 VBScript)时可以引用该对象。
- 【源文件】文本框：在该文本框输入框架对应的源文件，单击【文件夹】按钮📁，可以在打开的对话框中选择文件。
- 【滚动】下拉列表框：在下拉列表中选择框架中滚动条的显示方式，可以选择【默认】、【是】、【否】和【自动】4 个选项。大多数浏览器默认为【自动】，只有在浏览器窗口中没有足够空间来显示当前框架的完整内容时才显示滚动条。
- 【不能调整大小】复选框：选中该复选框后，可以禁止改变框架的尺寸。
- 【边框】下拉列表框：在下拉列表中选择设置框架的边界选项。设置边界后，将会覆盖框架集的【属性】面板中所做的设置，并且只有当该框架的所有邻接框架的边框都设置为【否】时，才能关闭该框架的边界。
- 【边框颜色】按钮：在该按钮右侧的文本框中可以输入当前框架的所有边框的颜色十六进制数值，设置的颜色应用于和框架接触的所有边框。
- 【边界宽度】和【边界高度】文本框：在文本框中输入框架内容与边界之间的距离数值，单位为像素。

2. 设置框架集属性

要设置框架集的属性，在网页文档中选中一个框架集，然后选择【窗口】|【属性】命令，打开框架集的【属性】面板，如图 3-64 所示。

图 3-64 框架集的【属性】面板

在【属性】面板中，各参数选项具体作用如下。

- 【边框】下拉列表框：在该下拉列表中选择设置框架集的边界的选项。
- 【边框颜色】按钮：在该按钮右侧的文本框中可以输入当前框架集的所有边框的颜色十六进制数值。
- 【边框宽度】文本框：在该文本框中输入框架集边框线的宽度数值，单位为像素。
- 【列】文本框：在该文本框中输入框架集的宽度数值。
- 【单位】下拉列表框：在该下拉列表中选择宽度单位，可以选择【像素】、【百分比】和【相对】3 个选项。【像素】，可以设置框架的固定大小，当浏览器窗口改变时框架的大小始终保持不变，该方式主要用于一些永远不希望改变其大小的框架，如导航条所在的框架；【百分比】，可以设置当前框架与当前框架集大小的百分比，这种方式设置的框架是不固定的，随着浏览器窗口的大小变化，框架的大小也将随着改变；【相对】，可以设置当前框架与其他框架之间的大小比例。

此外，单击行列选定范围后的标示框，可以在不同的行或列之间切换。

③.5.3　处理浏览器不能显示的页面

如果浏览器不支持框架，则无法显示框架集和框架文档内容。在 Dreamweaver CS3 中，允许在框架集文件中创建位于<noframes>和</noframes>标记之间的提示信息。

如何访问基于框架的网页。例如：

```
<noframes><body bgcolor = "#FFFFFF">

您的浏览器不支持框架，无法查看文档内容。

</body></noframes>
```

要定义浏览器不能显示的框架内容，可以选择【修改】|【框架页】|【编辑无框架内容】命令，这时将打开一个普通文档窗口。

在文档窗口中输入非框架内容，可以输入文本、图像以及链接等，如图 3-65 所示。

图 3-65　编辑无框架内容

选择【修改】|【框架集】|【编辑无框架内容】命令，返回原来打开的框架集文档窗口。

③.6　上机练习

本章的上机实验主要介绍在网页文档中插入表格的方法，使用表格和框架规划网页布局。本章中关于表格和单元的一些基础设置，例如绘制嵌套单元格，将布局单元格靠齐到网格等知识，可以参照具体章节练习。

③.6.1　插入表格

打开一个网页文档，在文档中插入表格，并设置表格属性。

(1) 打开一个网页文档，如图 3-66 所示。

(2) 选择【插入记录】|【表格】命令，打开【表格】对话框，在【行数】和【列数】文本框中输入数值 7，在【边框粗细】文本框中输入数值 3，在【单元格边距】和【单元格间距】文本框中输入数值 1，在【页面】列表框中选择【无】选项，如图 3-67 所示。单击【确定】按钮，在文档中插入表格。

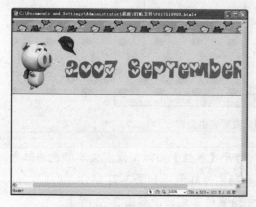
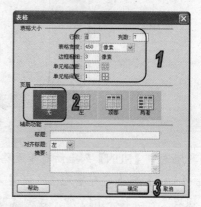

图 3-66 打开网页文档　　　　　　　　图 3-67 【表格】对话框

(3) 在表格的相应单元格中输入【星期】和【日期】等内容，如图 3-68 所示。

图 3-68 在表格中输入内容

(4) 将光标移至表格边框位置，当光标显示为表格形状时，单击鼠标，选中整个表格，打开【属性】面板。设置表格的边框颜色值为#73C5DB，单击【浏览文件】按钮□，打开【选择图像源文件】对话框，选择表格的背景颜色。【属性】面板中的设置如图 3-69 所示。

图 3-69 设置【属性】面板

(5) 设置的表格如图 3-70 所示。

图 3-70　设置表格属性

(6) 拖动选中【SUN】列上所有单元格，打开【属性】面板，设置文本颜色为红色。重复操作，选中【SAT】列上所有单元格，设置文本颜色为红色，如图 3-71 所示。

(7) 保存文件，按下 F12 键，在浏览器中预览网页文档，如图 3-72 所示。

图 3-71　设置文本颜色

图 3-72　在浏览器中预览网页文档

③.6.2　规划网页布局

打开一个【工作室】网页文档，使用框架和表格规划页面布局。

(1) 打开一个【工作室】网页文档，如图 3-73 所示。

(2) 新建一个网页文档，单击【插入栏】上的【布局】选项卡，打开【布局】插入栏。

(3) 单击【布局】插入栏上的【框架】按钮□·，在弹出的下拉列表中选择【上方和下方框架】选项，打开【框架标签辅助功能属性】对话框，如图 3-74 所示，单击【确定】按钮，在文档中创建框架，如图 3-75 所示。

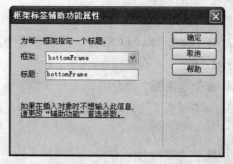

图 3-73　打开网页文档　　　　　　　图 3-74　【框架标签辅助功能属性】对话框

　　(4) 将光标移至中间的框架中，单击【框架】按钮□ ，在弹出的下拉列表中选择【右侧框架】选项，创建右侧框架，如图 3-76 所示。

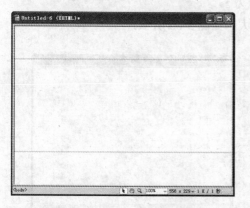

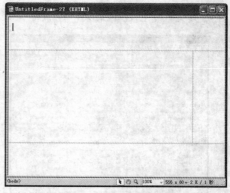

图 3-75　创建上方和下方框架　　　　　图 3-76　创建右侧框架

　　(5) 根据页面框架大小，调整框架合适尺寸，如图 3-77 所示。

　　(6) 参照打开的网页文档，在框架中插入表格，规划好页面布局，如图 3-78 所示。

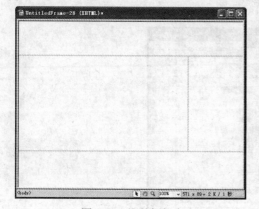

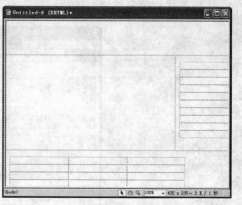

图 3-77　调整框架大小　　　　　　　图 3-78　插入表格

③.7 习题

1. 在 Dreamweaver 中，表格共有哪 3 种使用模式？

2. 在 Dreamweaver CS3 中，可以按哪个键移动单元格？

3. 叙述框架页面的概念。

4. 框架是由哪 2 部分组成，一个框架集文件可以包含多个什么？

5. 单击表格单元格，然后在文档窗口左下角的标签选择器中选择哪个标签，可以选择整个表格？

6. 在 Windows 中，若要选择不相邻的单元格，则必须要按住哪个键的同时，单击要选择的单元格、行或列？

7. 在按住 Shift 键的同时按箭头键移动布局单元格和表格时，每次移动的距离为多少个像素？

8. 制作如图 3-79 所示的表格。其中第一行背景色为#CCFF99，其余背景色为#FFFFCC，边框颜色为#CC9900，边框为 1，表格单元格边距为 5。

9. 在网页文档中创建框架集，调整框架集大小如图 3-80 所示。

图 3-79 插入表格   图 3-80 创建框架集

10. 使用表格和单元格规划购物网站主页面，如图 3-81 所示。

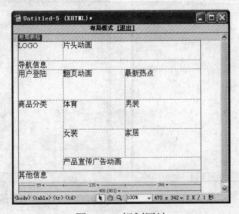

图 3-81 规划网站

制作网页

学习目标

文本与图像是网页制作中最重要的两大元素。文本组成了大部分网页的结构；而图像在页面中的恰当运用，不仅使得网页更加美观，还使得网页表达信息更加直观，吸引了浏览者。本章主要介绍在通常网页制作过程中添加并设置各种文本、图像元素。通过本章知识的学习，用户可以掌握各种编辑网页文本与图像的方法，包括设置文本的格式、使用统一样式、添加按钮、插入背景照片、创建鼠标指针经过图像、导航条等。

本章重点

- ◉ 在网页中插入文本
- ◉ 编辑文本
- ◉ 在网页中插入图像
- ◉ 编辑图像
- ◉ 创建网页导航条

4.1 在网页中插入文本

文本是网页中最常见也是运用最广泛的元素之一，是网页内容的核心部分。在网页中添加文本与在 Word 等文字处理软件中添加文本一样方便，可以直接输入文本，也可以从其他文档中复制文本，还可以插入水平线和特殊字符等。

4.1.1 认识【文本】工具栏

使用【文本】工具栏，可以快速地插入各种类型的文本。单击【插入】栏上的【文本】选项卡，打开【文本】插入栏，如图 4-1 所示。

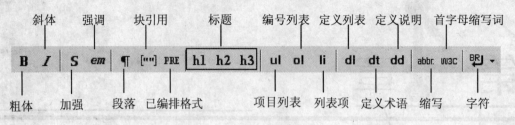

斜体　　强调　　块引用　　　标题　　　编号列表　定义列表　定义说明　首字母缩写词

粗体　　加强　　段落　已编排格式　　　项目列表　列表项　定义术语　缩写　　字符

图 4-1　【文本】插入栏

4.1.2　插入文本

在 Dreamweaver CS3 中输入文本是非常简单的，其输入方式与其他文本处理软件中的文本输入方式十分类似。

1．直接输入文本

在 Dreamweaver CS3 的【设计】视图中输入文本与在记事本或 Word 中输入文本的方法相同，将光标移至要插入文本的位置，然后直接输入即可。输入文本的排列方式由左到右，跟其他软件都是相同的，遇到编辑口的边界时会自动换行，如图 4-2 所示。

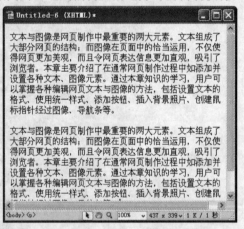

图 4-2　在 Dreamweaver CS3 编辑界面中输入文本

 提示

在输入文档的过程中，段落结束时，可以用 Enter 键来分段；如果想将一整段文本强迫分为多行，还可以按 Shift+Enter 键来输入换行符进行强制分行。

2．复制和粘贴文本

在 Dreamweaver CS3 中，可以将文本文件直接粘贴到网页文档中。

要粘贴文本，首先需要复制文本内容。例如，复制粘贴记事本中的一段文本内容，右击选中需要粘贴的文本内容，在弹出的菜单中选择【复制】命令，如图 4-3 所示。在 Dreamweaver CS3 的网页编辑界面，选择【编辑】|【粘贴】命令，即可将复制的文本内容粘贴到网页文档中，如图 4-4 所示。在进行复制、粘贴操作时，尽量减少使用快捷键的方法，因为可能有些内容只能通过菜单命令进行操作。

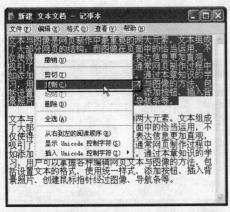

图4-3 复制文本

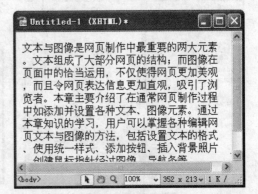

图4-4 粘贴文本

3. 导入文本

除了复制文本内容外，还可以导入 Word、Excel 文档中的内容。在网页文档中定位导入文本的位置，选择【文件】|【导入】|【Word 文档】命令，打开【导入 Word 文档】对话框，如图4-5所示。选择要导入的 Word 文档，单击【打开】按钮，即可导入到网页文档中，如图4-6所示。

图4-5 【导入 Word 文档】对话框

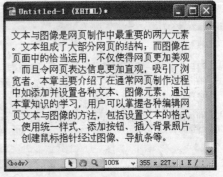

图4-6 将 Word 文档导入到网页文档中

【例4-1】新建一个网页文档，导入一个 Excel 文档到网页文档中，添加文本内容。

(1) 新建一个网页文档。

(2) 选择【文件】|【导入】|【Excel 文档】命令，打开【导入 Excel 文档】对话框，如图4-7所示。

(3) 在【导入 Excel 文档】对话框中，选择要导入的 Excel 文档，单击【打开】按钮，导入到网页文档中。

(4) 导入的 Excel 文档在网页文档中是以表格形式显示的，如图4-8所示。这些表格是可以进行修改的，例如插入单元格、删除单元格、合并单元格等操作，具体操作方法可以参照第3章的相关内容。

计算机 基础与实训教材系列

图 4-7　【导入 Excel 文档】对话框

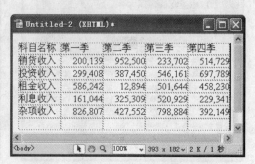

图 4-8　将 Excel 文档导入到网页文档中

(5) 将光标移至导入的 Excel 表格前，按下 Enter，换行。将光标移至首行，直接输入文本内容 "收入比较表"，如图 4-9 所示。

(6) 选中 Excel 表格，选择【窗口】|【属性】命令，打开【属性】面板，设置表格【背景颜色】为天蓝色，在【对齐方式】下拉列表中选择【居中对齐】命令，居中对齐表格内容。

(7) 保存网页文件，按 F12 键，在浏览器中预览网页文档，如图 4-10 所示。

图 4-9　输入文本内容

图 4-10　在浏览器中预览网页文档

4. 输入特殊字符

可以在网页文档中插入多种特殊符号，例如版权符号、货币符号、注册商标号以及直线等。单击【插入】工具栏中的【文本】选项卡，打开【文本】插入栏，如图 4-11 所示。

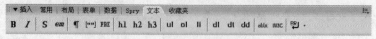

图 4-11　【文本】插入栏

单击【字符】按钮 旁边的下拉箭头，在弹出的下拉菜单中可以选择要插入的字符类型，如图 4-12 所示。

图 4-12　选择插入的字符类型

> 在字符类型列表中，最常使用的选项为【不换行空格】以及【换行符】。
> 而【版权】选项也是常用的字符之一，用户必须记住这些字符的使用方法。

在【字符】下拉列表中，将常用的特殊字符分为标点符号类、货币符号类、版权相关类和其他字符 4 大类型。标点符号类中包括换行符、不换行空格、左右引号以及破折线；货币符号类包括英镑、欧元、日元符号；版权相关类包括当前比较常用的 ™ 商标符号以及©版权符号和®注册商标符号。如果选择【其他符号】命令，打开【插入其他字符】对话框，如图 4-13 所示，选择所需插入的字符，单击【确定】按钮即可。

在插入特殊字符时，由于文档编码方式的不同，可能导致某些特殊字符不能显示，系统会自动打开一个信息提示框，如图 4-14 所示，选中对话框中的【以后不再显示】复选框，可以关闭该信息提示框。

图 4-13　【插入其他字符】对话框

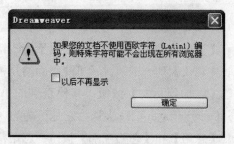

图 4-14　信息提示框

5. 复制和粘贴 HTML 代码

Dreamweaver CS3 中的 HTML 源代码也是可以复制的。单击【文档】工具栏上的【代码】按钮，切换到【代码】视图，右击要复制的代码，在弹出的快捷菜单中选择【拷贝】命令，或者按下 Ctrl+C 键即可复制所选代码。

要粘贴 HTML 源代码，在【代码】视图中定位需要插入代码的位置，然后右击，在弹出的快捷菜单中选择【粘贴】命令即可将复制的代码粘贴到插入点位置。插入后，单击【文档】工具栏上的【刷新设计视图】按钮 C，刷新【设计】模式的视图。

注意 ------------------------------

> 如果用户是从其他应用程序中复制的 HTML 代码，则必须使用 Ctrl+V 键进行粘贴。

6. 拼写检查

选择【文本】|【检查拼写】命令可以检查文档中的拼写错误。在检查拼写时，Dreamweaver 会忽略 HTML 标记和属性值。选择【文本】|【检查拼写】命令时，如果在文档中出现错误的单词，Dreamweaver 会自动显示【检查拼写】对话框，如图 4-15 所示。该对话框的主要选项具体作用如下。

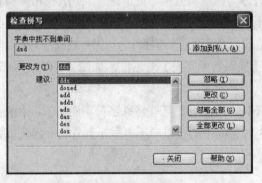

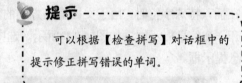

提示 ------------------------------

> 可以根据【检查拼写】对话框中的提示修正拼写错误的单词。

图 4-15 【检查拼写】对话框

- ◉ 【字典中找不到单词】文本框：显示当前文档中查找到的拼写错误的单词。
- ◉ 【更改为】文本框：显示将用于修改错误单词的正确单词。
- ◉ 【建议】列表框：显示可能正确的几种单词拼写。
- ◉ 【添加到私人】按钮：将检查到的单词添加到个人字典中，当以后遇到该拼写时，Dreamweaver CS3 会认为它是正确的。
- ◉ 【忽略】和【忽略全部】按钮：忽略检查到的单词。
- ◉ 【更改】和【全部更改】按钮：修改检查到的错误单词。

④.1.3 插入水平线和日期

水平线对于信息的组织很有用，在页面中，可以使用一条或多条水平线来可视化分隔文本和对象，比使用段落更加分明和更具层次感。在 Dreamweaver CS3 中，还可以插入日期对象，可以以任何格式插入当前的日期(可以包括时间)，并且在每次保存文件时都会自动更新该日期。

1. 插入水平线

水平线其实是一种特殊的字符。要在文档中插入水平线,将光标定位在要插入水平线的位置,选择【插入记录】|HTML|【水平线】命令,即可在网页文档中插入一条水平线,如图 4-16 所示。

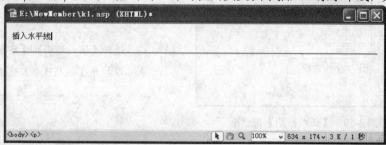

图 4-16 插入水平线

设置水平线的属性,可在网页文档中选中该水平线,打开【属性】面板,如图 4-17 所示,各选项具体作用如下。

图 4-17 水平线的【属性】面板

计算机 基础与实训教材系列

⊙ 【宽】和【高】文本框:可以输入水平线的宽度和高度,在后面的下拉列表框中选择【像素】和【百分比】两种单位选项。

📖 **知 识 点** - - - - - - - -

　　【像素】是一个描述电子和光学器件分辨率大小的相对概念,比如描述显示器的分辨率为 1024×768 时,也就是指它的水平像素为 1024,垂直像素为 768。【%】指直线长度所占浏览器窗口宽度的比例,其实际像素值会随浏览器窗口宽度的变化而变化。这两个单位在网页制作时会经常用到。

⊙ 【对齐】下拉列表框:可以选择水平线的对齐方式,在下拉列表中可以选择【默认】、【左对齐】、【右对齐】和【居中对齐】4 种对齐方式选项。

⊙ 【阴影】复选框:可以显示水平线的阴影。如果取消该项,则显示为一种纯色绘制的水平线。

⊙ 【类】下拉列表框:可以指定使用的 CSS 样式。

2. 插入日期

在文档中插入日期,单击【插入】栏中的【常用】选项卡,打开【常用】插入栏,如图 4-18 所示。

图 4-18 【常用】插入栏

单击【常用】插入栏上的【日期】按钮 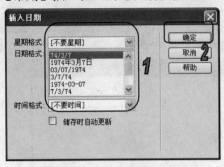，打开【插入日期】对话框，如图 4-19 所示。

图 4-19 【插入日期】对话框

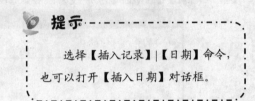

在【插入日期】对话框的【星期格式】下拉列表框中，可以选择日期的星期显示格式，选择【不要星期】，将不会显示星期信息；在【日期格式】列表框中，可以选择日期的显示格式；在【时间格式】下拉列表框中，可以选择时间的显示格式；选中【储存时自动更新】复选框，可以实现在每次保存文档时自动更新时间的功能。

【例 4-2】打开一个网页文档，在文档中插入日期和时间。

(1) 选择【文件】|【打开】命令，打开【打开】对话框，如图 4-20 所示，选择要打开的网页文档，单击【打开】按钮，打开该文档，如图 4-21 所示。

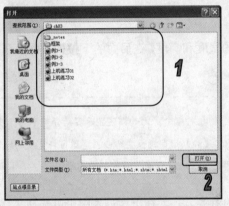

图 4-20 【打开】对话框   图 4-21 打开网页文档

(2) 选择【插入记录】|【日期】命令，打开【插入日期】对话框。

(3) 在【插入日期】对话框中的【星期格式】下拉列表中选择任意星期显示格式，在【日期格式】列表框中选择任意日期显示格式，在【时间格式】下拉列表中选择任意时间显示格式，选中【储存时自动更新】复选框，如图 4-22 所示，单击【确定】按钮，即可在文档中插入日期和时间。

(4) 保存文件，按 F12 键，在浏览器中预览网页文档，如图 4-23 所示。

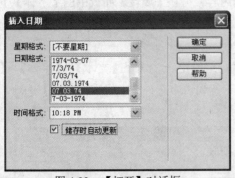

图 4-22 【打开】对话框

图 4-23 在浏览器中预览网页文档

4.2 编辑文本

对于插入的文本，可以进行相应的编辑，使枯燥的文本更显生动。编辑文本的操作主要指设置文本的基本格式，例如文本字体、字体颜色、对齐方式等。

设置文本属性，可以使文本更加条理清楚、主次分明。可以在文本的【属性】面板中进行相应的设置，完成文本格式的设置。

1. 应用标准格式

Dreamweaver CS3 定义了多种标准文本格式，可以将光标定义在段落内或选定段落中的全部或部分文本，使用属性检查器中的【格式】下拉列表框应用标准文本格式，如图 4-24 所示。

应用标准格式的最小单位是段落，用户无法在同一段落中应用不同的标准格式，在某一段落中选择部分内容应用标准样式将会使整个段落格式化为同一样式。使用不同格式所得到的格式化效果如图 4-25 所示。

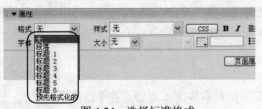

图 4-24 选择标准格式

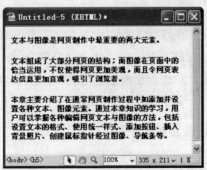

图 4-25 应用标准格式的效果

2．设置文本字体

要设置文本字体，首先选中要设置字体的文本内容，可在【属性】面板中的【字体】下拉列表框中选择字体，如图 4-26 所示，也可以选择【文本】|【字体】命令，在弹出的菜单中选择合适的字体组合。

还可以在【编辑字体列表】对话框中对字体进行编辑组合。选择【文本】|【字体】|【编辑字体列表】命令，或在【属性】面板中的【字体】下拉列表中选择【编辑字体列表】选项，打开【编辑字体列表】对话框，如图 4-27 所示。

图 4-26　【字体】下拉列表框

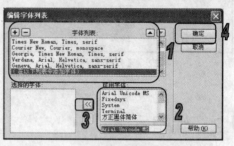

图 4-27　【编辑字体列表】对话框

在【编辑字体列表】对话框中的【字体列表】列表框中，显示了当前已有的字体组合项，在【选择的字体】列表框中显示了当前选中的字体组合中包含的字体名称，在【可用字体】列表框中显示了当前可以使用的字体名称。该对话框中各选项具体作用如下。

- ◉ 要修改【字体列表】列表框中某一字体的组合项，先选中该字体组合项，然后单击和按钮，在【选择的字体】和【可用字体】列表框之间互相调整字体组合项内容。
- ◉ 要创建新的字体列表，可在【字体列表】列表框中选择【在以下列表中添加字体】选项。(在【字体列表】中，如果没有显示【在以下列表中添加字体】选项，可单击对话框左上角的按钮。)，然后使用按钮，将【可用字体】列表框中的字体移往【选择的字体】列表框中。
- ◉ 要在字体组合中添加新字体，应该在【字体列表】列表框中选择需要添加新字体的字体组合项，再从【可用字体】列表中选择需要的字体，通过单击按钮，添加到【选择的字体】列表中。如果要在字体组合中删除字体，可从【选择的字体】列表框中选择需要删除的字体，然后单击按钮。完成设置之后，单击【确定】按钮即可。
- ◉ 单击对话框左上角的按钮，可以删除【字体列表】列表框中的字体；单击对话框右上角的按钮，可以改变【字体列表】列表框中的字体组合的上下顺序。

3．设置文本字号

要设置文本字体的大小，首先选中要设置字体大小的文本内容，在【属性】面板的 【大小】下拉列表框中选择字体大小，如图 4-28 所示。设置完成后，被选中的文本字体大小将变成所选择的尺寸，在文本字号设置过程中会自动产生与字体大小相对应的样式，如图 4-29 所示。

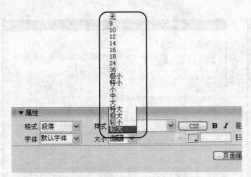

图 4-28 【大小】下拉列表框

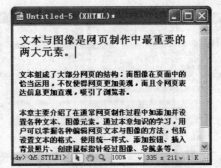

图 4-29 设置文本字号大小

4. 设置文本颜色

在 Dreamweaver CS3 默认使用的是在【页面属性】对话框中设置的颜色。如果在【页面属性】对话框中没有设置文本颜色,则文本颜色默认为黑色。要改变网页文本的默认颜色,可以选择【修改】|【页面属性】命令,打开【页面属性】对话框进行设置,如图 4-30 所示。要改变当前文本的颜色,首先选中要设置颜色的文本内容,单击【属性】面板上的【文本颜色】按钮🔲,或者选择【文本】|【颜色】命令,打开【颜色】对话框,如图 4-31 所示,进行文本颜色设置。

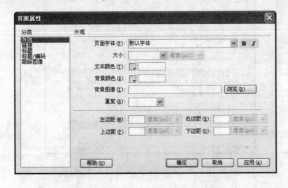

图 4-30 【页面属性】对话框

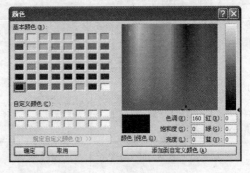

图 4-31 【颜色】对话框

5. 设置文本对齐方式

在制作网页的过程中,若要设置段落页面上的对齐方式,选中所需对齐的文本内容,打开【属性】面板,单击【左对齐】按钮▤、【居中对齐】按钮▤、【右对齐】按钮▤和【两端对齐】按钮▤可以分别执行左对齐、居中对齐、右对齐和两端对齐操作。

【例 4-3】新建一个网页文档,在文档中插入文本内容,设置文本内容属性。

(1) 新建一个网页文档,在文档中输入如图 4-32 所示的文本内容。

(2) 选中文本内容的标题"母爱",打开【属性】面板。

(3) 在【属性】面板中,设置字体大小为 24 像素,字体颜色为蓝色,粗体,在【字体】下拉列表中选择华文行楷字体,设置的文本标题如图 4-33 所示。

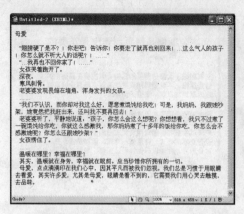

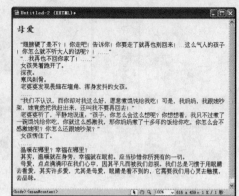

图 4-32　输入文本内容　　　　　　　　　　图 4-33　设置文本属性

(4) 选中文本内容的正文部分，在【属性】面板中设置字体大小为 26 像素，字体为楷体，单击【文本缩进】按钮，缩进文本内容，如图 4-34 所示。

(5) 保存文件，按 F12 键，在浏览器中预览网页文档，如图 4-35 所示。

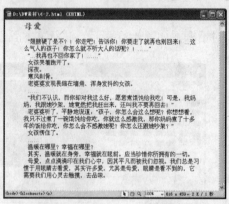

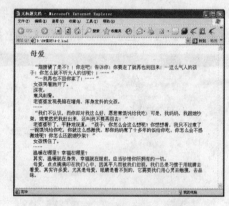

图 4-34　设置文本正文属性　　　　　　　　图 4-35　在浏览器中预览网页文档

4.3　插入图像

图像是网页上最常用的对象之一，制作精美的图像可以大大增强网页的视觉效果。图像所蕴涵的信息量对于网页而言越加显得重要。在网页中插入图像通常是用于添加图形界面(例如按钮)、创建具有视觉感染力的内容(例如照片、背景等)或交互式设计元素(例如鼠标指针经过图像或图像地图)。

4.3.1　网页中的图像格式

图像是网页中非常重要的内容。在 Dreamweaver CS3 中，可以在页面中插入图像，并利用软件自带的功能设置各种图像效果，例如导航栏、链接和鼠标经过效果等。

网页中常用的图像文件格式有 JPEG(JPG)、GIF 和 PNG 这 3 种，这 3 种图像格式具体介绍如下。

- ⊙ GIF(图形交换格式)：GIF 文件最多使用 256 种颜色，最适合显示色调不连续或具有大面积单一颜色的图像，例如导航条、按钮、图标或其他具有统一色彩和色调的图像。
- ⊙ JPEG(联合图像专家组标准)：JPEG 文件格式是用于摄影或连续色调图像的高级图片文件格式，这种格式的图片可以包含数百万种颜色。
- ⊙ PNG(可移植网络图形)：PNG 文件格式是一种替代 GIF 格式的无专利权限制的格式，这种格式的图片具备对索引色、灰度、真彩色图像以及 alpha 通道透明的支持。

④.3.2 在网页中插入图像

如果网页中的内容全是密密麻麻的文字，无论有多精彩的内容，都容易产生厌烦感。所以任何精美的网页中可能没有文本，但不可能没有图像等多媒体元素，这足见图像在网页中的作用。在网页中适当地插入图像可使网页增色不少，更重要的是可以借此直观地向浏览者表达信息。

1. 插入图像

要在网页中插入图像，单击【插入】工具栏中的【常用】选项卡，打开【常用】插入栏。单击【常用】插入栏上的【图像】按钮 右边的下拉箭头，在弹出的菜单中选择【图像】命令，打开【选择图像源文件】对话框，如图 4-36 所示。

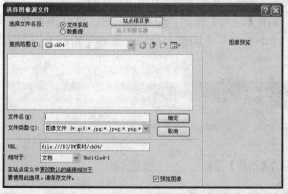

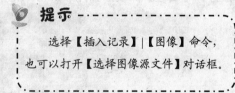

提示
选择【插入记录】|【图像】命令，也可以打开【选择图像源文件】对话框。

图 4-36 【选择图像源文件】对话框

在【选择图像源文件】对话框中，选择【文件系统】单选按钮可以选择一个图形文件；选择【数据源】单选按钮可以选择一个动态图像源文件；在【URL】文本框中可直接输入要插入图像的路径和名称。

2. 插入图像占位符

在网页制作过程中，如果所需插入的图像未制作完成，可以使用插入图像占位符的方式来插入图像。简单来说，【图像占位符】是在准备将最终图像添加到网页文档前而使用的图像。要在网页中插入【图像占位符】，单击【常用】工具栏上的【图像】按钮右边的下拉箭头，在弹出的菜单中选择【图像占位符】命令，打开【图像占位符】对话框，如图 4-37 所示，该对话框中各选项具体作用如下。

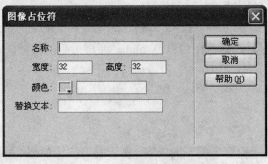

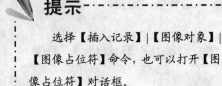

提示

选择【插入记录】|【图像对象】|【图像占位符】命令，也可以打开【图像占位符】对话框。

图 4-37　【图像占位符】对话框

- ◉　【名称】文本框：可以在文本框中输入要作为图像占位符的标签文字显示的文本(该文本框只能包含字母与数字，不允许使用空格和高位 ASCⅡ字符)。
- ◉　【宽度】文本框：可以在文本框中输入图像宽度大小数值。
- ◉　【高度】文本框：可以在文本框中输入图像高度大小数值。
- ◉　【替换文本】文本框：可以为使用只显示文本浏览器的访问者输入描述该图像的文本。
- ◉　【颜色】按钮：可以在其右侧的文本框中输入图像占位符指定的颜色。

在【图像占位符】对话框中完成设置后，单击【确定】按钮，即可将图像占位符插入网页文档中。要设置图像占位符的属性，可在网页文档中选择一个图像占位符，选择【窗口】|【属性】命令，打开【属性】面板，如同 4-38 所示。

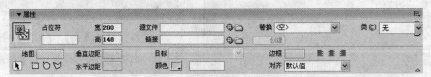

图 4-38　图像占位符的【属性】面板

在该【属性】面板中，各选项的功能与【图像】属性面板相类似，只不过在【图像占位符】属性面板中，部分选项被禁用。如果使用图像替换占位符，可以在图像属性检查器中设置这些属性。

在发布网页站点之前，应该使用适用于网页文档的图形文件(例如 GIF 或 JPEG)替换所有添加的图像占位符。在网页中替换图像占位符的方法有以下两种。

- ◉　双击图像占位符，打开【选择图像源文件】对话框，如图 4-39 所示，在对话框中选择合适的图像文件。

● 选中图像占位符，单击【属性】面板中【源文件】文本框右边的文件夹图标按钮，
打开【选择图像源文件】对话框，然后选择合适的图像。

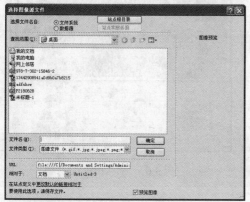

图 4-39 【选择图像源文件】对话框

提示

　　如果系统中装有 Fireworks，则可以根据 Dreamweaver 图像占位符创建新的图形。新图像设置为与占位符图像相同的大小。可以在 Fireworks 中编辑该图像，然后在 Dreamweaver 中替换它。

【例 4-4】打开一个网页，右网页文档中插入大小为 980×700 像素的图像占位符，并在网页中替换图像占位符。

(1) 打开一个网页文档，如图 4-40 所示。

(2) 将光标移至文档空白位置，选择【插入记录】|【图像对象】|【图像占位符】命令，打开【图像占位符】对话框。

(3) 在【图像占位符】对话框中的【名称】文本框中输入图像占位符名称为 PSP，在【宽度】和【高度】文本框中分别输入数值 980 和 700，设置图像占位符尺寸为 980×700 像素，如图 4-41 所示。单击【确定】按钮，插入图像占位符，如图 4-42 所示。

图 4-40 打开网页文档

图 4-41 【图像占位符】对话框

(4) 双击插入的图像占位符，打开【选择图像源文件】对话框，选择要插入的图像，单击【确定】按钮，插入到文档中，如图 4-43 所示。

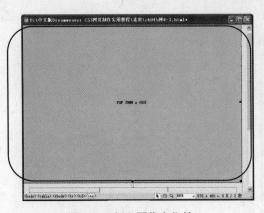

图 4-42　插入图像占位符

图 4-43　插入图像

3. 设置网页背景图像

在 Dreamweaver CS3 中，可以将某张图像设置为网页的背景图像。选择【窗口】|【属性】命令，打开【属性】面板，单击【页面属性】按钮 ，也可以选择【修改】|【页面属性】命令，打开【页面属性】对话框，如图 4-44 所示。在【分类】列表框中选择【外观】选项，然后单击【背景图像】文本框后的【浏览】按钮，打开【选择图像源文件】对话框，选择所需的图像文件，单击【确定】按钮，即可将该图像作为网页背景，如图 4-45 所示。

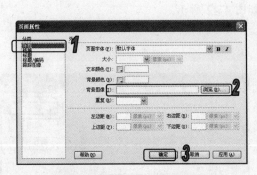

图 4-44　【页面属性】对话框

图 4-45　设置网页背景图像

4. 插入鼠标经过图像

鼠标经过图像简单来说就是当鼠标经过图像时，原始图像会变成另一张图像，它是由原始图像和鼠标经过图像这两张图像组成的，因此组成鼠标经过图像的两张图像必须是相同的大小。如果两张图像大小不同，系统会自动将第 2 张图像大小调整为与第 1 张图像同样大小。

选择【插入记录】|【图像对象】|【鼠标经过图像】命令，打开【插入鼠标经过图像】对话框，如图 4-46 所示，该对话框中各选项具体作用如下。

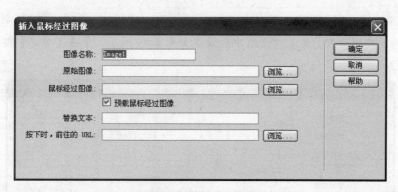

图 4-46 【插入鼠标经过图像】对话框

- ⦿ 【图像名称】文本框：在文本框中输入图像名称。
- ⦿ 【原始图像】文本框：选择原始图像。
- ⦿ 【鼠标经过图像】文本框：选择鼠标经过图像。
- ⦿ 【预载鼠标经过图像】复选框：选中该复选框，可以预先加载图像到浏览器的缓存中，加快图像显示速度。
- ⦿ 【替换文本】：可以在文本框中输入当鼠标经过时显示的文本内容。
- ⦿ 【按下时，前往的 URL】文本框：设置鼠标经过图像时打开的 URL 路径，如果没有设置 URL 路径，鼠标经过图像将无法应用。

【例 4-5】打开一个网页文档，在文档中插入鼠标经过图像。

(1) 打开一个网页文档，如图 4-47 所示。

(2) 将光标移至要插入鼠标经过图像位置，选择【插入记录】|【图像对象】|【鼠标经过图像】命令，打开【插入鼠标经过图像】对话框。

(3) 在【插入鼠标经过图像】对话框中的【图像名称】文本框中输入 move，单击【原始图像】文本框右侧的【浏览】按钮，打开【原始图像】对话框，如图 4-48 所示，选择要插入的图像，单击【确定】按钮。

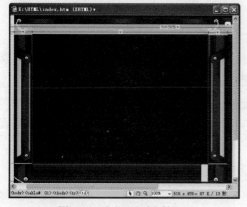

图 4-47 打开网页文档

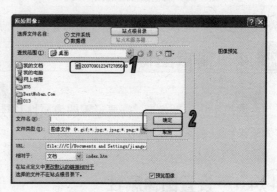

图 4-48 【原始图像】对话框

(4) 单击【鼠标经过图像】文本框右侧的【浏览】按钮，打开【原始图像】对话框，选择要插入的图像，单击【确定】按钮。

（5）在【插入鼠标经过图像】对话框中的设置如图 4-49 所示，单击【确定】按钮，即可插入鼠标经过图像。

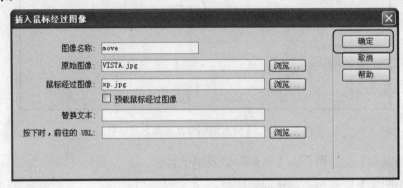

图 4-49　设置【插入鼠标经过图像】对话框

（6）调整插入的鼠标经过图像的大小，如图 4-50 所示。

（7）保存文件，按 F12 键，在浏览器中预览网页文档，如图 4-51 所示。

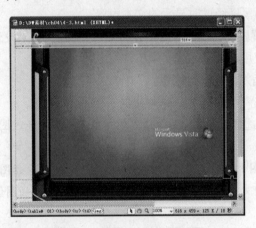

图 4-50　调整鼠标经过图像大小

图 4-51　在浏览器中预览网页文档

④.4　编辑图像

在网页中插入图像后，需要设置图像属性和排列图像与文本之间的位置，将直接影响网页的整体效果。

④.4.1　设置图像属性

设置图片属性，主要包括设置图片的大小、对齐方式、边距等操作。

1. 设置图像的基本属性

设置图像的属性，选中一个图像，然后选择【窗口】|【属性】命令，打开【属性】面板，如图 4-52 所示。在【图像】属性面板中，各参数具体作用如下。

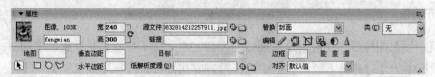

图 4-52　图像的【属性】面板

- 【图像】文本框：输入图像的名称，在使用 Dreamweaver CS3 行为或脚本撰写语言 (JavaScript 或 VBScript)时可以引用该图像。该文本框可以为空。

- 【宽】和【高】文本框：设置图像的宽度和高度，单位为像素。如果设置的【宽】和【高】的值与图像的实际宽度和高度不相符，则该图像在浏览器中可能会出现扭曲变形的现象。当图像的高或宽与图像原始尺寸不完全相同时，这两个文本框的右侧会出现 **C** 按钮，同时，与图像原始尺寸不相同的尺寸对应的文本框中的数值会加粗显示。单击 **C** 按钮，可以恢复图像原始尺寸大小。

- 【源文件】文本框：指定图像的源文件。单击文件夹按钮 🗀，可以浏览到源文件，或者输入路径，或是在【文件】面板中将图像文件拖入该文本框。

- 【链接】文本框：可以指定图像的超链接。将【指向文件】图标拖到【站点】面板中的某个文件上，单击文件夹图标按钮浏览站点上的某个文档，或手动输入 URL，或是在【文件】面板中将要链接的文档拖入该文本框。

- 【类】下拉列表框：选择应用于指定图像的 CSS 样式。

- 【替换】文本框：输入只显示文本的浏览器或已设置为手动下载图像的浏览器中代替图像显示的替代文本。对于使用语音合成器(用于只显示文本的浏览器)的有视觉障碍的用户，将大声读出该文本。在某些浏览器中，当鼠标指针滑过图像时也会显示该文本，具有类似图像说明的效果。

- 【地图】文本框和【热点工具】(□ ○ ♡)：标注和创建客户端图像地图。

- 【垂直边距】和【水平边距】文本框：为图像的边缘添加边距(以像素为单位)。其中【垂直边距】是沿图像的顶部和底部添加边距。【水平边距】是沿图像的左侧和右侧添加边距。

- 【目标】下拉列表框：可以指定链接页面应当在其中载入的框架或窗口的位置(当图像没有链接到其他文件时，即【链接】文本框为空时，此选项不可用)。在【目标】下拉列表框中，包含以下 4 个选项：_blank，新开一个未命名的浏览器窗口，并载入所链接的文件；_parent，将链接的文件载入到含有该链接的框架的父框架集或父窗口中；_self，在链接所在的同一框架或窗口中，载入所链接的文件；_top，在整个浏览器窗口中载入所链接的文件(这样会删除所有框架)。关于【链接】请参考第 10 章。

- 【对齐】下拉列表框：设置相对于同一段落或行中的其他元素的对齐方式。

- 【对齐】按钮 ≡：设置图像的水平对齐方式。

- 【边框】文本框：设置以像素为单位的图像边框的宽度。默认为无边框。
- 【编辑】系列按钮 ：对图像进行各种编辑，如对图像进行修剪、重新取样、调整图像的亮度和对比度以及锐化图像等。

2. 对齐图像

在网页中插入图像后，要恰当地排列好图像与文本之间的位置。要设置图像的格式，可以在【属性】面板中的【对齐】下拉列表框中选择对齐方式，可以选择【默认值】、【基线】、【顶端】等选项，如图 4-53 所示。各对齐方式具体作用如下。

图 4-53　选择【对齐】方式

- 【默认值】：默认情况下通常采用基线对齐方式(根据站点访问者的浏览器的不同，默认值也会有所不同)。
- 【基线】：将文本的基线同图像底部对齐，如图 4-54 所示。
- 【顶端】：将文本行中最高字符的顶端同图像的顶端对齐，如图 4-55 所示。

图 4-54　基线对齐方式　　　　　　　　图 4-55　顶端对齐方式

- 【居中】：将文本的基线同图像的中部对齐，如图 4-56 所示。
- 【底部】：将文本行基线同图像的底部对齐，与选择【基线】选项时的效果相同，如图 4-57 所示。

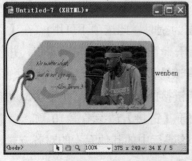 

图 4-56　居中对齐方式　　　　　　　　图 4-57　底部对齐方式

- ⊙ 【文本上方】：将文本行中最高字符同图像顶端对齐，该方式与 【顶端】效果相似。
- ⊙ 【绝对居中】：将文本行的中部同图像的中部对齐。
- ⊙ 【绝对底部】：将文本行的绝对底部同图像的底部对齐。
- ⊙ 【左对齐】：将所选图像放置在左边，文本在图像的右侧换行。如果左对齐文本在行上处于对象之前，它通常强制左对齐对象换到一个新行，如图 4-58 所示。
- ⊙ 【右对齐】：将图像放置在右边，文本在对象的左侧换行。如果右对齐文本在行上处于对象之前，它通常强制右对齐对象换到一个新行，如图 4-59 所示。

图 4-58 左对齐方式

图 4-59 右对齐方式

3. 调整图像大小

当选择文档中的图像时，在图像的周围会出现 3 个控制点，如图 4-60 所示。将光标移至控制点上，然后根据箭头方向拖动这些控制点，可以改变图像的大小。

图 4-60 图像周围的控制点

知识点

在拖动右下角的控制点时，可以同时改变图像的宽度和高度，但容易造成拖动的宽度和高度比例不等而失真，这时可以按下 Shift 键进行【锁定比例】的缩放。

【例 4-6】新建一个网页文档，插入图像，设置图像属性并且添加相应的文本说明。

(1) 新建一个网页文档，在文档中输入文本内容，设置文本内容属性，如图 4-61 所示。

(2) 将光标移至文本内容的"第三步：……"下一行中，选择【插入记录】|【表格】命令，打开【表格】对话框，如图 4-62 所示，插入一个 2 行 3 列的表格。

计算机 基础与实训教材系列

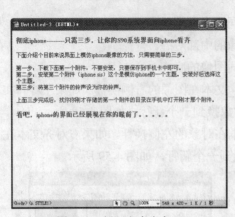

图 4-61　插入文本内容　　　　　　　　　图 4-62　【表格】对话框

(3) 将光标移至表格的 1 行 1 列中，选择【插入记录】|【图像】命令，打开【选择图像源文件】对话框，选择要插入的图像，单击【确定】按钮，插入到网页文档中，如图 4-63 所示。

(4) 继续插入另外 2 张图像到网页文档中，打开【属性】面板，分别设置 3 张图像的大小为 120×160 像素，居中对齐图像，如图 4-64 所示。

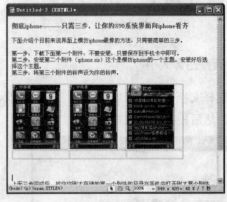

图 4-63　插入图像　　　　　　　　　　图 4-64　设置图像属性

(5) 将光标移至表格的 2 行 1 列单元格中，输入文本内容"步骤 1"，在 2 行 2 列单元格中输入文本内容"步骤 2"，在 2 行 3 列单元格中输入文本内容"步骤 3"。

(6) 选中表格的第 2 行，打开【属性】面板，设置字体大小为 12 像素，粗体，对齐方式为居中对齐，设置后表格中的文本内容如图 4-65 所示。

(7) 将光标移至文本内容"看吧，iphone 的界面……"的下一行中，选择【插入记录】|【表格】命令，打开【表格】对话框，插入一个 2 行 2 列的表格。

(8) 将光标移至表格的 1 行 1 列中，选择【插入记录】|【图像】命令，打开【选择图像源文件】对话框，选择要插入的图像，单击【确定】按钮，插入到表格中。使用同样方法，在表格的 1 行 2 列中插入图像。

(9) 选中表格中插入的图像，打开【属性】面板，设置大小为 120×160 像素，对齐方式为居中对齐，如图 4-66 所示。

图 4-65　设置文本属性　　　　　　　图 4-66　设置图像属性

(10) 将光标移至表格的 2 行 1 列中，输入文本内容 "效果 1"，在 2 行 2 列中输入文本内容 "效果 2"，在【属性】面板中设置文本字体大小为 12 像素，粗体，居中对齐，如图 4-67 所示。

(11) 保存文件，按 F12 键，在浏览器中预览网页文档，如图 4-68 所示。

图 4-67　设置文本属性　　　　　　图 4-68　在浏览器中预览网页文档

④.4.2　使用图像编辑器

图像编辑器，主要分为内部图像编辑器和外部图像编辑器。

1. 使用内部图像编辑器

Dreamweaver CS3 集成了 Fireworks 的基本图形编辑技术，可以不用借助外部图形编辑器，直接对图形进行修剪、重新取样、调整图像的亮度和对比度以及锐化图像等操作。选中网页文档中的图像，打开【属性】面板，可以通过单击【优化】按钮、【裁剪】按钮、【重新取样】按钮、【亮度和对比度】按钮和【锐化】按钮来实现编辑图像的操作。具体操作步骤如下。

- 【优化】按钮：单击【优化】按钮，打开【图像预览】对话框，如图 4-69 所示，可以执行插入图片的格式、品质、锐化颜色边缘等操作。
- 【裁剪】按钮：可以减小图像区域。单击【裁剪】按钮，系统会自动打开一个信息提示框，如图 4-70 所示，单击【确定】按钮后，在所选图像周围会显示裁剪控制点，如图 4-71 所示。调整裁剪控制点直到边界框包含的图像区域符合所需大小。在边界框内部双击或按 Enter 键裁剪所选区域。

图 4-69　【图像预览】对话框

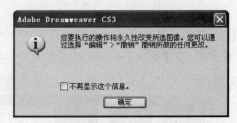

图 4-70　信息提示框

- 【重新取样】按钮：可以添加或减少已调整大小的 JPEG 或 GIF 图像文件中的像素，使图像与原始图像的外观尽可能地匹配。对图像进行重新取样会减小图像文件的大小，其结果是下载性能的提高。使用时，先选择文档中的图像，然后单击【重新取样】按钮即可。
- 【亮度和对比度】按钮：可以修改图像中像素的亮度或对比度。选中图像，然后单击【亮度和对比度】按钮，系统会自动打开一个信息提示框，执行该操作同样是无法撤销的，单击【确定】按钮，打开【亮度/对比度】对话框，如图 4-72 所示。拖动亮度和对比度滑动块调整设置后，单击【确定】按钮即可。

图 4-71　显示裁剪控制点

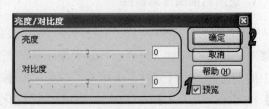

图 4-72　【亮度/对比度】对话框

- 【锐化】按钮 ▲：可以增加图像中边缘的对比度来调整图像的焦点。扫描图像或拍摄数码照片时，大多数图像捕获软件的默认操作是柔化图像中各对象的边缘。这可以防止特别精细的细节从组成数码图像的像素中丢失。不过，要显示数码图像文件中的细节，经常需要锐化图像，从而提高边缘的对比度，使图像更清晰。选中图像，然后单击【锐化】按钮 ▲，系统会自动打开一个信息提示框，执行该操作同样是无法撤销的，单击【确定】按钮，打开【锐化】对话框，如图 4-73 所示，可以通过拖动滑块控件或在文本框中输入一个 0～10 的数值，来指定 Dreamweaver 应用于图像的锐化程度。

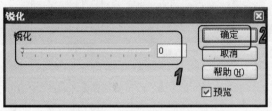

图 4-73 【锐化】对话框

提示

在执行【锐化】、【裁剪】等操作时，系统会自动打开一个信息提示框，如图 4-70 所示，选中【不再显示这个信息】复选框，在以后执行相同的操作时，将不会打开该对话框。

2. 使用外部图像编辑器

在 Dreamweaver CS3 文档中的图像，也可以使用外部图像编辑器来编辑，在外部图像编辑器中编辑图像后，保存并返回 Dreamweaver 时，网页文档窗口中的图像也随之更新。

选中所要编辑的图像，选择【编辑】|【参数选择】命令，打开【首选参数】对话框。在【分类】列表框中选择【文件类型/编辑器】选项，打开该选项卡，如图 4-74 所示，即可为图像文件类型设置外部图像编辑器。

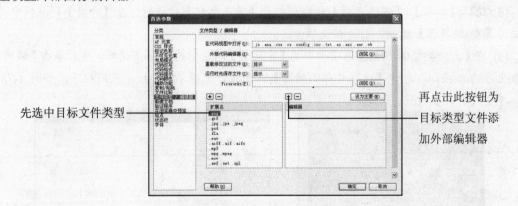

图 4-74 设置文件类型和编辑器参数

【文件类型/编辑器】选项卡中，单击【扩展名】列表上方的 ⊞、⊟ 按钮可以进行增添、删除文件类型；单击【编辑器】列表左上方的 ⊞、⊟ 按钮可以进行增添、删除外部编辑器。

在【文件类型/编辑器】选项卡中为图像指定了外部图像编辑器后，右击正在编辑的图像，在弹出的快捷菜单中可以显示指定的编辑器名称，如图 4-75 所示。

使用外部图像编辑器编辑图像的方法有以下几种。

- 右击所需编辑的图像，在弹出的快捷菜单中选择【编辑以】|【浏览】命令，打开【选择外部编辑器】对话框，如图 4-76 所示，选择编辑器。

图 4-75　显示外部编辑器　　　　图 4-76　【选择外部编辑器】对话框

- 选择需要编辑的图像，单击【属性】面板中的【编辑】按钮，即可在设置的外部编辑器中编辑图像。
- 在【文件】面板中双击需要编辑的图像文件。如果没有指定图像编辑器，系统会自动使用默认的编辑器类型。

【练习 4-7】插入一个图像文件，设置图像外部编辑器为 photoshop，在图像外部编辑器中修改图像。

(1) 新建一个网页文档，选择【插入记录】|【图像】命令，打开【选择图像源文件】对话框，选择任意一个 JPEG 图像文件，单击【确定】按钮，插入到文档中，如图 4-77 所示。

(2) 选择【编辑】|【首选参数】命令，打开【首选参数】对话框，在【分类】列表框中选择【文件类型/编辑器】选项，打开该选项卡。

(3) 在【文件类型/编辑器】选项卡中的【扩展名】列表中选择.jpeg 选项，然后单击【编辑器】列表上方的田按钮，打开【选择外部编辑器】对话框，选择 photoshop 应用程序，如图 4-78 所示，单击【打开】按钮。

图 4-77　插入图像　　　　　　图 4-78　选择外部编辑器

(4) 返回【文件类型/编辑器】选项卡，单击【确定】按钮，返回文档。

(5) 右击插入的图像，在弹出的快捷菜单中选择【编辑以】|photoshop 命令，打开 photoshop，简单地在 photoshop 中编辑下图像，然后保存图像。

(6) 在 photoshop 中保存的图像，在 Dreamweaver 网页文档中会随之更新，如图 4-79 所示。

(7) 保存文件，按 F12 键，在浏览器中预览网页文档，如同 4-80 所示。

图 4-79　更新图像　　　　　图 4-80　在浏览器中预览网页文档

计算机 基础与实训教材系列

4.5　创建网页导航条

【导航条】由一个或多个图像组成，它的显示随着动作的改变而改变，因此，在使用导航条命令之前，应首先创建一个用于导航条的图像集。根据鼠标的动作，【导航条】的图像通常有以下 4 种状态。

- 【一般】：尚未单击时所显示的初始图像。
- 【滑过】：当指针从图像上经过时出现的图像。
- 【按下】：单击导航条图像时显示的图像。
- 【按下时鼠标经过】：单击图像后，当指针滑过该图像时显示的图像。

4.5.1　插入导航条

要在网页文档中插入导航条，单击【插入】栏中的【常用】选项卡，打开【常用】插入栏，单击【图像】按钮图·右边的下拉箭头，在弹出的菜单中选择【导航条】命令，打开【插入导航条】对话框，如图 4-81 所示。

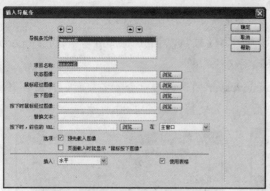

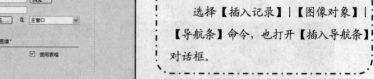

提示

选择【插入记录】|【图像对象】|【导航条】命令，也打开【插入导航条】对话框。

图 4-81 【插入导航条】对话框

在【插入导航条】对话框中，各参数选项具体作用如下。

◉ 【➕】按钮：单击该按钮，将在【导航条元件】文本框中添加一个导航条元件，再次单击该按钮添加另一个导航条元件。选定一个，然后单击【➖】按钮将其删除，使用箭头键可以在列表中向上或向下移动导航条元件。

◉ 【项目名称】文本框：输入导航条项目的名称，此项为必需项。

◉ 【状态图像】文本框：单击【浏览】按钮，选择最初将显示的图像。此项为必需项，其他图像状态选项为可选项。

◉ 【鼠标经过图像】文本框：单击【浏览】按钮，在打开的对话框中选择光标指针滑过状态图像时所显示的图像。

◉ 【按下图像】文本框：单击【浏览】按钮，在打开的对话框中选择单击状态图像后显示的图像。

◉ 【按下时鼠标经过图像】文本框：单击【浏览】按钮，选择光标指针滑过按下图像时所显示的图像。

◉ 【替换文本】文本框：输入导航条项目的描述性名称。

◉ 【按下时，前往的 URL】文本框：输入导航条项目链接的 URL 地址。

◉ 【预先载入图像】复选框：选择该项后，可在载入页面时就下载全部图像。

◉ 【页面载入时就显示"鼠标按下图像"】复选框：选择该项后，可在显示页面时，以按下状态显示初始图像。

◉ 【插入】下拉列表框：选择在文档中是垂直插入还是水平插入导航条项目。

◉ 【使用表格】复选框：用于设置是否使用表格规划导航项目。

◉ 【在】下拉列表框：用于设置导航条项目链接的 URL 地址在主窗口中显示。

④.5.2 编辑导航条

用户在文档创建导航条后，选择【修改】|【导航条】命令，打开【修改导航条】对话框，如图 4-82 所示。在该对话框中可以添加图像，或从导航条中删除图像。用于更改图像或图像组、

更改单击项目时所打开的文件、选择在不同的窗口或框架中打开文件以及重新排序图像。

提示

【修改导航条】对话框中的各项功能与【插入导航条】对话框内的基本一样，可以根据实际需要对导航条设置进行修改。

图4-82 【修改导航条】对话框

计算机 基础与实训教材系列

④.6 制作鼠标特效

在我们浏览一些网页时，比如腾讯公司的QQ空间，个人博客等相对于比较个性的网页时，显示的鼠标并不是我们通常情况下的形状，有的是卡通形象，有的是动画形象，甚至有些鼠标还添加了三维效果。在Dreamweaver CS3中，通过在【代码】视图中添加代码，同样可以制作出变化多彩的鼠标特效。

④.6.1 在【代码】视图中制作鼠标特效

通过在【代码】视图中添加代码，制作鼠标特效。首先选择【查看】|【代码】命令，切换到【代码】视图，如图4-83所示。

在【代码】视图的</body>标记之前输入鼠标特效代码，如图4-84所示。

图4-83 切换到【代码】视图

图4-84 输入代码

保存文件，按F12键，在浏览器中预览网页文档，制作的鼠标特效如图4-85所示，设置的图像会围绕鼠标呈三维立体方式旋转。

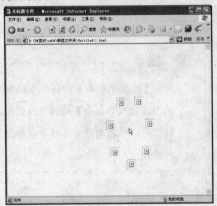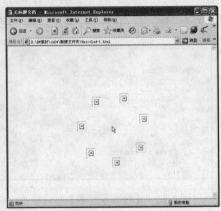

图 4-85　在浏览器中预览网页文档

④.6.2　使用记事本制作鼠标特效

除了在【代码】视图中制作鼠标特效外，还可以使用记事本制作鼠标特效。

启动记事本，在记事本中输入鼠标特效代码，如图 4-86 所示。选择【文件】|【另存为】命令，打开【另存为】对话框，在【保存类型】下拉列表中选择【所有文件】选项，输入保存文件名为"鼠标特效.html"，如图 4-87 所示，保存为 HTML 格式文件。

打开保存的"鼠标特效.html"文件，同样可以在浏览器中预览效果如图 4-85 所示的鼠标特效。

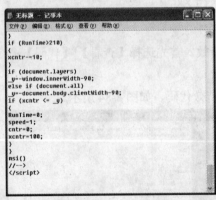

图 4-86　在记事本中输入代码　　　　　　　图 4-87　【另存为】对话框

④.7　上机练习

本章的上机练习主要是使用文本和图像以及导航条，制作一个简单网页。对于本章中的其他内容，例如制作鼠标特效，插入背景图像等操作，可以根据相应的内容进行练习。

④.7.1　插入导航条

打开一个网页文档，在文档中插入导航条。

(1) 打开一个网页文档，如图 4-88 所示。

(2) 选择【插入记录】|【图像对象】|【导航条】命令，打开【插入导航条】对话框。

(3) 在【插入导航条】对话框的【项目名称】文本框中输入项目名称为 home，单击【状态图像】文本框右边的【浏览】按钮，打开【选择图像源文件】对话框。

(4) 在打开的【选择图像源文件】对话框中，选择所需插入的最初显示图像，单击【确定】按钮，即可将图像插入到【状态图像】文本框中。

(5) 单击【鼠标经过图像】文本框右边的【浏览】按钮，打开【选择图像源文件】对话框，选择所需插入的指针滑过状态显示图像，即可将图像插入到【鼠标经过图像】文本框中。

(6) 插入 "状态图像" 和 "鼠标经过图像" 之后，就创建好了一个导航项目。

(7) 单击【插入导航条】对话框上的 ➕ 按钮，可以添加一个导航项目。

(8) 在添加的导航项目的【项目名称】文本框中输入项目名称为 about，然后分别插入 "状态图像" 和 "鼠标经过图像"。

(9) 参照以上步骤，继续添加 picture 导航条，单击【插入导航条】对话框上的【确定】按钮，如图 4-89 所示，即可在文档中插入导航条，如图 4-90 所示。

计算机 基础与实训教材系列

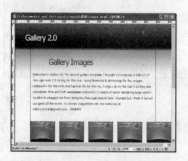

图 4-88　打开一个网页文档

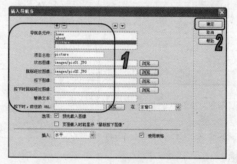

图 4-89　【插入导航条】对话框

(10) 保存文件，按 F12 键，在浏览器中预览网页文档，如图 4-91 所示。

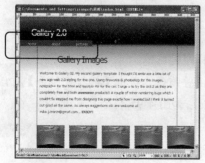

图 4-90　在网页中添加导航条

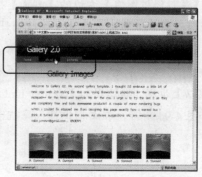

图 4-91　在浏览器中预览网页文档

④.7.2 制作简单网页

新建一个网页文档，在文档中插入表格，然后在表格中插入文本和图像，制作一个简单的基本页面。

(1) 新建一个空白网页文档。

(2) 选择【插入记录】|【表格】命令，打开【表格】对话框。

(3) 在【表格】对话框的【行数】文本框中输入数值 2，在【列数】文本框中输入数值 1，在【页眉】列表框中选择【无】选项，如图 4-92 所示，单击【确定】按钮，插入表格。

(4) 将光标移至表格第 1 行中，输入文本内容 NBAlive09(nbalive09)。

(5) 选中插入的文本内容，打开【属性】面板，设置文本字体为粗体，字体大小为 18 像素，设置的文本如图 4-93 所示。

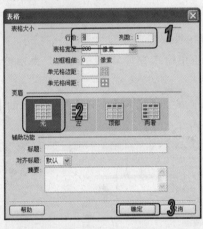

图 4-92　【表格】对话框

图 4-93　设置文本属性

(6) 将光标移至表格下方，选择【插入记录】|【图像对象】|【导航条】命令，打开【添加导航条】对话框。

(7) 在【插入导航条】对话框的【项目名称】文本框中输入项目名称为 xinwen，单击【状态图像】右边的【浏览】按钮，打开【选择图像源文件】对话框，选择所需插入的状态图像。

(8) 单击【鼠标经过图像】右边的【浏览】按钮，打开【选择图像源文件】对话框，选择所需插入的鼠标经过图像，即可创建一个导航项目。

(9) 单击【插入导航条】对话框中的 ⊞ 按钮，添加一个导航栏，在【项目名称】文本框中输入项目名称为 tuji，然后分别插入状态图像和鼠标经过图像。

(10) 参照以上步骤，继续添加 xiazai 和 luntan 导航条，单击【插入导航条】对话框上的【确定】按钮，如图 4-94 所示，在文档中插入导航条，如图 4-95 所示。

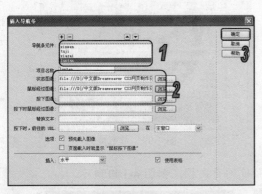

图 4-94 【插入导航条】对话框 　　　　图 4-95 在文档中插入导航条

(11) 将光标移至导航条下方，新建一个 7 行 1 列的表格。

(12) 将光标移至表格第 1 行中，右击鼠标，在弹出的快捷菜单中选择【表格】|【拆分单元格】命令，打开【拆分单元格】对话框。

(13) 在【拆分单元格】对话框中选中【列】单选按钮，在【列数】文本框中输入数值 2，如图 4-96 所示，单击【确定】按钮，拆分单元格。

(14) 将光标移至表格的 1 行 1 列的单元格中，选择【插入记录】|【图像】命令，打开【选择图像源文件】对话框，如图 4-97 所示。

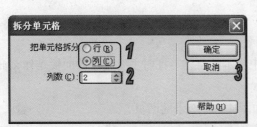

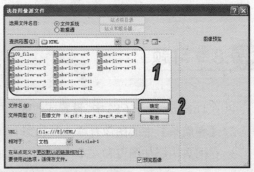

计算机基础与实训教材系列

图 4-96 【拆分单元格】对话框 　　　　图 4-97 【选择图像源文件】对话框

(15) 在选择【图像源文件】对话框中选择要插入的图像，单击【确定】按钮，插入到表格中。

(16) 选中插入的图像，拖动图像周围的控制柄，调整图像到合适大小。

(17) 将光标移至表格的 7 行 2 列中，插入一个 7 行 2 列的表格，在表格的各单元格中输入文本内容，并调整表格合适大小，如图 4-98 所示。

(18) 在表格的其他单元格中输入相应的文本内容。在表格第 4 行中插入一个 2 行 4 列的表格，在表格的各单元格中插入相应的图像。制作的基本页面如图 4-99 所示。

图 4-98　调整表格合适大小　　　　　　　图 4-99　基本页面

(19) 保存文件，按 F12 键，在浏览器中预览网页文档，如图 4-100 所示。

图 4-100　在浏览器中预览网页文档

4.8　习题

1. 在 Dreamweaver CS3 中，设置或改变选中文本的字体特征时主要使用的面板是什么面板？

2. 【导航条】中的图像有哪 4 种状态？

3. 在网页中添加图像和文本内容，制作如图 4-101 所示的网页。

图 4-101　参考网页

第5章

插入多媒体内容和超链接

随着网络的发展，多媒体在网络上得到了更广泛地应用，因此，对网页设计也提出了更高的要求。在 Dreamweaver CS3 中，可以快速、方便地为网页添加声音、影片等多媒体内容，使网页更加生动，还可以插入和编辑多媒体文件和对象，例如 Flash 动画、Java Applets、ActiveX 控件等。

网站都是由许多网页组成的，网页之间通常又是通过超链接方式相互建立关联的。超链接的应用范围很广，利用它不仅可以链接到其他网页，还可以链接到其他图像文件、多媒体文件及下载程序，也可以利用它在网页内部进行链接或是发送 E-mail 等。在 Dreamweaver CS3 中，可以将文档中的任何文字及任意位置的图片设置为超链接。超链接类型有页间链接、页内链接、E-mail 链接、空链接及脚本链接等。

本章重点

- ◉ 插入多媒体内容
- ◉ 制作鼠标特效
- ◉ 超链接的概念
- ◉ 创建超链接
- ◉ 管理超链接

5.1 插入多媒体内容

在网页中插入的多媒体内容主要包括 Flash 动画、音频文件、视频文件，插入这些对象可以增强网页的互动性。

⑤.1.1 插入 Flash 动画

目前，Flash 动画是网页上最流行的动画格式，大量用于网页中。在 Dreamweaver 中，Flash 动画也是最常用的多媒体插件之一，它将声音、图像和动画等内容加入到一个文件中，并能制作较好的动画效果，同时还使用了优化的算法将多媒体数据进行压缩，使文件变得很小，因此，非常适合在网上传播。

1. Flash 文件的类型

在插入 Flash 动画之前，首先要了解 Flash 有哪几种文件类型。

- ◉ Flash 源文件(.fla)：使用 Flash 应用程序创建的项目的原始文件。这种类型的文件只能在 Flash 中打开，不能在 Dreamweaver 或浏览器中打开。但在 Flash 中打开该类型文件后，会自动生成可用于浏览器的 SWF 文件或 SWT 文件。
- ◉ Flash 电影文件(.swf)：Flash 电影文件是一种压缩了的 Flash 源文件，可以在浏览器中播放，也可以在 Dreamweaver 中预览，但不能进行编辑。当使用 Flash 按钮和文本对象时可以创建该类型文件。
- ◉ Flash 库文件(.swt)：用于修改或替换 Flash 电影文件中的信息。它允许使用文本或链接来修改模板，创建自定义 SWF 文件并插入到网页文档中。这些模板文件可以在 Dreamweaver\Configuration\Flash Objects\Flash Buttons 和 Flash Text 文件夹中找到。
- ◉ Flash 元素(.swc)：是一种 Flash SWF 文件，将该类型文件合并到网页中，可以创建丰富的 Internet 应用程序。Flash 元素有可自定义的参数，修改这些参数可以执行不同的应用程序功能。

2. 插入 Flash 动画

要在网页文档中插入 Flash 动画，将光标移至所需插入 Flash 动画的位置，单击【插入栏】上的【常用】选项卡，打开【常用】插入栏。单击【媒体】按钮 右边的下拉箭头，在弹出的下拉列表中选择【Flash】命令，如图 5-1 所示。打开【选择文件】对话框，选中所需插入的 Flash 动画，如图 5-2 所示，单击【确定】按钮，即可插入 Flash 动画。

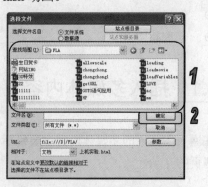

图 5-1　选择菜单命令　　　　　图 5-2　【选择文件】对话框

计算机 基础与实训教材系列

【例 5-1】在网页文档中插入 Flash 对象。

(1) 打开一个网页文档，如图 5-3 所示。

(2) 将光标移至要插入 Flash 动画的位置，选择【插入记录】|【媒体】|Flash 命令，打开【选择文件】对话框，选中所需插入的 Flash 动画，单击【确定】按钮，即可插入 Flash 动画，如图 5-4 所示。

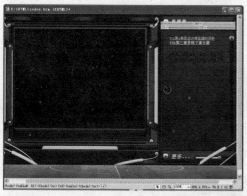

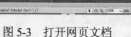

图 5-3　打开网页文档

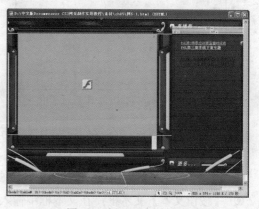

图 5-4　插入 Flash 动画

(3) 保存文件，按 F12 键，在浏览器中预览网页文档，如图 5-5 所示。

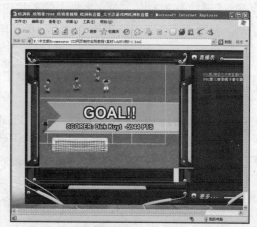

图 5-5　在浏览器中预览网页文档

3. 插入 Flash 按钮

Flash 按钮对象是基于 Flash 模板的可更新按钮。在这些模板的基础上设置自己的文本、背景颜色以及指向其他文件的链接等信息，生成 SWF 文件。

要在网页文档中插入 Flash 按钮对象，将光标移至要插入 Flash 按钮的位置，单击【常用】插入栏上【媒体】按钮 右边的下拉箭头，在弹出的菜单中选择【Flash 按钮】命令，打开【插入 Flash 按钮】对话框，如图 5-6 所示。在该对话框中各选项具体作用如下。

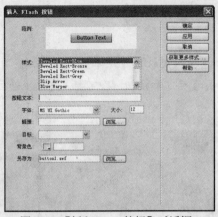

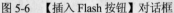

图 5-6 【插入 Flash 按钮】对话框

> **知识点**
>
> 　　单击【插入 Flash 按钮】对话框中的【应用】按钮，可以在【设计】视图中看到更改后的样式，同时对话框仍然处于打开状态，可以继续对按钮进行更改。

- 【样式】列表框：在该列表框中选择所需的按钮样式，在【范例】预览窗口中可以显示所选的按钮样式实例。单击按钮样式时，可以预览按钮在浏览器中的显示样式。但在按钮文本和字体改变后，【范例】预览窗口不会自动更新，只能在【设计】视图中显示。
- 【按钮文本】文本框：在文本框中输入在按钮上显示的文本。
- 【字体】下拉列表框：在下拉列表框中选择在按钮上显示的字体类型。
- 【大小】文本框：在文本框中输入字体大小的数值。
- 【链接】文本框：在文本框中输入按钮关联的文档或绝对链接地址。如果使用相关站点链接，浏览器不能识别它们；如果使用一个相关文档链接，必须确保插入的 SWF 文件保存在一个相同的目录中。
- 【目标】下拉列表框：在下拉列表框中选择制定 Flash 按钮链接的文档载入的框架或窗口的位置。
- 【背景色】按钮：在文本框中输入 Flash 按钮背景颜色的十六进制数值。
- 【另存为】文本框：在文本框中输入 SWF 文件的文件名，也可以使用默认的文件名。如果当前文件包含文档相对链接，则必须将该文件保存到与当前 HTML 文档相同的目录中，来保持文档相对链接的有效性。同时整个存储文件的路径中不能含有中文。

在网页中插入 Flash 按钮对象后，如果需要对它进行修改，双击插入的 Flash 按钮，打开【插入 Flash 按钮】对话框，修改相关的选项即可。

要预览插入的 Flash 按钮对象，可以在文档的【设计】视图中，选择一个 Flash 按钮对象，打开【属性】面板，单击【播放】按钮，即可预览，单击【停止】按钮可以结束预览。

4. 插入 Flash 文本

Flash 文本是指只包含文本的 Flash 动画，插入 Flash 文本，可以创建较小的矢量图形影片，还可以选择合适的字体，从而避免访问者在访问网页时无法显示字体。

要在网页文档中插入 Flash 文本，将光标移至要插入 Flash 文本的位置，单击【常用】插入栏上的【媒体】按钮 右边的下拉箭头，在弹出的下拉菜单中选择【Flash 文本】命令，打开【插入 Flash 文本】对话框，如图 5-7 所示。在该对话框中各选项具体作用如下。

提示

选择【插入记录】|【媒体】|【Flash 文本】命令，也可以打开【插入 Flash 文本】对话框。

图 5-7　【插入 Flash 文本】对话框

- 【字体】下拉列表框：在该下拉列表框中选择在 Flash 文本上显示的字体类型。
- 【大小】文本框：在文本框中输入字体大小的数值。
- 文本样式按钮组 **B** *I* **≡ ≡ ≡**：设置文本字体为粗体或斜体，还可以设置文本的对齐方式，可以设置为左对齐、居中对齐和右对齐。
- 【颜色】按钮：设置文本颜色，可以直接在其右侧的文本框中输入颜色的十六进制数值或者单击【颜色】面板选择颜色。
- 【转换颜色】按钮：设置当鼠标停在 Flash 文本上时的文本颜色，可以直接在其右侧的文本框中输入颜色的十六进制数值或者单击【颜色】面板选择颜色。
- 【显示字体】复选框：设置是否显示输入的 Flash 文本字体。
- 【文本】文本框：在文本框中输入 Flash 文本。
- 【链接】下拉列表框：在文本框中输入链接文档的 URL 地址。
- 【目标】下拉列表框：在下拉列表中选择指定 Flash 文本链接的文档应当在其中载入的框架或窗口位置。
- 【背景色】按钮：设置 Flash 文本的背景颜色，可以直接在其右侧的文本框中输入颜色的十六进制数值或者单击【颜色】面板选择颜色。
- 【另存为】文本框：在文本框中输入 SWF 文件的文件名，可以使用默认文件名或输入新文件名。

5. 插入 FlashPaper

在浏览器中打开包含 FlashPaper 文档的页面时，可以浏览 FlashPaper 文档中的所有页面，并且不需要加载新的 Web 页。

要在网页文档中插入 FlashPaper，将光标移至要插入 FlashPaper 的位置，单击【常用】插入栏上的【媒体】按钮 右边的下拉箭头，在弹出的下拉菜单中选择【FlashPaper】命令，打开【插入 FlashPaper】对话框，如图 5-8 所示。在该对话框中各选项具体作用如下。

- 【源】文本框：可以在文本框中输入 FlashPaper 文件的路径。
- 【高度】和【宽度】文本框：可以在文本框中输入 FlashPaper 文件的高度和宽度。

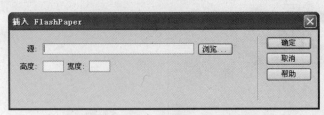

图 5-8 　【插入 FlashPaper】对话框

知识点

　　FlashPaper 的功能是将通用格式转为 flash 格式后，在网页中显示。如将 word，pdf 格式的文件转为 swf 格式后，用 flashpaper 插入这个 flash 后，就可以在网页中像电子阅读器那样浏览这个 flash 了。同样，在网页中可以打印其中的内容，或者搜索其中的内容。

6. 插入 Flash 视频

　　添加到网页上的视频可以有多种格式，网页上常用于视频文件传输的格式有 RealMedia、QuickTime 和 WindowsMedia，要查看这些格式，必须下载辅助帮助应用程序。使用这些格式，可以同时对音频和视频进行流式处理。

　　要在网页文档中插入 Flash 视频，将光标移至要插入 Flash 视频的位置，单击【常用】插入栏上的【媒体】按钮右边的下拉箭头，在弹出的下拉菜单中选择【Flash 视频】命令，打开【插入 Flash 视频】对话框，如图 5-9 所示。在该对话框中各选项具体作用如下。

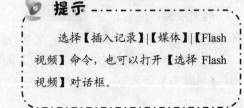

提示

　　选择【插入记录】|【媒体】|【Flash 视频】命令，也可以打开【选择 Flash 视频】对话框。

图 5-9 　【插入 Flash 视频】对话框

- 【视频类型】下拉列表框：在该下拉列表框中选择 Flash 视频类型。
- URL 文本框：在文本框中输入 Flash 文件的 URL 地址。
- 【消息】文本框：当显示不了插入的 Flash 视频文件时，可以在该文本框中输入显示消息内容。
- 【限制高比例】复选框：设置是否限制高度比例。
- 【自动播放】复选框：设置是否自动播放文件。

- ◉ 【自动重新播放】复选框：设置是否自动重新播放文件。
- ◉ 【如果需要，提示用户下载 Flash Player】复选框：当不能加载文件时，是否提示用户下载 Flash Player。
- ◉ 【外观】下拉列表框：在该下拉列表框中可以选择 Flash 播放器的外观。
- ◉ 【宽度】和【高度】文本框：在文本框中输入 Flash 视频文件在网页文档中的宽度和高度。

⑤.1.2　插入音频

现在浏览器能支持的多媒体文件越来越多，文件也越来越小，但表现的效果却越来越好。在网页中，可以插入声音文件，并可以在浏览器中播放。

1. 在网页中插入声音

要在网页中加入声音，选择要插入声音文件的位置，单击【插入栏】上的【常用】选项卡，打开【常用】插入栏，单击【媒体】按钮 右边的下拉箭头，在弹出的下拉菜单中选择【插件】命令，打开【选择文件】对话框，如图 5-10 所示，选择要插入的声音文件，单击【确定】按钮即可插入到网页中，如图 5-11 所示。

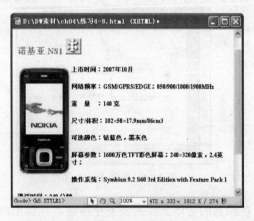

图 5-10　【选择文件】对话框　　　　　　图 5-11　插入声音文件

 知识点

网页上播放的音乐或影片等多媒体文件，并不是依靠浏览器本身播放的，而是依靠浏览器所搭配的插件。大多数媒体文件在播放时都有相应的播放器，例如 Windows MediaPlayer 等。

2. 插入背景音乐

要为网页添加背景音乐，可以在代码中输入代码完成操作。插入的背景音乐不会在文档中显示任何标记，只有在使用浏览器浏览网页时才会播放。

选择【文件】|【打开】命令，打开【打开】对话框，选择任意网页文件，单击【打开】按钮，打开该文档。选择【查看】|【代码】命令，切换到【代码】视图，如图 5-12 所示。在【代码】视图中找到<body>标签，在后面输入【<】，系统会自动弹出一个下拉列表，在下拉列表中选择【bgsound】标签，如图 5-13 所示。

图 5-12　切换到【代码】视图

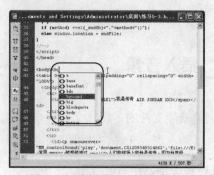

图 5-13　选择【bgsound】标签

在【bgsound】标签后按下空格键，系统会自动显示该标签允许的属性下拉列表，在下拉列表中选择【src】属性，如图 5-14 所示。该属性用于设置背景音乐文件的路径。选择【src】属性后，会显示一个【浏览】按钮，如图 5-15 所示，单击该按钮，打开【选择文件】对话框，如图 5-16 所示，选择所需插入的声音文件，单击【确定】按钮，插入声音文件。

图 5-14　选择【src】属性

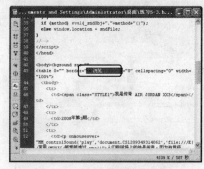

图 5-15　显示【浏览】按钮

在插入的音乐文件后按下空格键，在弹出的属性下拉列表中选择【loop】属性，如图 5-17 所示。这时会显示【-1】属性值，选中该属性值。

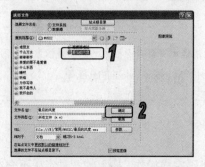

图 5-16　【选择文件】对话框

图 5-17　选择【loop】属性

选择【查看】|【设计】命令，切换到【设计】视图，插入的背景音乐会以代码形式显示在文档中，如图 5-18 所示。在浏览网页文档时，不会显示插入的背景音乐代码。保存文件，按 F12 键，在浏览器中预览网页文档，如图 5-19 所示，插入的背景音乐会自动播放。

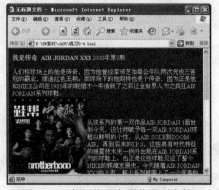

图 5-18 插入背景音乐的完整代码   图 5-19 在浏览器中预览网页文档

除了在【代码】视图中插入代码实现插入背景音乐外，还可以在【行为】面板中插入背景音乐。在网页文档中，单击【状态栏】上的<body>标记，选择整个网页文档，如图 5-20 所示。选择【窗口】|【行为】命令，打开【行为】面板，单击 按钮，在弹出的菜单中选择【建议不再使用】|【播放声音】命令，如图 5-21 所示，打开【播放声音】对话框。

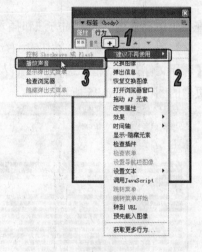

图 5-20 选择整个网页文档   图 5-21 选择菜单命令

单击【播放声音】对话框中的【浏览】按钮，打开【选择文件】对话框，选择要插入的声音文件，如图 5-22 所示。

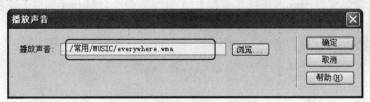

图 5-22 插入声音

单击【播放声音】对话框中的【确定】按钮，即可在文档中插入声音，如图 5-23 所示。插入的声音会在【行为】面板中显示，如图 5-24 所示。

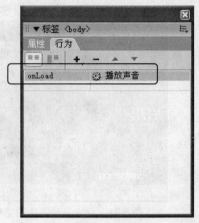

图 5-23 在文档中插入声音　　　　　图 5-24 在【行为】面板中显示声音

⑤.1.3 插入视频

在网页中插入视频文件的方法和插入声音文件的方法相似。选中要插入视频文件的位置，单击【常用】插入栏上【媒体】按钮右边的下拉箭头，在弹出的下拉菜单中选择【插件】命令，打开【选择文件】对话框，选择所需插入的视频文件，单击【确定】按钮即可，插入的视频文件在网页中的图标如图 5-25 所示。

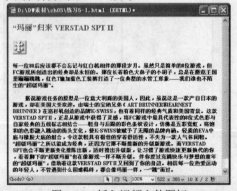

图 5-25 插入视频文件图标

> 🔊 提示
>
> 插入网页中的常用视频文件格式有 avi 和 mpeg 格式。

选中插入的视频文件图标，选择【窗口】|【属性】命令，打开【属性】面板，如图 5-26 所示。在【宽】和【高】文本框中设置宽高比例即可。

图 5-26 视频文件的【属性】面板

5.2　认识超链接

超链接是网页中最重要的组成部分。超链接的应用范围很广，利用它不仅可以链接到其他网页，还可以链接到其他图像文件、多媒体文件及下载程序，也可以利用它在网页内部进行链接或是发送 E-mail 等。在 Dreamweaver CS3 中，可以将文档中的任何文字及任意位置的图片设置为超链接。

5.2.1　超链接简介

超链接与 URL 及网页文件的存放路径是紧密相关的。URL 可以简单地称为网址，顾名思义，就是 Internet 文件在网上的地址，定义超链接其实就是指定一个 URL 地址来访问它指向的 Internet 资源。URL(Uniform Resoure Locator，统一资源定位器)是指 Internet 文件在网上的地址，是使用数字和字母按一定顺序排列来确定的 Internet 地址，由访问方法、服务器名、端口号，以及文档位置组成。格式为 Access-method :// server-name:port / document-location。

- Access-method(访问方法)：指明要访问 Internet 资源的方法或是访问的协议类型。在网上，几乎使用的都是 http 协议(hypertext transfer protocol，超文本转换协议)，因为它是用于转换网页的协议；有时也使用 ftp(file transfer protocol，文件传输协议)，主要用于传输软件和大文件，许多做软件下载的网站就使用 ftp 作为下载网址。
- Server-name(服务器名称)：指出被访问的 Internet 资源所在的服务器域名。
- Port(端口号)：指出被访问的 Internet 资源所在的服务器端口号，但是对于一些常用的协议类型，都有默认的端口号，所以一般不用写出。
- Document-location(文档位置)：指明服务器上某资源的位置(其格式与 DOS 系统中的格式一样，通常有目录/子目录/文件名这样的结构组成)，与端口号一样，路径并非总是需要的。

如 http://www.xdchiang.com/dreamweaver/index.htm，这是一个典型的 URL，它指出使用 http 协议访问 www.xdchiang.com 域名所在的服务器下的 dreamweaver 目录中的 index.htm 文件。

在 Dreamweaver CS3 中，可以创建下列几种类型的链接。

- 页间链接：利用该链接可以跳转到其他文档或文件，如图形、电影、PDF 或声音文件。
- 页内链接：也被称为锚记链接，利用它可以跳转到本站点指定文档的位置。
- E-mail 链接：使用该链接，可以启动电子邮件程序，允许用户书写电子邮件，并发送到指定地址。
- 空链接及脚本链接：它允许用户附加行为至对象或创建一个执行 JavaScript 代码的链接。

⑤.2.2 绝对路径和相对路径

从作为链接起点的文档到作为链接目标的文档之间的文件路径，对于创建链接至关重要。一般来说，链接路径可以分为绝对路径与相对路径两类。

1. 绝对路径

绝对路径指包括服务器协议在内的完全路径，比如：http://www.xdchiang.com/dreamweaver/index.htm(此处使用的协议是最常用的 http 协议)。使用绝对路径与链接的源端点无关，只要目标站点地址不变，无论文档在站点中如何移动，都可以正常实现跳转而不会发生错误。如果所要链接当前站点之外的网页或网站，就必须使用绝对路径。

但是，绝对路径链接方式不利于测试。如果在站点中使用绝对路径地址，要想测试链接是否有效，必须在 Internet 服务器端进行。此外，采用绝对路径不利于站点的移植。例如，一个较为重要的站点，可能会在几个服务器上创建镜像，同一个文档也就有几个不同的网址，要将文档在这些站点之间移植，必须对站点中的每个使用绝对路径的链接进行一一修改，这样才能达到预期目的。

2. 相对路径

相对路径包括根相对路径(Site Root)和文档相对路径(Document)两种。使用 Dreamweaver CS3 在本地磁盘上编辑网页时，需要选定一个文件夹来定义一个本地站点，模拟服务器上的根文件夹，系统会根据这个文件夹来确定所有链接的本地文件位置，而根相对路径中的根就是指这个文件夹。

文档相对路径就是指包含当前文档的文件夹，也就是以当前网页所在文件夹为基础来计算的路径。比如，当前网页所在位置为 C:\Web\img，那么 a.htm 就表示 C:\Web\img\a.htm；../b.htm 相当于 C:\Web\b.htm，其中 ../ 表示当前文件夹上一级文件夹；images/me.gif 指 C:\Web\image\images\me.gif，其中 images/ 意思是当前文件夹下名为 images 的文件夹。文档相对路径是最简单的路径，一般多用于链接保存在同一文件夹中的文档。

文档根相对路径(也称相对根目录)的路径以【/】开头，路径是从当前站点的根目录开始计算。比如，对于在 C 盘 Web 目录建立的名为【我的个人站】的站点，这时 /index.htm 路径为 C:\Web\index.htm。根相对路径适用于链接内容频繁更换环境中的文件，这样即使站点中的文件被移动了，其链接仍可以生效，但是仅限于在本站点中，也就是 URL 中 Access-method://server-name:port / 这部分必须相同。

如果目录结构过深，在引用根目录下的文件时，用根相对路径会更好些。比如某一个网页文件中引用根目录下 images 目录中的一个图 good.gif，在当前网页中用文档相对路径表示为：../../../../images/good.gif ，而用根相对路径只要表示为/images/good.gif 就行了。

⑤.3 创建超链接

在 Dreamweaver CS3 中可以创建各种超链接。为了在本地站点内移动或重命名文档或其他链接文件时，依然可以自动更新指向文档的链接，Dreamweaver 通常使用文档相对路径创建指定站点中其他网页的链接。

⑤.3.1 创建超链接的方法

在 Dreamweaver CS3 中，可以随时随地在所需的位置创建各种超级链接，并且可以通过多种方法来创建超链接，可以在【属性】面板中创建、使用菜单命令创建或使用指向文件图标来创建超链接。

1. 在【属性】面板中创建超链接

可以在【属性】面板中的【链接】文本框中创建链接。在文档中选择文本或图像，选择【窗口】|【属性】命令，打开【属性】面板。

在【属性】面板中的【链接】文本框中输入链接的文件地址，从【目标】下拉列表框中选择文档打开的位置即可，如图 5-27 所示。

图 5-27 在【属性】面板中设置超链接

在【目标】下拉列表框中有 4 个选项可以选择，具体作用如下。

- ◉ _blank：在弹出的新窗口中打开所链接的内容。
- ◉ _parent：如果是嵌套的框架，会在父框架或窗口中打开链接的文档，如果不是嵌套的框架，则与_top 相同，在整个浏览器窗口中打开所链接的内容。
- ◉ _self：浏览器的默认设置，在当前网页所在的窗口中打开链接的网页。
- ◉ _top：在完整的浏览器窗口中打开网页。

2. 使用菜单创建超级链接

选中要创建超链接的对象，单击【插入栏】上的【常用】选项卡，打开【常用】插入栏。单击【常用】插入栏上的【超级链接】按钮 ，打开【超级链接】对话框，如图 5-28 所示。设置【超级链接】对话框中相关的参数选项后，单击【确定】按钮，即可插入超级链接。

计算机 基础与实训教材系列

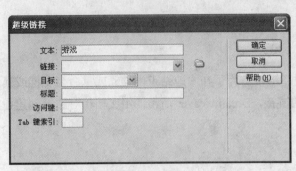

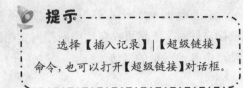

图 5-28 【超级链接】对话框

在【超级链接】对话框中的各参数选项具体作用如下。

- ◉ 【文本】文本框：创建超链接显示的文本。
- ◉ 【链接】下拉列表框：设置超级链接连链到的路径，尽量输入文件的相对路径。
- ◉ 【目标】下拉列表框：设置超级链接的打开方式，可以选择 blank、parent、self 和 top 4 个选项。
- ◉ 【标题】文本框：设置超级链接的标题。
- ◉ 【访问键】文本框：设置键盘快捷键，设置好后，如果按键盘上的快捷键将选中这个超级链接。
- ◉ 【Tab 键索引】文本框：设置在网页中用 Tab 键选中这个超级链接的顺序。

3. 使用指向文件图标创建超级链接

在【属性】面板中，单击【链接】文本框右侧的指向文件按钮，拖动鼠标，会出现一条带箭头的细线，指示要拖动的位置，指向链接的文件后，释放鼠标，即会链接到该文件，如图 5-29 所示。

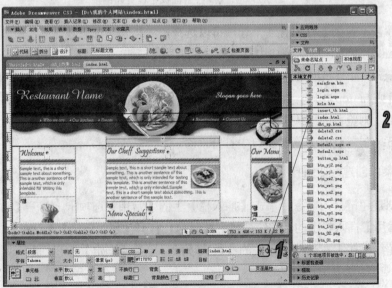

图 5-29 创建指向文件图标链接

5.3.2　创建各种类型超链接

在对超级链接有着一定初步了解的基础上，将分类介绍各种超级链接的方法，包括创建文本超链接、图像超链接、锚点链接、E-mail 链接和图形热点链接。

1. 创建文本超链接

当光标移至浏览器中的文本链接时，光标会变成一只手的形状，此时单击链接便可以打开链接所指向的目标网页。要创建文本超链接，首先选中要设置超链接的文本，在【属性】面板中单击【链接】文本框右侧的文件夹图标，打开【选择文件】对话框，选择要链接的文件，单击【确定】按钮，即可将文件添加到【链接】文本框中，如图 5-30 所示。也可以在【链接】文本框中输入链接的 URL 地址。

图 5-30　选择链接的文件

2. 创建图像超链接

创建图像超链接的方法与创建文本超链接的方法相同。选中要创建超链接的图像，打开【属性】面板，单击【链接】文本框右侧的文件夹图标，打开【选择文件】对话框，选择要链接的文件，单击【确定】按钮，即可将文件添加到【链接】文本框中，也可以在【链接】文本框中输入链接的 URL 地址。

3. 创建页内超链接

创建页内超链接是通过使用【命名锚记】(用于标记位置的标识)来完成的，因此，【页内超链接】又称为【命名锚记链接】。通过对文档中指定位置的命名，允许利用链接打开目标文档时直接跳转到相应的命名位置。

创建【命名锚记链接】的过程分为两步，首先加入一个命名锚记，可以将光标置于文本中需要创建超链接的位置，然后选择【插入记录】|【命名锚记】命令，或者单击【插入】栏中的【常用】选项卡，打开【常用】插入栏，单击【命名锚记】按钮，打开【命名锚记】对话框，如图 5-31 所示。在【锚记名称】文本框中【输入锚记】的名称 text_top，然后单击【确定】按钮即可。

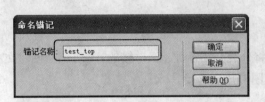

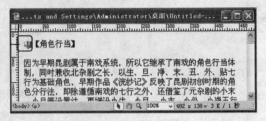

图 5-31 【命名锚记】对话框　　　　　　　　图 5-32 显示锚记标记

创建好命名锚记之后，在网页文档中将出现一个锚记标记，如图 5-32 所示。选中要创建锚点链接的文字，在文本属性检查器中的【链接】文本框中输入前缀和锚记名称#text_top 即可，如图 5-33 所示。

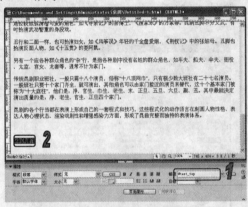

图 5-33 设置【链接】文本框

知识点

使用命名锚记，不仅可以跳转到当前文档的指定位置，还可以跳转到其他文档中的指定位置。http://www.linkyoume.com/dw/read01.htm#text_top，可以将其他网页链接到当前网页的 text_top 上。

【命名锚记链接】一般用在网页篇幅较大，浏览者需要翻屏察看的情况下，因此，应用【命名锚记链接】，有助于访问者阅读网页，从另一个方面也体现了网页设计时为访问者着想的一面。

4. 创建 E-mail 链接

E-mail 链接是一种特殊的链接，单击 E-mail 链接，可以打开一个空白通讯窗口。在 E-mail 通讯窗口中，可以创建电子邮件，并发送到指定的地址，如图 5-34 所示。

图 5-34 E-mail 链接效果

创建 E-mail 链接的方法同创建普通文本链接相似，选择要创建 E-mail 链接的对象，打开该对象【属性】面板，在【链接】文本框中输入 mailto:E-mail 地址，如图 5-35 所示。或者可以选择【插入记录】|【电子邮件链接】命令，打开【电子邮件链接】对话框，如图 5-36 所示，输入文本和 E-mail 地址，然后单击【确定】按钮即可。

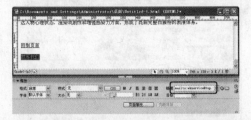

图 5-35　在【链接】文本框中输入内容

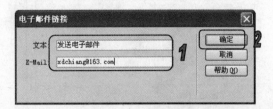

图 5-36　【电子邮件链接】对话框

5. 创建虚拟链接

虚链接实际上是一个未设计的链接，使用虚链接可以激活页面上的对象或文本。一旦对象或文本被激活，当光标经过该链接时，可以附加行为来交换图片或显示层。要创建虚链接，选中所需创建链接的文字或图片后，打开【属性】面板，在【链接】文本框中输入 javascript:;(javascript 一词后依次接一个冒号和一个分号)或是一个#号即可。

在使用#符号时要注意的是，当单击虚链接时，某些浏览器可能跳到页的顶部。单击 JavaScript 虚链接不会在页上产生任何效果，因此创建虚链接最好创建 JavaScript 虚链接。

【例 5-2】打开一个网页文档，创建文本超链接、图像超链接以及虚拟链接。

(1) 打开一个网页文档，如图 5-37 所示。

(2) 选中文档中的文本内容 http://www.easports.com/nbalive09，打开【属性】面板，在【链接】文本框中输入链接地址：http://www.easports.com/nbalive09，如图 5-38 所示，创建好文本超链接。

图 5-37　打开网页文档

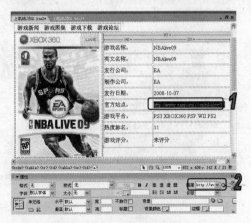

图 5-38　创建文本超链接

(3) 选中图像，打开【属性】面板，在【链接】文本框中输入链接地址：http://www.easports.com/nbalive09。

(4) 分别选中导航条上各项目，在【属性】面板的【链接】文本框中输入"#"符号，创建虚拟链接，创建的链接如图 5-39 所示。

(5) 保存文件，按 F12 键，在浏览器中预览网页文档，如图 5-40 所示。

图 5-39　创建虚拟链接　　　　　　　　　图 5-40　在浏览器中预览网页文档

6. 创建脚本链接

脚本链接是指执行 JavaScript 代码或调用 JavaScript 函数。创建脚本链接后，在不离开当前页面的情况下可以了解关于某个项目的一些附加信息。常用于执行计算、表单验证或其他任务。

要创建脚本链接，选中所需创建链接的文字或图片后，打开【属性】面板，在【链接】文本框中输入 javascript:(javascript 一词后接一个冒号)，并且跟一些 JavaScript 代码或函数调用即可。例如，输入 javascript:alert('NBA LIVE09 全新测试中…敬请期待')，当单击该链接时，系统将弹出一个提示框，显示上面输入的文字"NBA LIVE09 全新测试中…敬请期待"，如图 5-41 所示。

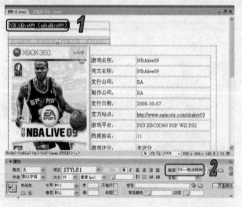

图 5-41　创建脚本链接

7. 创建图形热点链接

在创建图形链接的过程中，当图片比较大，或是要创建链接的区域是不规则区域，或是只给图片中部分区域创建链接，在这些情况下，可以将图片分为几个区(又称为【热点】)，单击不同的区域可以打开不同的链接，这样的链接就称为【图形热点链接】。在图像的【属性】面板中可以方便地创建图形热点链接。

要创建图形热点链接，首先，要在网页中插入图像。选择【插入记录】|【图像】命令，打开【选择图像文件】对话框，选择合适的图像文件，单击【确定】按钮将图像插入到网页文档中。选中插入的图像，选择【窗口】|【属性】命令，打开【属性】面板，单击【热点工具】(□ ○ ♡)按钮可以为图像创建客户端图像地图，如图 5-42 所示。

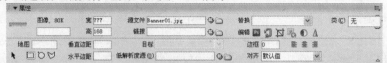

图 5-42　图像的【属性】面板

可以使用不同的【热点工具】来定义图像地图热点区域，如图 5-43 所示，可以执行以下 3 种操作方法。

图 5-43　用不同方法创建的热点图形

- 矩形工具按钮(□)：创建一个矩形热点。
- 圆形工具按钮(○)：创建一个圆形热点。
- 多边形工具按钮(♡)：创建一个不规则多边形热点。

创建完毕，单击热点【属性】面板中地图文本框下面的箭头 ，可以恢复光标原来的状态。选中热点区域，打开【属性】面板，如图 5-44 所示，在该面板中各参数选项具体作用如下。

图 5-44　热点的【属性】面板

- 【链接】文本框：在该文本框中输入要链接对象的 URL 或是路径，可以拖动【链接】文本框后面的【指向文件】图标 到【文件】面板中要链接的对象，也可以单击【链接】文本框后面的【浏览文件】按钮 ，打开【选择文件】对话框，选择要链接的对象，然后单击【确定】按钮。
- 【目标】下拉列表框：在下拉列表中选择链接对象新窗口的打开方式，

◉ 【替换】下拉列表框：在下拉列表中选择或输入在浏览器中作为替代文本出现的内容，有些浏览器在光标指针暂停于该热点之上时，将此文本显示为工具提示，与链接中的 title 属性作用相似。

创建热点后，可以很方便地在创建的图像映射中修改热点，移动热点区域，调整热点尺寸，或在一个层中将热点置于其他元素之前或之后。也可以将图像和热点一同从一个文档复制到另一个文档，或从一个图像上复制一个或多个热点，并将其粘贴到其他图像上。

如果要同时选择多个热点时，按住 Shift 键，选择所需热点即可；如果要选择图像中的所有热点，可以选中图像，然后按下 Ctrl+A 键即可。选中热点后，跟选中插入的图像一样，在周围会显示 3 个控制点，拖动控制点，可以改变热点区域的大小；通过拖动、或使用方向键可以移动热点在图像上的位置。

 知识点

在移动热点时，每按一次方向键，热点移动 1 像素距离，如果按住 Ctrl 键，再按方向键移动热点，每次可以移动 10 像素位置。

 5.4 管理超链接

超链接是网页中不可缺少的一部分，通过超链接可以使各个网页链接起来，使网站中众多的网页构成一个有机的整体，通过管理网页中的超链接，可以对网页进行相应的管理。

5.4.1 自动更新超链接

在站点内移动或重命名文档时，Dreamweaver 会自动更新指向该文档的链接，将整个站点存储在本地磁盘上时，自动更新链接功能最适用，但要注意的是，Dreamweaver 不会更改远程文件夹中的相应文件。为了加快更新速度，Dreamweaver 会创建一个缓存文件，用来存储跟本地文件夹有关的所有链接信息，在添加、删除或更改指向本地站点上的文件的链接时，该缓存文件会以可见方式进行更新。

要设置自动更新链接，选择【编辑】|【首选参数】命令，打开【首选参数】对话框，在【分类】列表框中选择【常规】选项，打开该选项卡，如图 5-45 所示。在【文档选项】区域中的【移动文件时更新链接】下拉列表中选择【总是】选项或【提示】选项，如果选择【总是】选项，在每次移动或重命名文档时，Dreamweaver 会自动更新指向该文档的所有链接；选择【提示】选项，系统将自动显示一个信息提示框，如图 5-46 所示，提示是否更新链接，单击【是】按钮即可更新这些文件中的链接。

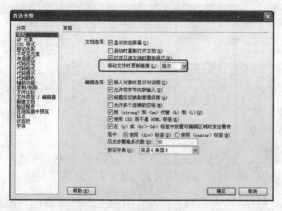

图 5-45　【常用】选项卡　　　　　　　　　图 5-46　信息提示框

⑤.4.2　更改超链接

　　除了自动更新链接外，还可以手动更改所有创建的超链接，以指向其他位置。

　　要手动更改所有创建的超链接，打开一个文件，选择【站点】|【改变站点链接范围的链接】命令，打开【更改整个站点链接】对话框，如图 5-47 所示。在【变成新链接】文本框中输入链接的文件，单击【确定】按钮，打开【更新文件】对话框，如图 5-48 所示，单击【更新】按钮，即可更改整个站点范围内的链接。

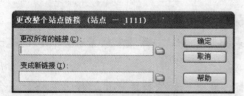

图 5-47　【更改整个站点链接】对话框　　　　图 5-48　【更新文件】对话框

⑤.4.3　在站点地图中创建和修改超链接

　　选择【窗口】|【文件】命令，打开【文件】面板，可以在【文件】面板中添加、更改和删除链接来修改站点的结构。Dreamweaver 会自动更新【文件】面板以显示对站点所做的更改。

　　选择【窗口】|【文件】命令，打开【文件】面板，创建站点中的页面链接。然后单击【文件】面板中的【展开】 按钮，展开【文件】面板，单击【站点地图】按钮 ，选择【地图和文件】命令，如图 5-49 所示。

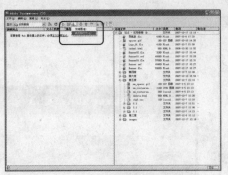

图 5-49　选择【地图和文件】命令

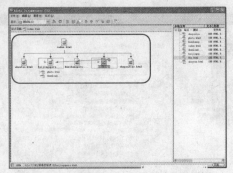

图 5-50　在【站点地图】中创建链接

此时，在 Dreamweaver 窗口中将显示网页站点地图，在站点地图中，选择所需创建页面链接的 HTML 文件，这时在文件图标右边将出现点到文件图标。拖动点到文件图标，指向其他网页文档，然后释放即可创建一个页面链接，如图 5-50 所示。

⑤.5　上机练习

本章的上机实验主要通过在一个页面中插入多媒体内容和创建各种超链接，在创建和编辑链接的过程中，应注意在属性检查器中合理地设置链接目标和位置。对于本章中的其他内容，可以根据理论指导部分进行练习。

⑤.5.1　插入多媒体内容

新建一个网页文档，在【布局模式】中规划页面，插入多媒体内容到网页中。

(1) 新建一个网页文档，选择【插入记录】|【表格】命令，打开【表格】对话框，创建一个 3 行 2 列的表格，如图 5-51 所示。

(2) 选中表格的 1 行 1 列和 1 行 2 列，右击鼠标，在弹出的快捷菜单中选择【表格】|【合并单元格】命令，合并单元格。在合并的单元格中输入文本内容"《街头篮球》与 ZCOM 共同推出电子杂志"，打开【属性】面板，设置文本属性，如图 5-52 所示。

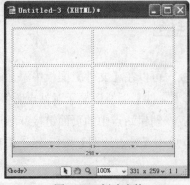

图 5-51　创建表格

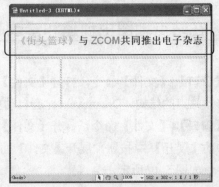

图 5-52　设置文本属性

（3）将光标移至 2 行 1 列的表格中，选择【插入记录】|【图像】命令，打开【选择图像源文件】对话框，选择要插入的图像，单击【确定】按钮，插入到表格中，如图 5-53 所示。

（4）在表格的 2 行 2 列中插入图像，选中图像，打开【属性】面板，在【对齐】下拉列表中选择【顶端】选项，设置顶端对齐，设置的图像如图 5-54 所示。

图 5-53　插入图像

图 5-54　设置图像属性

（5）将光标移至插入的图像下方，选择【插入记录】|【媒体】|Flash 命令，打开【选择】对话框。

（6）在【选择】对话框中选择要插入的 Flash 动画，单击【确定】按钮，插入到文档中，如图 5-55 所示。

（7）将光标移至表格的 3 行 2 列中，选择【插入记录】|【图像】命令，打开【选择图像源文件】对话框，选择要插入的图像，单击【确定】按钮，插入到表格中，如图 5-56 所示。

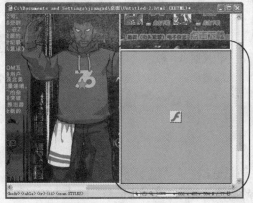

图 5-55　插入 Flash 动画

图 5-56　插入图像

（8）右击文档空白位置，在弹出的快捷菜单中选择【页面属性】命令，打开【页面属性】对话框。

（9）在【页面属性】对话框中，设置网页的背景颜色为黑色，如图 5-57 所示。

（10）单击【状态栏】上的<body>标签，选中整个文档，选择【窗口】|【行为】命令，打开【行为】面板，单击 + 按钮，在弹出的快捷菜单中选择【建议不再使用】|【播放声音】命令，

中文版 Dreamweaver CS3 网页制作实用教程

如图 5-58 所示。打开【播放声音】对话框，单击【浏览】按钮，打开【选择】对话框，选中要
插入的声音，单击【确定】按钮，然后单击【播放声音】对话框中的【确定】按钮，即可插入到
文档中。

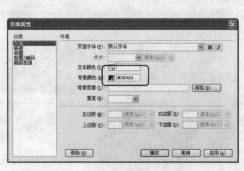

图 5-57　【页面属性】对话框

图 5-58　选择菜单命令

(11) 保存文件，按 F12 键，在浏览器中预览网页文档，如图 5-59 所示。

图 5-59　在浏览器中预览网页文档

⑤.5.2　创建各种超链接

打开一个网页文档，创建图像链接和图形热点链接。

(1) 打开 5.5.1 节中的网页文档，选中左侧的图像，打开【属性】面板，单击【矩形热点工具】
按钮，创建图像热点地图，然后在【属性】面板的【链接】文本框中输入链接地址，如图 5-60
所示。

(2) 使用同样的方法，创建图像热点地图，并创建超链接。

(3) 选中下载地址图像，打开【属性】，在【链接】文本框中输入链接地址，如图 5-61 所示。

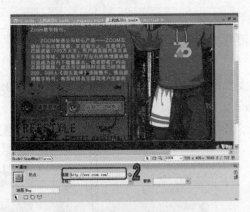

图 5-60　创建图像热点链接

图 5-61　创建图像链接

(4) 参照以上步骤，创建其他图像链接。

(5) 保存文件，按 F12 键，在浏览器中预览网页文档，如图 5-62 所示。

点击链接

跳转到链接页面

图 5-62　在浏览器中预览网页文档

5.6　习题

1. 在 Dreamweaver 中，能将声音、图像和动画等内容加入到一个文件中，并能制作较好的动画效果的多媒体插件是什么？

2. 在 Dreamweaver CS3 中，可以插入哪些多媒体对象？

3. 网页中播放的音乐或影片等多媒体文件，是依靠浏览器上所搭配的什么来播放的？

4. 链接的路径可以使用哪 3 种表示方式？

5. 在图形热点链接中，可以创建哪 3 种不同形状的图形热点？

6. 在 Flash【属性】面板中的【文本】文本框的作用是什么？

7. 不能在 Macintosh 系统的 Netscape Navigator 浏览中运行的媒体对象是什么？

计算机 基础与实训教材系列

8. 在文档中指定位置上创建链接，应选用何种链接？

9. 在对指定对象创建链接时，若希望弹出新浏览器窗口打开网页时，需要在对象的属性检查器的【目标】下拉列表框中选择哪种选项？

10. 在【布局模式】中规划一个页面布局，插入多媒体内容，要求包含 Flash 动画、Flash 和按钮，然后在【代码】视图中插入页面背景音乐，如图 5-63 所示。

11. 新建或打开一个网页文档，创建图形热点链接，使它可以实现相互跳转访问，如图 5-64 所示。

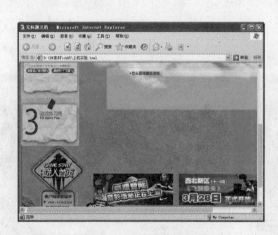

图 5-63　插入多媒体内容

图 5-64　创建图形热点链接

12. 制作一个邮件联系列表网页，将同学、好友的邮件地址设置成为网页中的链接并进行归类，使之可以快捷地用超级链接方式实现给好友发邮件的功能。

第6章

使用 CSS 样式

学习目标

精美的网页离不开 CSS 技术，使用 CSS 技术，可以有效地对页面的布局、字体、颜色、背景和其他效果实现更加精确的控制。CSS 样式的全名为 Cascading Style Sheet，它可以定义 HTML标签，按列表的语法将许多文字、图片、表格、表单、图层等设计加以格式设定。在 HTML 语法中，常常需要使用到一些设定颜色、字体大小或框线粗细之类的标签，而 CSS 在开始制作网页时就将这些设定做好，不需要在制作网页文档时再反复写入同样的标签。

本章重点

- ◉ CSS 样式的概念
- ◉ 使用 CSS 样式
- ◉ 设置 CSS 样式

6.1　CSS 样式的概念

CSS 样式是 Cascading Style Sheets(层叠样式单)的简称，也可以称为【级联样式表】，它是一种网页制作的新技术，利用它可以对网页中的文本进行精确的格式化控制。

在 CSS 样式之前，HTML 样式被广泛应用，HTML 样式用于控制单个文档中某范围内文本的格式。而 CSS 样式与之不同，它不仅可以控制单个文档中的多个范围内文本的格式，而且可以控制多个文档中文本的格式。

要管理一个非常大的网站，使用 CSS 样式，可以快速格式化整个站点或多个文档中的字体、图像等网页元素的格式。并且，CSS 样式可以实现多种不能用 HTML 样式实现的功能。

⑥.1.1　CSS 样式简介

　　CSS，是用来控制一个网页文档中的某文本区域外观的一组格式属性。使用 CSS 能够简化网页代码，加快下载速度，减少上传的代码数量，从而可以避免重复操作。CSS 样式表是对 HTML 语法的一次重大革新，它位于文档的<head>区，作用范围由 CLASS 或其他任何符合 CSS 规范的文本来设置。对于其他现有的文档，只要其中的 CSS 样式符合规范，Dreamweaver 就能识别它们。

　　在制作网页时采用 CSS 技术，可以有效地对页面的布局、字体、颜色、背景和其他效果实现更加精确的控制。CSS 样式表功能主要功能有以下几点。

- ◉　几乎所有的浏览器中都可以使用。
- ◉　以前一些只有通过图片转换实现的功能，现在只要用 CSS 就可以轻松实现，从而可以更快地下载页面。
- ◉　使页面的字体变得更漂亮，更容易编排，使页面真正赏心悦目。
- ◉　可以轻松地控制页面的布局。
- ◉　可以将许多网页的风格格式同时更新，不用再一页一页地更新。

　　在 Dreamweaver CS3 中，系统默认将文本的 HTML 标记转化为了 CSS 样式，而没有采用传统的 HTML 样式。

⑥.1.2　创建 CSS 样式表

　　在 Dreamweaver CS3 中，可以非常方便地创建、编辑 CSS 样式表定义，并且不需要直接编辑 CSS 代码，即使不懂CSS 层叠样式表定义语法的用户，也能轻松完成定义。Dreamweaver CS3 提供了功能非常强大的 CSS 样式编辑器，不但可以在页面中直接插入 CSS 样式定义，还可以创建、编辑独立的 CSS 样式表文件。

　　选择【文件】|【新建】命令，打开【新建文档】对话框，单击【示例中的页】选项卡，在【示例文件夹】列表框中选择【CSS 样式表】选项，在【示例页】中可以选择预定义 CSS 样式表的选项。Dreamweaver CS3 提供了非常丰富的预定义样式表，如图 6-1 所示。

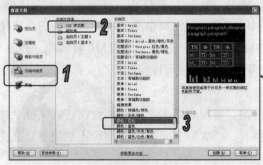

图 6-1　【新建文档】对话框

⑥.1.3 CSS 样式面板和常用类型

CSS 常用的类型有外部样式表和内部样式表两种，要创建样式表，可以在【CSS 样式】面板中创建。

1. 【CSS 样式】面板

在【CSS 样式】面板中可以创建 CSS 样式、查看 CSS 样式的属性以及将 CSS 样式应用于当前文档等操作。

选择【窗口】|【CSS 样式】命令，打开【CSS 样式】面板，如图 6-2 所示。

【CSS 样式】面板分为上下两个部分，上边部分列出了所有样式的名称(自定义的样式都以【.】开头)。下边部分列出了该 CSS 样式的具体内容。单击 CSS 面板底部的 、 按钮，可以分别对 CSS 样式进行附加、新建、编辑和删除操作。在进行编辑和删除操作时，需要首先选择一个 CSS 样式。

要使用 CSS 样式，先选择相应的网页元素(文本或图像等)，在 CSS 面板中选择所使用的 CSS 样式并右击，从弹出的菜单中选择【套用】命令，就将该样式应用到了选择的网页元素中。

2. CSS 样式表常用类型

CSS 样式表分为外部样式表和内部样式表两种，其中内部样式表将 CSS 语法直接写在 <style>…</style>标签内(head 文件头内)，仅供当前网页使用。其他网页若要使用内部样式表则必须通过使用菜单命令，将其导出为外部样式表才可以使用。而外部样式表则通过使用<link>标签(head 文件头内)，指明要链接的样式文件的方式(外部样式表文件以.css 为后缀名保存)来实现 CSS 样式的应用。

要创建外部样式表和内部样式表，右击【CSS 样式】面板的空白位置，在弹出的快捷菜单中选择【新建】命令，打开【新建 CSS 规则】对话框，如图 6-3 所示。选中【新建样式表文件】单选按钮可以创建外部样式表，选中【仅对该文档】单选按钮则可以创建内部样式表。

图 6-2 【CSS 样式】面板

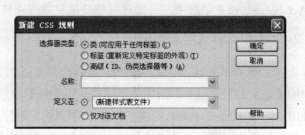

图 6-3 【新建 CSS 规则】对话框

6.2 使用 CSS 样式

在 Dreamweaver CS3 中，可以创建一个 CSS 样式，然后应用于文档的某个部分，完成文本的格式化。

6.2.1 选择器类型和定义方式

要创建 CSS 样式，可在文档编辑窗口中单击鼠标右键，在弹出的快捷菜单中选择【CSS 样式】|【新建】命令，打开【新建 CSS 规则】对话框，如图 6-3 所示。在该对话框中可以为新建的 CSS 规则选择类型、设置名称，同时定义保存类型。

1. 选择器类型设置

Dreamweaver CS3 的 CSS 样式编辑器支持可以创建【类】样式、【标签】样式和【高级】样式。

- ◉ 【类】样式：创建【类】选择方式的 CSS 样式规则。
- ◉ 【标签】样式：创建单一选择符方式的 CSS 规则，即为对应的 HTML 标签设置 CSS 样式。
- ◉ 【高级】样式：模式人用于对超链接对象设置各种状态下的 CSS 样式。此外，对于 ID 选择符方式和包含选择符方式，也可以使用该选择器类型进行创建和编辑。

📖 知识点

> 在 Dreamweaver CS3 中也可以设置 ID 选择符方式和包含选择符方式的 CSS 样式规则。当页面中为某各标签设置了 ID 属性后，设置 id 选择符方式 CSS 样式将出现该 id 名称以备选择。

在选定了 CSS 类型后，【名称】文本框/下拉列表框的标题将作相应的变化。选择【类】样式时，标题为【名称】，用于输入【类】的名称，要注意的是【类】名称必须是以英文字母或"."符号开头并且不能包含空格或其他标点符号。选择【标签】样式后，标题将变成【标签】，单击该下拉列表，可以在下拉列表中选择一种标准 HTML 标签作为选择符名称，也可以直接输入标签名称。选择【高级】样式后，标题将变成【选择器】，可以在该下拉列表中选择 a:link、a:visited、a:hover 和 a:active 4 个选项，分别对应超链接对象的 4 种状态。

2. 设置 CSS 样式定义范围

选择 CSS 样式和输入样式名称后，可以选择 CSS 样式定义范围。在【新建 CSS 规则】对话框中的【定义在】选项中，选中【新建样式表文件】单选按钮，可以将新建的 CSS 样式保存在单独的 CSS 样式表文件中。创建之前会要求设置该规则所在的 CSS 样式表文件的路径以及文件名信息，如果该文档中已经链接了独立的 CSS 样式表文件，可以将新建的 CSS 样式规则追加到其中一个 CSS 样式表文件中。选中【仅对该文档】单选按钮，创建的 CSS 样式规则将会自动嵌入当前文档中的<style>标签中，该规则只能对当前文档中的元素使用。

6.2.2 创建 CSS 样式

创建好【标签】选择器类型的 CSS 规则后，单击【确定】按钮，可以打开【CSS 规则定义】对话框。在 Dreamweaver CS3 中，无论创建新的 CSS 规则还是修改已存在的 CSS 规则，都必须在【CSS 规则定义】对话框中设置。在【CSS 规则定义】对话框中，分为【类型】、【背景】、【区块】、【方框】、【边框】、【列表】、【定位】和【扩展】8 种 CSS 样式属性，如图 6-4 所示。

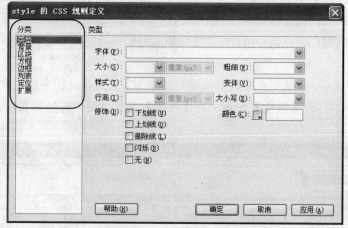

图 6-4 【CSS 规则定义】对话框

- ⊙ 【类型】：用于定义 CSS 样式的基本字体、类型等属性。
- ⊙ 【背景】：用于定义 CSS 样式的背景属性，可以对页面中各类元素应用背景属性。
- ⊙ 【区块】：用于定义标签和属性的间距和对齐方式。
- ⊙ 【边框】：用于定义元素的边框，包括边框的宽度、颜色和样式。
- ⊙ 【方框】：用于定义元素的方框，包括宽度、填充和边界。
- ⊙ 【列表】：用于为列表标签定义相关属性，例如项目符号大小和类型。
- ⊙ 【定位】：用于对元素进行定位设置。
- ⊙ 【扩展】：用于设置一些附加属性，包括 4 滤镜、分页和指针选项等。

1. 创建类样式

【类】样式是针对自行设计的 CSS 样式使用的，可以自定义样式名称，并设计样式的组合。用户可以在如图 6-3 所示的【新建 CSS 规则】对话框的【选择器类型】选项区域中选择【类】单选按钮，在【名称】文本框中输入新建的样式表名称，但要注意的是，只能输入英文名称。选中【仅对该文档】单选按钮，单击【确定】按钮，打开【CSS 规则定义】对话框，如图 6-4

所示。

单击【CSS 规则定义】对话框中【分类】选项区域中的各个选项，打开相应选项卡，然后定义出各种效果的 CSS 样式。设置完成后，单击【确定】按钮，CSS 样式就定义完成了。

2. 创建标签样式

【标签】样式是针对 HTML 内定的标签重定义格式时使用的，只能选取列表中的标签名称并调整其样式，而无法新建名称。一般经常更改的标签样式有<h1>、<p>、<body>、<h2>等。

打开【新建 CSS 规则】对话框，在【选择器类型】选项区域中选中【标签】单选按钮，在【标签】下拉列表框中选择一个需要定义格式的标签名称。在【名称】文本框中输入样式名称，单击【确定】按钮，打开【CSS 规则定义】对话框。设置【CSS 规则定义】对话框中的相关属性，单击【确定】按钮，在【CSS 样式】面板中将会多出【样式】内部样式表与样式名称，并可以在样式名称的下方看到其属性的描述，在这里一般显示的都是更改过的属性，如果要编辑这些属性，只需在属性列表的右侧栏中点击即可；如果要编辑其他属性只需点击【添加属性】便可以添加新属性到规则。

创建好标签样式后，如果要在文档中使用 CSS 样式，首先在文档中选中文本，然后选择【窗口】|【属性】命令，打开【属性】面板，在【格式】下拉列表中选择标签样式即可，如图 6-5 所示。

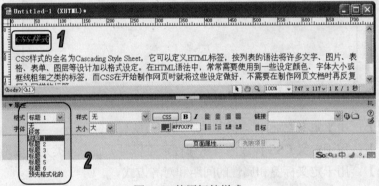

图 6-5　使用标签样式

【例 6-1】打开一个网页文档，新建 CSS 样式规则，设置文字属性和背景属性。

(1) 打开一个网页文档，如图 6-6 所示。选择【窗口】|【CSS 样式】命令，打开【CSS 样式】面板。

(2) 单击【新建 CSS 规则】按钮，打开【新建 CSS 规则】对话框，选中【标签】单选按钮，在【标签】下拉列表中选择 body 选项，选中【仅对该文档】单选按钮，如图 6-7 所示。单击【确定】按钮，打开【body 的 CSS 规则定义】对话框。

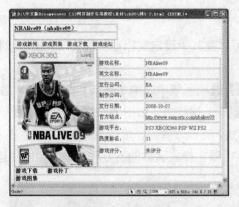

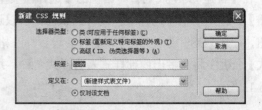

图 6-6　打开网页文档　　　　　　　图 6-7　【新建 CSS 规则】对话框

(3) 在【body 的 CSS 规则定义】对话框中，在【分类】列表框中选择【类型】选项，打开【类型】选项对话框，设置字体大小为 14 像素、字体颜色为【#0033FF】、粗体，单击【应用】按钮，如图 6-8 所示，将类型设置应用到当前文档中。

(4) 单击【背景】选项卡，打开【颜色】选项对话框，设置背景颜色为【#FFFFCC】，单击【应用】按钮，如图 6-9 所示，将背景设置应用到当前文档中。

图 6-8　设置【类型】选项卡　　　　　图 6-9　设置【背景】选项卡

(5) 应用 CSS 样式的文档如图 6-10 所示。

(6) 保存文件，按 F12 键，在浏览器中预览网页文档，如图 6-11 所示。

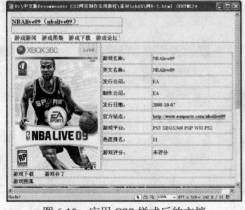

图 6-10　应用 CSS 样式后的文档　　　　图 6-11　在浏览器中预览网页文档

计算机 基础与实训教材系列

3. 创建自定义高级样式

【高级】样式主要使用在超链接上的设定，可以在其中设定鼠标互动效果，包括一般状态、已链接状态和鼠标指针滑过状态等。

在【新建 CSS 规则】对话框的【选择器类型】选项区域中选中【高级】单选按钮，在【选择器】下拉列表框中选择一个鼠标的状态，可以选择 4 种状态，如图 6-12 所示。单击【确定】按钮，打开【CSS 规则定义】对话框，设置标签格式，完成设置后，单击【确定】按钮，在【CSS样式】面板中将会多出内部样式表与样式名称，并可以在样式名称的下方看到其属性的描述，如图 6-13 所示。

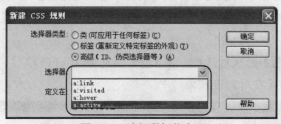

图 6-12　选择鼠标状态　　　　　　图 6-13　【CSS 样式】面板中增加的标签

在完成设置后，按 F12 键，在浏览器中预览网页，将会发现鼠标在网页中的互动效果变成了在【规则定义】对话框中所设定的效果。

【例 6-2】打开一个网页文档，创建 CSS 样式，依次为 4 个选择符设置对象的属性。

(1) 打开一个网页文档。选择【窗口】|【CSS 样式】命令，打开【CSS 样式】面板，单击【新建 CSS 规则】按钮，打开【新建 CSS 规则】对话框。选中【高级】单选按钮，在【选择器】下拉列表中选择 a:link 选项，如图 6-14 所示，单击【确定】按钮，打开【a:link 的 CSS 规则定义】对话框。

(2) 在【a:link 的 CSS 规则定义】对话框中，在【分类】列表框中单击【类型】选项卡，打开该选项卡对话框。设置文本字体大小为 14 像素，粗体，字体颜色为【#000099】，单击【确定】按钮，如图 6-15 所示。

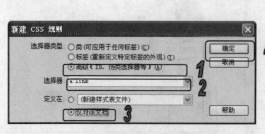

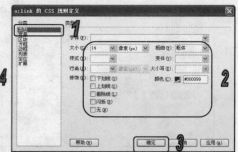

图 6-14　【新建 CSS 规则】对话框　　　图 6-15　【a:link 的 CSS 规则定义】对话框

（3）参照以上步骤，创建 a:visited 样式规则，设置字体颜色为【#000066】。

（4）创建 a:hover 样式规则，选中【a:hover 的 CSS 规则定义】对话框中的【下划线】复选框，单击【确定】按钮，如图 6-16 所示；单击【a:hover 的 CSS 规则定义】对话框中【分类】列表框中的【背景】选项卡，打开该选项卡对话框，设置背景颜色为【#FFCC00】，单击【确定】按钮，如图 6-17 所示。

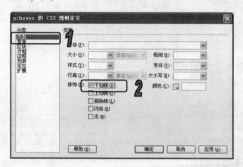

图 6-16 设置【类型】选项卡对话框   图 6-17 设置【背景】选项卡对话框

（5）继续新建 a:active 规则，设置字体颜色为【#000066】，选中【a:active 的 CSS 规则定义】对话框中的【下划线】复选框，单击【确定】按钮，如图 6-18 所示。

（6）保存文件，按下 F12 键，在浏览器中预览网页文档，如图 6-19 所示。

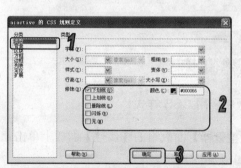
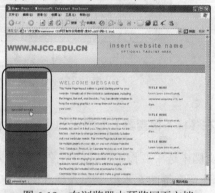

图 6-18 设置【类型】选项卡对话框   图 6-19 在浏览器中预览网页文档

6.2.3 应用 CSS 样式

创建了 CSS 样式表后，就可以利用该样式表快速设置页面上的样式，使网站具有统一的风格了。在 Dreamweaver CS3 环境下，对文档指定元素应用 CSS 样式可以在【属性】面板中设定、在标签处设定、在【标签检查器】面板组的【属性】面板中和右击文档选择快捷菜单设定。

1. 在【属性】面板中应用 CSS 样式

在文档中选中要设定样式的对象，打开【属性】面板，在【样式】下拉列表框中选择要应用的样式名称，如图 6-20 所示，该样式便会自动应用到整个文字段落。

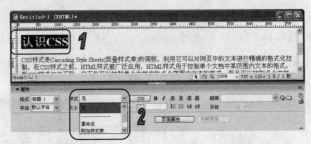

图 6-20　在属性检查器中应用 CSS 样式

2. 在标签处应用 CSS 样式

在文档中选中要设定样式的对象，右击标签<p>(p 代表段落)，在弹出的菜单中选择【设置类】|【样式名称】命令，即可应用 CSS 样式，如图 6-21 所示。

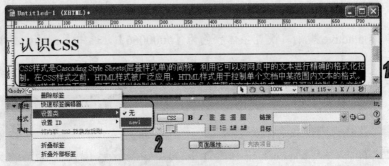

图 6-21　在标签处设定样式

3. 在【标签检查器】面板组的【属性】面板中应用 CSS 样式

在文档中选中要设定样式的对象，在【标签检查器】面板组的【属性】面板上单击📧按钮，在 class 选项右侧的文本框中输入样式的名称，如图 6-22 所示。

图 6-22　在【属性】面板中设定样式

4. 右击文档应用 CSS 样式

在文档中选中要设定样式的对象，右击文档空白位置，在弹出的菜单中选择【CSS 样式】|【样式名称】命令，应用所选的 CSS 样式，如图 6-23 所示。

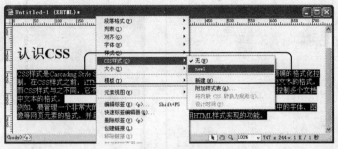

图 6-23　右击设定样式

6.3　管理 CSS 样式

如果要对 CSS 样式进行编辑、删除、链接或者新建等操作，可以在【CSS 样式】面板中找到相应的操作按钮，如图 6-24 所示。

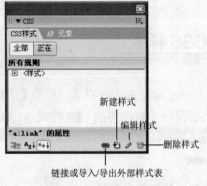

图 6-24　【CSS 样式】面板

6.3.1　链接和导入 CSS 样式

单击【CSS 样式】面板中的【附加样式表】按钮，打开【链接外部样式表】对话框，如图 6-25 所示。单击对话框中的【浏览】按钮，打开【选择样式表文件】对话框，如图 6-26 所示，在对话框中选择需要链接的外部 CSS 样式文件，然后单击【确定】按钮，将 CSS 样式文件导入到【链接外部样式表】对话框中，选中【添加为】选项区域中的【链接】单选按钮，单击【确定】按钮，在【CSS 样式】面板的列表中将显示链接的 CSS 文件，如图 6-27 所示。

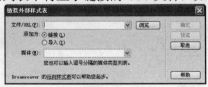

图 6-25　【链接外部样式表】对话框

图 6-26 　【选择样式表文件】对话框　　　　图 6-27 　成功链接到外部 CSS 样式表

选中【链接外部样式表】对话框的【导入】单选按钮，单击【确定】按钮后，则相应 CSS 样式文件中的样式将被导入到当前文档中。

⑥.3.2　编辑和删除 CSS 样式

打开【CSS 样式】面板，选中要编辑的 CSS 样式，单击【编辑样式表】按钮 ，打开【CSS 规则定义】对话框，可对在 CSS 面板中对选中的 CSS 样式进行编辑，如图 6-28 所示。

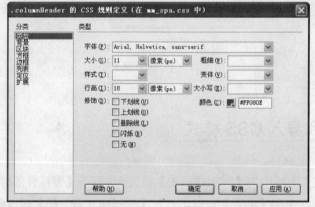

图 6-28 　在【CSS 规则定义】对话框中编辑 CSS 样式

如果要删除某个 CSS 样式，在【CSS 样式】面板中，选中要删除的 CSS 样式，单击【删除 CSS 规则】按钮 即可删除选中的 CSS 样式。

⑥.3.3　设置其他 CSS 样式

除了设置 CSS 文本样式外，还可以设置【背景】、【区块】、【方框】、【边框】、【列表】、【定位】和【扩展】样式。

1. 设置背景样式

打开【CSS 规则定义】对话框，在【分类】列表框中选择【背景】选项，打开该选项卡，如图 6-29 所示。在该选项卡中各参数选项具体作用如下。

- ◉ 【背景颜色】：设置元素的背景颜色。
- ◉ 【背景图像】：设置元素的背景图像。
- ◉ 【重复】：确定如何重复背景图像。
- ◉ 【附件】：确定背景图像是固定在初始位置还是随内容滚动。
- ◉ 【水平位置】和【垂直位置】：指定背景图像相对于元素的初始位置。

2. 设置区块样式

打开【CSS 规则定义】对话框，在【分类】列表框中选择【区块】选项，打开该选项卡，如图 6-30 所示。在该选项卡中各参数选项具体作用如下。

- ◉ 【单词间距】：设置单词的间距。
- ◉ 【字母间距】：增加或减少字母或字符的间距。
- ◉ 【垂直对齐】：指定应用样式的元素的垂直对齐方式。
- ◉ 【文本对齐】：设置元素中的文本对齐方式。
- ◉ 【文本缩进】：指定第一行文本缩进的程度。
- ◉ 【空格】：设置处理元素中的空白方式。
- ◉ 【显示】：制定是否显示元素以及元素显示方式。

图 6-29　【背景】选项卡

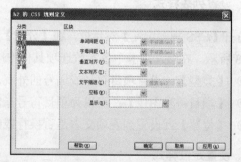

图 6-30　【区块】选项卡

3. 设置方框样式

打开【CSS 规则定义】对话框，在【分类】列表框中选择【方框】选项，打开该选项卡，如图 6-31 所示。在该选项卡中各参数选项具体作用如下。

- ◉ 【宽】和【高】：设置元素的高度和宽度。
- ◉ 【浮动】：设置其他元素围绕元素浮动的边框。

◎ 【清除】：定义不允许层的边，如果清除边上出现层，则带清除设置的元素将移到该层下方。

◎ 【填充】：设置元素内容与元素边框之间的间距。

◎ 【边界】：设置元素的边框和另一个元素之间的间距。

4. 设置边框样式

打开【CSS 规则定义】对话框，在【分类】列表框中选择【边框】选项，打开该选项卡，如图 6-32 所示。在该选项卡中各参数选项具体作用如下。

◎ 【样式】：设置边框的样式外观。

◎ 【宽度】：设置元素边框的粗细。

◎ 【颜色】：设置边框的颜色，可以分别设置每个边的颜色。

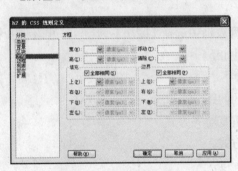   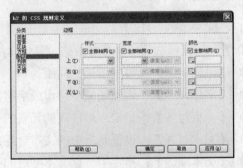

图 6-31　【方框】选项卡　　　　　　图 6-32　【边框】选项卡

5. 设置列表样式

打开【CSS 规则定义】对话框，在【分类】列表框中选择【列表】选项，打开该选项卡，如图 6-33 所示。在该选项卡中各参数选项具体作用如下。

◎ 【类型】：设置项目符号或编号的外观。

◎ 【项目符号图像】：可以为项目符号指定自定义图像。

◎ 【位置】：设置列表项文本是否换行或缩进以及文本是否换行到左边距。

6. 设置定位样式

打开【CSS 规则定义】对话框，在【分类】列表框中选择【定位】选项，打开该选项卡，如图 6-34 所示。在该选项卡中各参数选项具体作用如下。

◎ 【类型】：设置浏览器定位层的方式。

◎ 【显示】：设置层的初始显示条件。

◎ 【Z轴】：设置层的叠堆顺序。

◎ 【溢出】：设置当层的内容超出层的大小时显示方式。

◎ 【定位】：设置层的位置和大小。

◎ 【剪辑】：设置层的可见部分。

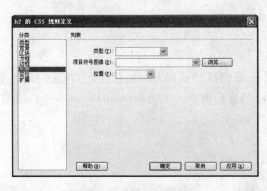

图 6-33　【列表】选项卡

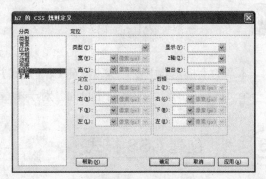

图 6-34　【定位】选项卡

7. 设置扩展样式

打开【CSS 规则定义】对话框，在【分类】列表框中选择【扩展】选项，打开该选项卡，如图 6-35 所示。在该选项卡中各参数选项具体作用如下。

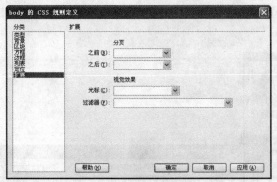

图 6-35　【扩展】选项卡

提示

　　【分页】选项中的【之前】和【之后】两个选项属性名为 page-break-before 和 page-break-after；【视觉效果】选项中的【光标】和【过滤器】两个选项分别可以设置指针位于样式所控制的对象上时改变指针图像和对样式所控制的对象应用特殊效果。

⊙ 【分页】：为打印的页面设置分页符。

⊙ 【视觉效果】：设置对象的外观视觉效果。

知识点

　　当相同的文本上应用两种或多种 CSS 样式时，可能会产生冲突，并导致不可预料的结果。浏览器显示样式格式依照这 3 种原则执行：如果两种样式同时应用于相同文本，浏览器会将两种样式的所有格式都显示出来，除非样式格式发生冲突。例如，一种样式指定文本的颜色为蓝色，另一样式则指定文本颜色为红色；如果应用于同一个文本的两种样式发生冲突，则浏览器会显示最内部的样式设置格式(即最靠近文本的样式)；如果存在直接冲突，则 CSS 样式(由 class 属性决定的样式)会覆盖基于 HTML 标记的样式格式。

6.4 上机练习

本章的上机实验主要是练习新建 CSS 样式并应用 CSS 样式以及编辑创建好的 CSS 样式，制作一个页面统一的简单的网站主页面。对于本章中的其他内容，可以根据相应的内容进行练习。

6.4.1 创建 CSS 样式

打开一个网页文档，新建 CSS 样式，制作一个页面统一的网页。

(1) 打开一个网页文档，如图 6-36 所示。选择【窗口】|【CSS 样式】命令，打开【CSS 样式】面板。

(2) 单击【CSS 样式】面板中的【新建 CSS 规则】按钮，打开【新建 CSS 规则】对话框。

(3) 在【新建 CSS 规则】对话框中，选中【类】单选按钮，在【名称】文本框中输入新建的 CSS 规则名称 zhengwen，选中【仅对该文档】单选按钮，如图 6-37 所示，单击【确定】按钮，打开【zhengwen 的 CSS 规则定义】对话框。

图 6-36 打开网页文档

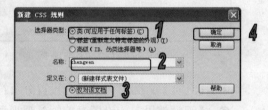

图 6-37 【新建 CSS 规则】对话框

(4) 在【zhengwen 的 CSS 规则定义】对话框中，单击【分类】列表框中的【类型】选项卡，打开该选项卡对话框。

(5) 在【类型】选项卡对话框中，设置字体为【黑体】，字体颜色为【#000000】，如图 6-38 所示，单击【确定】按钮，完成 zhengwen 类样式的创建。

(6) 单击【CSS 样式】面板中的【新建 CSS 规则】按钮，打开【新建 CSS 规则】对话框。

(7) 选中【新建 CSS 规则】对话框中的【高级】单选按钮，在【选择器】下拉列表框中选择 a:link 选项，选中【仅对该文档】对话框，如图 6-39 所示，单击【确定】按钮，打开【a:link 的 CSS 规则定义】对话框。

(8) 在【a:link 的 CSS 规则定义】对话框中，单击【分类】列表框中的【类型】选项卡，打开该选项卡对话框。设置字体样式为【斜体】，字体颜色为【#0000FF】。

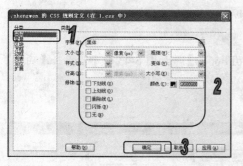

图 6-38 【zhengwen 的 CSS 规则定义】对话框　　图 6-39 【新建 CSS 规则】对话框

(9) 参照以上步骤，新建 visited 高级规则样式，设置字体样式为【斜体】，字体颜色为
【#0000FF】；新建 hover 高级规则样式，设置字体样式为【斜体】，字体颜色为【#0000FF】；
新建 active 高级规则样式，设置字体样式为【斜体】，字体颜色为【#000000】。

(10) 新建 biaoti 类规则样式，设置字体为【黑体】，字体颜色为【#FF0000】，字体大小为
16 像素，字体样式为【粗体】。

(11) 选中网页文档中的正文部分，打开【属性】面板，在【样式】下拉列表中选择 zhengwen
选项；选中标题部分和超链接对象，应用对应的 CSS 样式，如图 6-40 所示。

(12) 保存文件，按 F12 键，在浏览器中预览网页文档，如图 6-41 所示。

图 6-40 应用 CSS 样式　　　　　　　　图 6-41 在浏览器中预览网页文档

6.4.2 编辑 CSS 样式

打开一个网页文档，编辑创建好的 CSS 样式。

(1) 打开一个网页文档，选择【窗口】|【CSS 样式】命令，打开【CSS 样式】面板，如图
6-42 所示。

(2) 选中【CSS 样式】面板中的 biaoti 样式，单击【编辑样式】按钮，打开【biaoti 的 CSS
规则定义】对话框。

(3) 单击【biaoti 的 CSS 规则定义】对话框中的【分类】列表框中的【背景】选项卡，打开该选项卡。

(4) 在【背景】选项卡中，设置背景颜色为【#FF6600】，如图 6-43 所示，单击【确定】按钮。

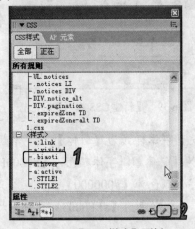

图 6-42 【CSS 样式】面板

图 6-43 【biaoti 的 CSS 规则定义】对话框

(5) 参照以上步骤，继续编辑 zhengwen 样式，设置字体为宋体，大小为 14 像素，如图 6-44 所示。

(6) 保存文件，按 F12 键，在浏览器中预览网页文档，如图 6-45 所示。

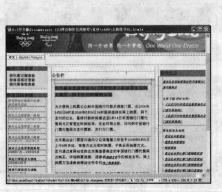

图 6-44 应用 CSS 样式

图 6-45 在浏览器中预览网页文档

⑥.5 习题

1. 新建一个网页文档，创建 CSS 样式，设置正文内容为宋体、12 号字体；标题为黑体、20 号字体、加粗；超链接为 15 号字体、蓝色、斜体，应用到网页文档中。

2. 在【CSS 样式】面板中导入外部 CSS 样式文件。

第7章

使用层、时间轴和行为

学习目标

层可以定位在页面上的任意位置，可以并存、重叠层，可以在层上插入文本、图像、表单等对象。与层密切相关的另一项功能是时间轴功能，使用时间轴可以创建动画效果。行为是以系列使用 JavaScript 程序预定义的页面特效工具，是 JavaScript 在 Dreamweaver 中内置的程序库。利用行为，可以制作出各式各样的特殊效果，例如播放声音、弹出菜单等。

本章重点

- ◉ 层的概念
- ◉ 创建层
- ◉ 使用时间轴
- ◉ 认识行为
- ◉ 使用行为

7.1 层的概念

层在 Dreamweaver CS3 中指的是带有 CSS 样式的 Div 或 Span 代码，用于网页元素的精确定位。由于一个页面中可以拥有多个层，而不同的层之间可以相互重叠，通过设置透明度来决定每个层是否可见或者可见的程度，因而层可用来实现许多特效。例如新浪、163 等许多网站都采用层来定位广告和分屏显示。

层就像是包含文字或图像等元素的胶片，按顺序叠放在一起，组合成页面的最终效果。层可以精确地定位页面上的元素，并且在层中可以加入文本、图像、表格等元素，还可以嵌套层。

在 Dreamweaver 中运用层，为设计者提供了强大的网页控制能力。层不但可以作为一种网页定位技术，也可以作为一种特效形式出现。熟练掌握层的使用方法，是网页制作中最重要的关节之一。

7.1.1 创建层

要在网页文档中创建层，创建完一个层后，在【代码】视图中会自动插入 HTML 标签。层的常用标签有<Div>和<Span>两种，默认是使用<Div>标签来创建层。

1. 创建普通层

要创建普通层，将光标移至要创建层的地方。选择【插入记录】|【布局对象】|【AP Div】命令，即可在所需位置插入层，如图 7-1 所示。

2. 创建嵌套层

在 Dreamweaver CS3 中插入嵌套层，方法类似创建嵌套框架。将光标移至创建的层中，选择【插入记录】|【布局对象】|【AP Div】命令，即可在该层中插入嵌套层，如图 7-2 所示。

图 7-1　在文档中插入层　　　　　　　　　　图 7-2　插入嵌套层

3. 设置层的属性

选中创建的层，选择【窗口】|【属性】命令，打开【属性】面板，如图 7-3 所示。在该面板中，各参数选项具体作用如下。

图 7-3　层的【属性】面板

- ⊙ 【层编号】：显示层的名称，识别不同的层。
- ⊙ 【左】：在文本框中输入层的左边界距离浏览器窗口左边界的距离数值。
- ⊙ 【上】：在文本框中输入层的上边界距离浏览器窗口上边界的距离数值。
- ⊙ 【宽】和【高】：在文本框中输入层的宽度和高度数值。
- ⊙ 【Z轴】：在文本框中输入层的 Z 轴顺序。

- ◉ 【类】下拉列表：可以选择 CSS 类样式。
- ◉ 【背景图像】：设置层的背景图。
- ◉ 【可见性】：设置层的显示状态，可以选择 default、inherit、visible 和 hidden 4 个选项。选择 default 选项，表示不指定可见性属性，当未指定可见性时，多数浏览器都会默认为继承；选择 inherit 选项，表示使用该层父级的可见性属性；选择 visible 选项，表示显示该层的内容；选择 hidden 选项，表示隐藏层的内容。
- ◉ 【背景颜色】：设置层的背景颜色。
- ◉ 【剪辑】：指定层的可见部分，可以在文本框中输入距离层的 4 个边界的距离数值。
- ◉ 【溢出】：当层的大小已经不能全部显示层中的内容时，可以选择该选项。在【溢出】下拉列表中选择 visible 选项，可以显示超出的部分；选择 hidden 选项，可以隐藏超出部分；选择 scroll 选项，不管是否超出，都显示滚动条；选择 auto 选项，当有超出时才显示滚动条。

⑦.1.2 层的基本操作

层的基本操作包括选择层、为层添加滚动条、改变层的可见性、在层中插入对象、调整层的大小等。

1. 选择层

在 Dreamweaver CS3 中，要选择层，有以下几种方法。

- ◉ 选择【窗口】|【AP 元素】命令，打开【AP 元素】面板，如图 7-4 所示。单击层名称，即可选中层。
- ◉ 将光标移至层的边框位置，当光标显示为十字形状时 ，单击即可选中层。
- ◉ 按住 Shift 键，单击要选择的层，可以选中多个层。

当选中某个层或多个层时，选中的层的周围都会出现控制点，如图 7-5 所示。

图 7-4　【AP 元素】面板

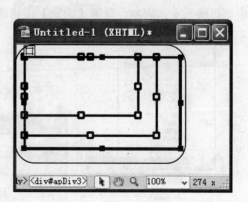

图 7-5　显示层的控制点

2. 改变层的叠堆顺序

层的叠堆顺序也就是层的显示顺序，可以在【AP 元素】面板中改变层的叠堆顺序。具体操作方法如下。

- 在【AP 元素】面板中选中某个层，单击 Z 轴属性列，然后在 Z 轴属性列文本框中输入层的叠堆顺序数值即可，如图 7-6 所示。
- 在【AP 元素】面板中选中某个层，拖动至所需重叠的位置，在拖动过程中会显示一条线，如图 7-7 所示，释放鼠标即可改变层的叠堆顺序。

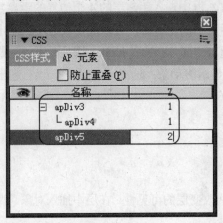
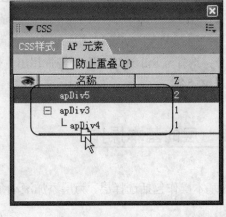

图 7-6　设置 Z 轴属性列　　　　　　　　　图 7-7　拖动层

3. 设置层文本

在创建层的过程中，还可以使用【设置层文字】命令，设置层文本导览。选中要设置层文本的层，选择【窗口】|【行为】命令，打开【行为】面板.

单击【行为】面板上的 button 按钮，在弹出的菜单中选择【设置文本】|【设置容器的文本】命令，如图 7-8 所示，打开【设置容器的文本】对话框，如图 7-9 所示。

在【设置容器的文本】对话框的【容器】下拉列表中可以选择层的名称，在【新建 HTML】文本框中可以输入文本内容，单击【确定】按钮即可设置层文本。

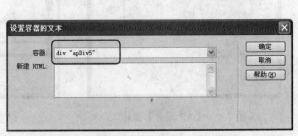

图 7-8　选择命令　　　　　　　　　图 7-9　【设置容器的文本】对话框

4. 设置层的可见性

在处理文档时，可以在【AP 元素】面板中手动设置层的可见性。单击【AP 元素】面板中的
👁 按钮，如果显示为 👁 图标，层为可见；当显示为 👁 图标，隐藏层的显示，如图 7-10 所示。

显示层　　　　　　　　　　　　　　　　隐藏层

图 7-10　设置层的可见性

5. 在层中插入对象

在层中插入对象，可以是文本、图像或其他元素。选中要插入对象的层，选择【插入记录】
|【图像】命令，打开【选择图像源文件】对话框，选择要插入的图像，单击【确定】按钮，即
可插入到层中，如图 7-11 所示。要插入文本，直接在层中输入文本内容即可，如图 7-12 所示。

图 7-11　在层中插入图像　　　　　　　　　图 7-12　在层中插入文本

6. 调整层的大小

在层中插入对象后，根据需求，对层的大小要进行适当地调整，使页面更加美观。要调整层
的大小，首先选中所需调整大小的层，将光标移至层边框上的小黑方框上，当光标显示为垂直双
向箭头时，拖动鼠标可以调整层的高度；当光标显示为水平双向箭头时，拖动鼠标可以调整层的
宽度；当光标显示为斜向双箭头时，拖动鼠标可以同时调整层的宽度和高度。

7. 移动层

要移动层，有以下几种方法。

◉　选择要移动的层，拖动层的边框即可移动层。

◉　选择要移动的层，按下方向键，可以一次移动一个像素位置。

◉　选择要移动的层，按住 Shift 键，然后按下方向键，可以一次移动 10 个像素的位置。

8. 对齐层

对齐层主要是对齐多个层。选中多个层后，选择【修改】|【排列顺序】命令，在子命令中选择对齐方式，如图 7-13 所示。如果选择【修改】|【排列顺序】|【设成高度相同】命令或【修改】|【排列顺序】|【设成宽度相同】命令，将以最后一个选中的层的大小为标准，调整其他层的大小并对齐层。

9. 将层对齐网格

在 Dreamweaver CS3 中，可以使用网格功能，将层进一步精确定位。使用网格，可以让层在移动或绘制时自动靠齐到网格。

要将层对齐到网格，选择【查看】|【网格设置】|【显示网格】命令，打开网格功能。然后选择【查看】|【网格设置】|【靠齐到网格】命令，即可将层对齐网格，如图 7-14 所示。

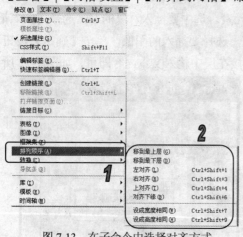
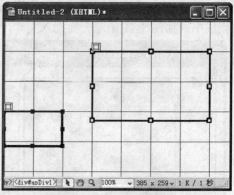

图 7-13　在子命令中选择对齐方式　　　　　图 7-14　将层对齐网格

10. 删除和复制层

要删除不需要的层，首先选中层，然后选择【编辑】|【清除】命令，或按下 Del 键，即可删除层。要复制层，首先选中层，然后选择【编辑】|【拷贝】命令，然后在文档中选择要粘贴层的位置，选择【编辑】|【粘贴】命令即可粘贴层。

【例 7-1】打开一个网页文档，创建层并在层中插入文本和图像。

(1) 打开一个网页文档，如图 7-15 所示。

(2) 选择【插入记录】|【布局对象】|AP Div 命令，在文档中插入层，如图 7-16 所示。

图 7-15　打开网页文档

图 7-16　插入层

(3) 将光标移至层中，选择【插入记录】|【图像】命令，打开【选择图像源文件】对话框。

(4) 在【选择图像源文件】对话框中选择要插入的图像文件，如图 7-17 所示，单击【确定】按钮，插入到层中。

(5) 选中图像，拖动图像周围的控制柄，调整图像至合适大小，如图 7-18 所示。

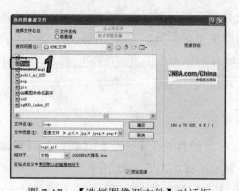

图 7-17　【选择图像源文件】对话框

图 7-18　在层中插入图像

(6) 选中层，打开【属性】面板，在【背景颜色】文本框中输入层的背景颜色值为【#FFFFFF】，如图 7-19 所示。设置的层的背景颜色如图 7-20 所示。

图 7-19　设置【属性】面板

(7) 将光标移至层中图像下面，输入文本内容"全程关注 NBA 大篷车"。选中文本内容，在【属性】面板中设置字体颜色为淡蓝色，字体大小为 14 像素，粗体。

(8) 保存文件，按 F12 键，在浏览器中预览网页文档，如图 7-21 所示。

图 7-20　设置层背景颜色

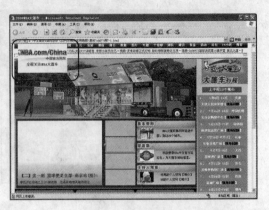

图 7-21　在浏览器中预览网页文档

⑦.1.3　转换表格和层

　　要改变网页中各元素的布局，最方便的方法就是将元素置于层内，然后通过移动层来改变网页的布局。要使用这种方法改变网页布局，首先要将表格转换为层。Dreamweaver CS3 允许使用层来创建布局，然后将层转换为表格，以使网页能够在浏览器中正确浏览；也可以将网页中的表格转换为层。

1. 将表格转换为层

　　要将表格转换为层，首先选中要转换为层的表格，然后选择【修改】|【转换】|【将表格转换为 AP Div】命令，打开【将表格转换为 AP Div】对话框，如图 7-22 所示。

　　在【将表格转换为 AP Div】对话框中，可以在【布局工具】选项区域中选择【防止重叠】、【显示 AP 元素面板】、【显示网格】和【靠齐到网格】4 个选项，设置表格转换为层的效果。

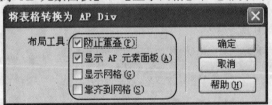

图 7-22　【将表格转换为 AP Div】对话框

📖 **知识点**

　　空白表格不能转换为层。要将表格转换为层，至少需要设置表格的背景颜色才能转换。

2. 将层转换为表格

　　要将层转换为表格，可以按住 Shift 键，选中所需转换为表格的层，选择【修改】|【转换】|【将 AP Div 转换为表格】命令，打开【将 AP Div 转换为表格】对话框，如图 7-23 所示。

　　在【将 AP Div 转换为表格】对话框中会显示将层转换为表格的显示选项，一般情况下选择系统默认设置的选项即可，单击【确定】按钮，即可将层转换为表格，如图 7-24 所示。

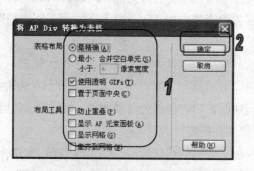

图 7-23 【将 AP Div 转换为表格】对话框   图 7-24 将层转换为表格

3. 防止层的重叠

因为表格单元不能够相互重叠，因此，如果文档中存在重叠的层，Dreamweaver CS3 就无法将其转换为表格的形式。如果计划将文档中的层转换为表格，以适应于 4.0 版本的浏览器，就必须在转换之前对文档中的现有层进行重新安排，使之不重叠。

为了防止层的重叠，在创建层之前，可选择【修改】|【排列顺序】|【防止层重叠】命令，或在【AP 元素】面板中选中【防止重叠】复选框。这时所有在文档中添加的层，都不会被重叠，因此也无法创建嵌套层。如果文档中已经包含了重叠或嵌套层，这时需要分别拖动这些层，将它们移动到适当的位置上；Dreamweaver CS3 也能自动对它们的位置进行安排，以防止出现其他的重叠。

7.1.4 设置层参数

在 Dreamweaver CS3 的【首选参数】对话框中可以设置层参数。选择【编辑】|【首选参数】命令，打开【首选参数】对话框，在【分类】列表框中选择【AP 元素】选项，打开该选项卡，如图 7-25 所示，在该选项卡中，各参数选项具体作用如下。

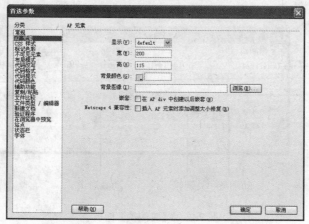

图 7-25 【首选参数】对话框

- ◎ 【显示】：可以在下拉列表中选择默认状态下所创建层的可见性，可以选择 default、inherit、visible 和 hidden 4 个选项，与【层】属性检查器中的【可见性】下拉列表框中的选项功能相同。
- ◎ 【宽】和【高】：可以在文本框中输入创建层的默认宽度和高度，单位为像素。
- ◎ 【背景颜色】：可以设置层的背景颜色，可直接在文本框中输入颜色的十六进制值。
- ◎ 【背景图像】：可以在文本框中输入创建层窗口时使用的背景图像。单击【浏览】按钮选择图像文件，或在文本框中输入图像文件的路径。
- ◎ 【嵌套】复选框：选中该复选框，可以在文档中创建嵌套层。如果取消选中该复选框，则在层内部绘制层时，创建的是重叠层，而不是嵌套层。
- ◎ 【Netscape 4 兼容性】复选框：可以在文档的头部自动添加一段 JavaScript 代码，以修复在 Netscape 浏览器中重设浏览器大小时出现的 CSS 层错误，这样创建的网页就可以在 Netscape 浏览器中正确浏览。

⑦.2 使用时间轴

在 Dreamweaver CS3 中，可以不使用 ActiveX 控件、插件或 Java 程序，而在【时间轴】面板中创建一系列帧，然后改变每帧中层的位置、尺寸、可见性及重叠顺序等属性，从而创建出动画效果，或者利用时间轴在特定的时间改变层中的对象或执行特定行为。

⑦.2.1 认识【时间轴】面板

【时间轴】面板用于显示层和图像随时间变化的属性。选择【窗口】|【时间轴】命令，打开【时间轴】面板，如图 7-26 所示。

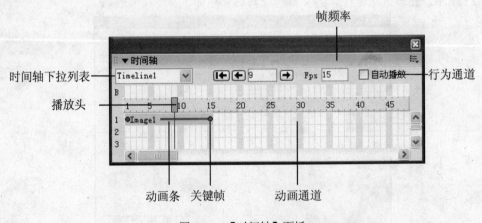

图 7-26 【时间轴】面板

在【时间轴】面板中，各组成部分具体作用如下：

- ◉ 【时间轴】：在下拉列表中选择当前的时间轴，如果文档中包含多个时间轴，都会在该下拉列表框中列出。
- ◉ Fps(帧频率)：在文本框中输入动画播放的帧频，单位为【帧/秒】。
- ◉ 【自动播放】：选中该复选框，可以在网页被装载后自动播放动画。
- ◉ 【循环】：选中该复选框，可以在网页动画播放完毕后自动重新播放。
- ◉ 动画条：显示每一个动画对象持续的时间。在一个动画通道行上可以包含多个动画条，用于表示多个不同的对象，不同的动画条在同一帧内不能控制相同的对象。
- ◉ 关键帧：为对象指定在某一确定时刻上的状态，系统会自动根据两个关键帧的位置计算对象在其间发生的动作。
- ◉ 动画通道：显示层和图像的动画条。
- ◉ 行为通道：在时间轴中特定帧处执行行为的通道。

⑦.2.2 创建时间轴动画

使用时间轴创建动画，主要是通过改变对象在文档中的位置、大小、可见性以及层的重叠顺序等方法来实现的。时间轴动画只能移动层对象，要使图像、文本等对象产生动画效果就必须将对象放置在层中。

1. 通过移动层位置创建时间轴动画

通过移动层位置，可以创建层内的对象移动的时间轴动画。选择【窗口】|【时间轴】命令，打开【时间轴】面板。

将插入的层拖动到【时间轴】面板中，系统会自动打开一个信息提示框，如图 7-27 所示。单击【确定】按钮，将层插入到时间轴中。将层插入到时间轴中后，在【时间轴】面板中会显示动画条，如图 7-28 所示。

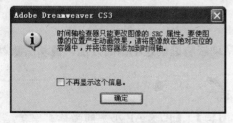

图 7-27 信息提示框

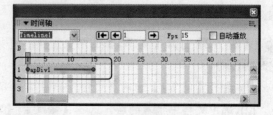

图 7-28 显示动画条

选中动画条尾部的关键帧标记，可以任意拖动至其他帧位置，如图 7-29 所示。

右击时间轴上任意帧处，在弹出的快捷菜单中选择【增加关键帧】命令，如图 7-30 所示，在该帧处插入关键帧。

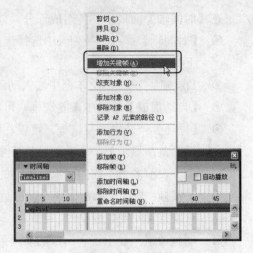

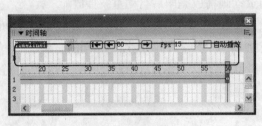

图 7-29　拖动帧　　　　　　　　　　图 7-30　插入关键帧

2. 通过拖动层轨迹创建动画

　　要根据复杂路径来创建动画，比关键帧更有效的方法是记录移动层时经过的轨迹。选中层，选择【修改】|【时间轴】|【记录 AP 元素的路径】命令。拖动层，创建层移动的路径，如图 7-31 所示。创建层移动的路径后，在【时间轴】面板中会自动添加动画条，如图 7-32 所示。

图 7-31　创建层移动的路径　　　　　　　图 7-32　添加动画条

　　【例 7-2】打开【例 7-1】的网页文档，使用拖动层轨迹创建动画的方法，拖动层轨迹，创建时间轴动画。

　　(1) 打开【例 7-1】的网页文档，如图 7-33 所示。

　　(2) 选中文档中插入的层，选择【修改】|【时间轴】|【记录 AP 元素的路径】命令。

　　(3) 拖动层，创建层移动的路径，如图 7-34 所示。

 知识点

　　在拖动层的时候，尽可能地将拖动后的层位置与拖动前的层位置相对应。

图 7-33 打开网页文档

图 7-34 创建层的移动路径

(4) 选中【时间轴】面板中的【自动播放】和【循环】复选框，使动画能够在加载完成后自动循环播放。在 Fps 文本框中输入数值 12，设置帧频为 12fps，如图 7-35 所示。

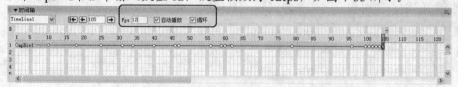

图 7-35 【时间轴】面板

(5) 保存文件，按 F12 键，在浏览器中预览网页文档，如图 7-36 所示。层中的内容会根据创建的层轨迹移动。

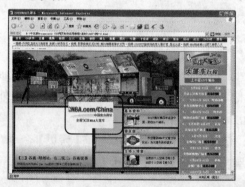

图 7-36 在浏览器中预览网页文档

7.2.3 编辑时间轴

创建时间轴动画后，所创建的时间轴动画也是可以进行编辑的。编辑时间轴主要包括修改时间轴、复制和粘贴动画等操作。

1. 修改时间轴

定义好时间轴的基本参数以后，可以通过时间轴面板进行增加帧、删除帧、增加关键帧、改变对象、改变动画的开始时间等操作，具体操作方法如下。

- 拖动结束帧标记，可以延长或缩短动画播放时间，所有关键帧之间的相对位置不发生改变，系统会均匀调整。如果不希望改变其他关键帧的绝对位置，按住 **Ctrl** 键拖动即可。
- 通过拖动关键帧标记可以调整关键帧对应层位置出现的时间。
- 通过直接左、右拖动动画条，可以调整动画的开始时间。
- 要移动整个动画路径，可以单击动画条上任意非关键帧位置，选中整个动画条，然后移动层，系统会调整所有关键帧的位置。
- 在时间轴上添加或删除帧，可以选择【修改】|【时间轴】|【添加帧】命令，或【修改】|【时间轴】|【删除帧】命令。

2. 使用多个时间轴

在 Dreamweaver CS3 中，可以使用多个时间轴来控制页面中的多个动画对象，每个对象触发不同的时间轴。使用和管理多个时间轴，具体操作如下。

- 选择【修改】|【时间轴】|【添加时间轴】命令，在【时间轴】面板中新建时间轴。
- 选择【修改】|【时间轴】|【删除时间轴】命令，在【时间轴】面板中删除时间轴，并同时删除该时间轴上的所有动画。
- 选择【修改】|【时间轴】|【重命名时间轴】命令，打开【重命名时间轴】对话框，可以重命名选中的时间轴。
- 要在【时间轴】面板中查看另一个时间轴，可以从【时间轴】面板的【时间轴】下拉列表框中选择该时间轴。

3. 复制和粘贴动画

一旦在 Dreamweaver CS3 中创建了动画序列，就可以将当前时间轴中的任意区域复制并粘贴到当前时间轴的其他区域、当前文档的其他时间轴、其他文档的时间轴中。此外，在 Dreamweaver CS3 中还可以一次复制和粘贴多个动画序列。

要复制和粘贴时间轴，右击创建好的动画条，在弹出的快捷菜单中选择【拷贝】命令，复制动画。在时间轴上右击要粘贴动画的帧位置，在弹出的快捷菜单中选择【粘贴】命令，即可粘贴动画，如图 7-37 所示。

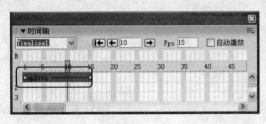
复制动画

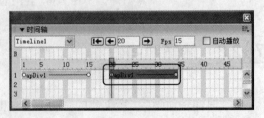
粘贴动画

图 7-37 复制和粘贴动画

⑦.3　认识行为

行为是指在网页中进行的一系列动作，通过这些动作，可以实现用户同网页的交互，也可以通过动作使某个任务被执行。在 Dreamweaver 中，行为由事件和动作两个基本元素组成。通常动作是一段 JavaScript 代码，利用这些代码可以完成相应的任务；事件则由浏览器定义，事件可以被附加到各种页面元素上，也可以被附加到 HTML 标记中，并且一个事件总是针对页面元素或标记而言的。

⑦.3.1　行为的概念

行为是 Dreamweaver CS3 中重要的一个部分，通过行为，可以方便地制作出许多网页效果，极大地提高了工作效率。行为由两个部分组成，即事件和动作，通过事件的响应进而执行对应的动作。

在网页中，事件是浏览器生成的消息，表明该页的访问者执行了某种操作。例如，当访问者将鼠标指针移动到某个链接上时，浏览器为该链接生成一个 onMouseOver 事件。不同的页元素定义了不同的事件。在大多数浏览器中，onMouseOver 和 onClick 是与链接关联的事件，而 onLoad 是与图像和文档的 body 部分关联的事件。

事件由浏览器定义、产生与执行。以下是 Dreamweaver CS3 中的一些主要事件，其中，NS 代表 Netscape Navigator 浏览器，IE 代表 Internet Explorer 浏览器，后面的数值为可支持此事件的最低版本号。

鼠标事件包括以下几类。

- ◉ onClick(NS3、IE3)：单击选定元素(如超链接、图片、按钮等)将触发该事件。
- ◉ onDblClick(NS4、IE4)：双击选定元素将触发该事件。
- ◉ onMouseDown(NS4、IE4)：当按下鼠标按钮(不必释放鼠标按钮)时触发该事件。
- ◉ onMouseMove(IE3、IE4)：当鼠标指针停留在对象边界内时触发该事件。
- ◉ onMouseOut(NS3、IE4)：当鼠标指针离开对象边界时触发该事件。
- ◉ onMouseOver(NS、IE3)：当鼠标首次移动指向特定对象时触发该事件。该事件通常用于链接。
- ◉ onMouseUp(NS4、IE4)：当按下的鼠标按钮被释放时触发该事件。

键盘事件包括以下几类。

- ◉ onKeyPress(NS4、IE4)：当按下并释放任意键时触发该事件。
- ◉ onKeyDown(NS4、IE4)：当按下任何键时即触发该事件。
- ◉ onKeyUp(NS4、IE45)：按下键后释放该键时触发该事件。

表单事件包括以下几类。

◉ onChange(NS3、IE3)：改变页面中数值时将触发该事件。例如，在菜单中选择了一个项目，或者修改了文本区中的数值，然后在页面任意位置单击均可触发该事件。

◉ onFocus(NS3、IE3)：当指定元素成为焦点时将触发该事件。例如，单击表单中的文本编辑框将触发该事件。

◉ onBlur(NS3、IE3)：当特定元素停止作为用户交互的焦点时触发该事件。例如，在单击文本编辑框后，在该编辑框区域以外单击，则系统将产生该事件。

◉ onSelect(NS3、IE3)：在文本区域选定文本时触发该事件。

◉ onSubmit(NS3、IE3)：确认表单时触发该事件。

◉ onReset(NS3、IE3)：当表单被复位到其默认值时触发该事件。

页面事件包括以下几类。

◉ onLoad(NS3、IE3)：当图片或页面完成装载后触发该事件。

◉ onUnload(NS3、IE3)：离开页面时触发该事件。

◉ onError(NS3、IE4)：在页面或图片发生装载错误时，将触发该事件。

◉ onMove(NS4、IE5)：移动窗口或框架时将触发该事件。

◉ onResize(NS4、IE5)：当用户调整浏览器窗口或框架尺寸时触发该事件。

◉ onScroll(IE4、IE5)：当用户上、下滚动时触发该事件。

上面的分类并不是绝对的，同时还有很多事件可供用户使用，尤其是对于高版本的浏览器。

行为是由预先编写的 JavaScript 代码组成的，这些代码执行特定的任务，例如打开浏览器窗口、显示或隐藏层、播放声音或停止 Macromedia Shockwave 影片。当事件发生后，浏览器就查看是否存在与该事件对应的动作，如果存在，就执行它，这就是整个行为的过程。

7.3.2 认识【行为】面板

在【行为】面板中，可以选择行为动作。选择【窗口】|【行为】命令，打开【行为】面板，如图 7-38 所示。

图 7-38 【行为】面板

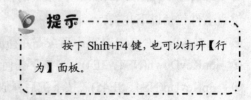

> **提示**
>
> 按下 Shift+F4 键，也可以打开【行为】面板。

在【标签】面板中，各参数选项具体作用如下。

- ◉　【显示设置事件】按钮■：单击该按钮，显示当前元素已经附加到当前文档的事件。
- ◉　【显示所有事件】按钮■：单击该按钮，显示当前元素所有可用的事件。在显示事件菜单项里作不同的选择，可用的事件也不同。一般说来，浏览器的版本越高，可支持的事件越多。
- ◉　【添加行为】按钮■：单击该按钮弹出一个菜单，其中包含可以附加到当前所选元素的多个动作。在菜单中选择某个动作时，打开一个对话框，可以在其中设置该动作的参数。在菜单中呈灰色显示的动作不能被单击，这些动作灰色显示的原因可能是当前文档中不存在执行该动作所需的对象。
- ◉　【删除事件】按钮■：用于在行为列表中删除所选的事件和动作。
- ◉　【增加事件值】按钮■和【降低事件值】按钮■：用于在行为列表中向上或向下移动选定的事件，调整其先后执行顺序。

7.3.3　使用行为

在 Dreamweaver CS3 中，可以将行为附加给整个文档、链接、图像、表单元素或其他任何 HTML 元素。并由浏览器决定哪些元素可以接收行为，哪些元素不能接收行为。在对象附加行为动作时，可以一次为每个事件关联多个动作，动作的执行按照在【行为】面板的动作列表中的顺序执行。

要使用行为，首先选择要添加行为的网页元素，如果不选择，系统一般会认为是整个网页文档，然后单击【行为】面板中的■按钮，在弹出的动作菜单中选择要使用的行为即可。例如选中网页文档中的图像，打开【行为】面板，单击■按钮，在弹出的菜单中选择【弹出信息】命令，打开【弹出信息】对话框。

在【弹出信息】对话框的【消息】文本框中输入要弹出信息显示的文本内容，如图 7-39 所示，单击【确定】按钮。

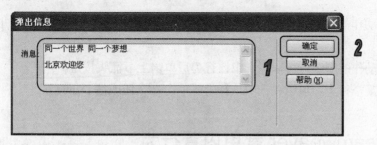

图 7-39　【弹出信息】对话框

在【行为】面板中的 onClick 下拉列表中选择 onClick 选项，如图 7-40 所示。保存文件，按 F12 键，在浏览器中浏览网页文档。当单击图像时，即可弹出信息，如图 7-41 所示。

图 7-40　onClick 选项

图 7-41　单击图像弹出信息

 知识点

在 Dreamweaver CS3 中，不能为纯文本附加行为，因为使用<p>和<span>标记的文本不能在浏览器中产生事件，所以它们无法触发动作。但是，可以为链接文本附加动作，因此，可以先为文本创建一个虚拟链接，即在【文本】属性检查器中，在【链接】文本框键入 javascript:;(javascript 一词后依次接一个冒号和一个分号)，然后再为该链接文本添加行为。

7.3.4　更改行为

在添加行为之后，可以更改触发动作的事件、添加或删除动作以及更改动作的参数。这时应首先选择一个有附加行为的对象，接着选择【窗口】|【行为】命令打开【行为】面板，具体操作方法如下。

- ◉ 要编辑动作的参数，双击该行为名称，然后更改相应对话框中的参数并单击【确定】按钮。
- ◉ 要更改动作的顺序，可以在选中该行为后单击上下箭头按钮。
- ◉ 要删除某个行为，可以在选中该行为后单击▬按钮或按 Delete 键。

7.4　Dreamweaver 常用内置行为

Dreamweaver CS3 提供了 24 个行为动作，基本可以满足网页设计的需要。还可以在 Macromedia Exchange Web 站点以及第三方开发人员站点上找到更多的动作。也可以自己编写行为动作。

Dreamweaver CS3 中，许多行为是组合使用的，例如【交换图像】与【恢复交换图像】等。实际上，在前面的章节中已经介绍过或应用过多个内置行为，如跳转菜单、播放声音、交换图像、恢复交换图像、预先载入图像等。

⑦.4.1　图像类操作行为

图像类操作行为主要是与图像有关的行为，包括预先载入图像、交换图像和恢复交换图像。

1. 预先载入图像

使用【预先载入图像】行为，可以使浏览器下载那些尚未在网页中显示但是可能显示的图像，并将之存储到本地缓存中，以便脱机浏览。单击【行为】面板上的 按钮，在弹出的菜单中选择【预先载入图像】命令，打开【预先载入图像】对话框，如图 7-42 所示。

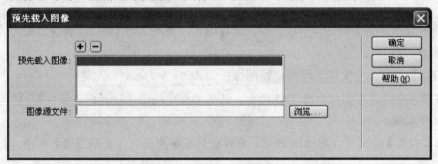

图 7-42　【预先载入图像】对话框

在【预先载入图像】对话框中，单击 按钮，可在【预先载入图像】列表中添加一个空白项，在【图像源文件】文本框中输入要预载的图像路径和名称，或单击【浏览】按钮，打开【选择图像源文件】对话框，选择要预载的图像文件，单击【确定】按钮，添加图像。

如要取消对某个图像的预载设置，选中该选项，单击 按钮即可。

2. 交换图像

【交换图像】动作主要用于动态改变图像对应<img>标记的 scr 属性值，利用该动作，不仅可以创建普通的翻转图像，还可以创建图像按钮的翻转效果，甚至可以设置在同一时刻改变页面上的多幅图像。单击【行为】面板上的 按钮，在弹出的菜单中选择【交换图像】命令，打开【交换图像】对话框，如图 7-43 所示。

在【交换图像】对话框的【图像】列表框中，可以选择要设置替换图像的原始图像。在【设定原始档为】文本框中，可以输入替换后的图像文件的路径和名称，也可以单击【浏览】按钮，选择图像文件。

3. 恢复交换图像

与【交换图像】对应，使用【恢复交换图像】动作，可以将所有被替换显示的图像恢复为原始图像。一般来说，在设置替换图像动作时，会自动添加替换图像恢复动作，这样当光标离开对象时自动恢复原始图像。单击【行为】面板上的 + 按钮，在弹出的菜单中选择【恢复交换图像】命令，打开【恢复交换图像】对话框，如图 7-44 所示。

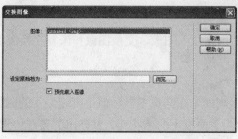
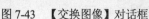

图 7-43　【交换图像】对话框
图 7-44　【恢复交换图像】对话框

在【恢复交换图像】对话框中没有参数选项设置，直接单击【确定】按钮，即可为对象附加的替换图像恢复行为。

【**例 7-3**】打开一个文档，设置交换图像行为。

(1) 打开一个网页文档，如图 7-45 所示。选中文档中的图像，选择【窗口】|【行为】命令，打开【行为】面板。

(2) 在【行为】面板中，单击 + 按钮，在弹出的菜单中选择【交换图像】命令，打开【交换图像】对话框。

(3) 在【交换图像】对话框中，单击【设定原始档为】文本框右边的【浏览】按钮，打开【选择图像源文件】对话框，选择要交换的图像，单击【确定】按钮，如图 7-46 所示。

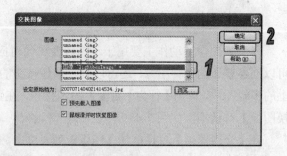

图 7-45　打开网页文档
图 7-46　【交换图像】对话框

(4) 设置好交换图像后，在【行为】面板中显示了添加的行为，如图 7-47 所示。

(5) 保存文件，按 F12 键，在浏览器中预览网页文档，如图 7-48 所示。当光标移至图像时，显示交换图像；当光标离开图像时，恢复为初始图像。

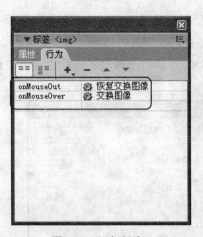

| 图 7-47　添加行为 | 图 7-48　在浏览器中预览网页文档 |

7.4.2　控制类行为

控制类行为主要是与控制有关的行为，包括拖动层、控制 Shockwave 或 Flash 和显示-隐藏层。

1. 拖动层

使用【拖动层】动作，可以实现在页面上对层及其中的内容进行移动，以实现某些特殊的页面效果。单击【行为】面板上的 ✚ 按钮，在弹出的菜单中选择【拖动 AP 元素】命令，打开【拖动 AP 元素】对话框，如图 7-49 所示。

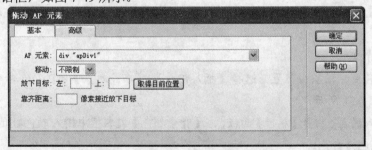

图 7-49　【拖动 AP 元素】对话框

在【基本】选项卡中，可以设置拖动层的层、移动方式等内容，各参数选项的具体作用如下。

- ◉　【AP 元素】下拉列表框：选择需要控制的层名称。
- ◉　【移动】下拉列表框：选择层被拖动时的移动方式，包括以下两个选项。选择【限制】选项，则层的移动位置是受限制的。可以在右方显示的文本框中分别输入可移动区域的上、下、左、右位置值，这些值是相对层的起始位置而言的，单位是像素；选择【不限制】选项，则可以实现层在任意位置上的移动。
- ◉　【放下目标】选项区域：设置层被移动到的位置。可在【左】和【上】文本框中输入层移动后的起始位置；单击【取得目前位置】按钮，可获取当前层所在的位置。

⊙ 【靠齐距离】文本框：输入层与目标位置靠齐的最小像素值。当层移动的位置同目标位置之间的像素值小于文本框中的设置时，层会自动靠齐到目标位置上。

单击【高级】选项卡，打开该选项卡，如图 7-50 所示。可以设置拖动层的拖曳控制点等内容。

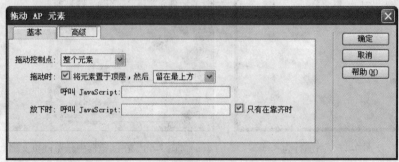

图 7-50　【拖动 AP 元素】对话框的【高级】选项卡

在【高级】选项卡中的各个选项参数具体作用如下。

⊙ 【拖动控制点】下拉列表框：设置在拖动层时拖曳的部位，可以选择【整个元素】和【元素内区域】两个选项。

⊙ 【拖动时】选项区域：设置层被拖动时的相关设置。选中该复选框，则可以设置层被拖动时在层重叠堆栈中的位置，可选择【留在最上方】和【恢复 z 轴】两个选项。在【呼叫 JavaScript】文本框中，可设置当层被拖动时调用的 JavaScript 代码。

⊙ 【放下时】选项区域：设置层被拖动到指定位置并释放后的相关设置。在【呼叫 JavaScript】文本框中，设置当层被释放时调用的 JavaScript 代码。

【例 7-4】打开一个文档，在文档中插入层，在层中添加文本内容，设置文本属性，设置拖动层行为。

(1) 打开一个文档。

(2) 将光标移至文档空白位置，选择【插入记录】|【布局对象】|AP Div 命令，在文档中插入一个层，如图 7-51 所示。

(3) 选中插入的层，打开【属性】面板，在【背景颜色】文本框中输入颜色数值【#FFFFFFF】，设置层的背景颜色为白色。

(4) 将光标移至层中，在层中输入文本内容"吸烟有害健康！"。

(5) 选中层中插入的文本内容，在【属性】面板中设置文本颜色为红色，粗体，字体大小为 14 像素，设置的文本内容如图 7-52 所示。

(6) 选中层，单击<body>标签。选择【窗口】|【行为】命令，打开【行为】面板，单击 +. 按钮，在弹出的菜单中选择【拖动 AP 元素】命令，打开【拖动 AP 元素】对话框。

(7) 单击【拖动 AP 元素】对话框中的【取得目前位置】按钮，如图 7-53 所示。单击【确定】按钮。

(8) 保存文件，按 F12 键，在浏览器中预览网页文档。选中层后，即可拖动层，如图 7-54 所示。

图 7-51　插入层

图 7-52　插入层内容

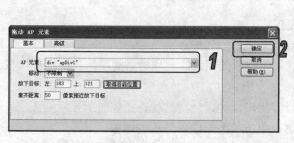

图 7-53　设置【拖动 AP 元素】对话框

图 7-54　在浏览器中预览网页文档

2. 控制 Shockwave 或 Flash

使用【控制 Shockwave 或 Flash】动作可以时限对 Shockwave 或 Flash 对象的控制，例如，可以设置动画的播放、停止和返回等，设置还可以控制直接跳转到动画序列的某一帧。

3. 显示-隐藏层

使用【显示-隐藏层】动作，可以在页面上显示层、隐藏层或恢复默认的层可见性状态。该动画在创建动态网页效果时经常使用，例如，可以在层中放置某对象的说明文本内容，然后将它隐藏，再通过【显示-隐藏层】动作，设置当光标移动到该对象上时显示该层，当光标离开该对象时再次隐藏该层，从而实现生动的网页效果，【显示-隐藏层】对话框。

⑦.4.3　导航栏和状态栏行为

导航栏行为主要是与导航有关的行为，例如设置导航栏图像等。状态栏行为主要可以在浏览器窗口中的状态栏显示文本消息。

1. 导航栏行为

要对导航栏的图像进行编辑，或是对图像状态进行更多的控制，可以使用【行为】面板中的【设置导航栏图像】动作。单击【行为】面板上的 **+**按钮，在弹出的菜单中选择【设置导航栏图像】命令，打开【设置导航栏图像】对话框，如图 7-55 所示。

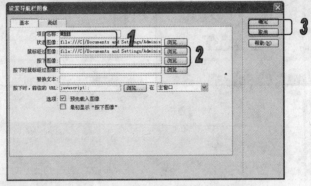

图 7-55　【设置导航栏图像】对话框

计算机 基础与实训教材系列

在【基本】选项卡中，各选项的功能如下。

- ◉ 【项目名称】文本框：用于键入导航条项目的名称。
- ◉ 【状态图像】文本框：用于设置最初将显示的图像。此项为必需项，其他图像状态选项为可选项。
- ◉ 【鼠标经过图像】文本框：用于设置用户鼠标指针滑过状态图像时所显示的图像。
- ◉ 【按下图像】文本框：用于设置用户单击状态图像后显示的图像。
- ◉ 【按下时鼠标经过图像】文本框：用于设置当将鼠标指针滑过按下图像时所显示的图像。
- ◉ 【替换文本】文本框：用于输入导航条项目的描述性名称。
- ◉ 【按下时，前往的 URL】文本框：用于输入导航条项目对应的 URL 地址。
- ◉ 【预先载入图像】复选框：用于设置在载入页面时是否下载图像。
- ◉ 【最初显示"按下图像"】复选框：设置在显示页面时是否以按下状态显示初始图像。

单击【高级】选项卡，打开该选项卡，如图 7-56 所示，可以设置导航条的转换图像等内容，各选项的功能如下。

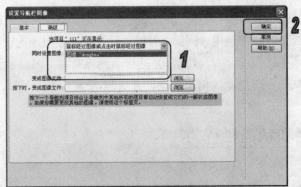

图 7-56　【高级】选项卡

- ⊙ 【当项目……正在显示】下拉列表框：用于选择要设置的元素状态。
- ⊙ 【同时设置图像】列表框：用于选择页面上另外的图像，并同时进行设置。
- ⊙ 【变成图像文件】文本框：用于输入新图像文件的路径和名称，单击【浏览】按钮，可从磁盘上选择文件。
- ⊙ 【按下时，变成图像文件】文本框：用于输入另一个按下状态时的图像文件路径和名称，单击【浏览】按钮，可以选择文件。

2. 状态栏行为

要对状态栏的文本进行编辑，或是对文本状态进行更多的控制，可以使用【行为】面板中的【设置状态栏文本】动作。单击【行为】面板上的 + 按钮，在弹出的菜单中选择【设置文本】|【设置状态栏文本】命令，打开【设置状态栏文本】对话框，如图 7-57 所示。在该对话框中，可以在【消息】文本框中输入状态栏文本内容。

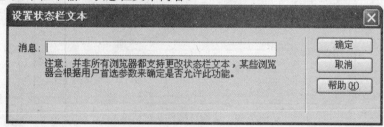

图 7-57 【设置状态栏文本】对话框

⑦.4.4 检查类行为

检查类行为主要是与检查、检测有关的行为，包括检查浏览器、检查插件和检查表单。

1. 检查浏览器

使用【检查浏览器】动作，可以获取浏览网页所使用的浏览器类型。通过这种检查，可以实现针对不同的浏览器，显示不同网页的功能。单击【行为】面板上的 + 按钮，在弹出的菜单中选择【建议不再使用】|【检查浏览器】命令，打开【检查浏览器】对话框，如图 7-58 所示。

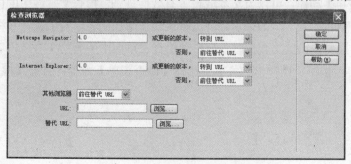

图 7-58 【检查浏览器】对话框

在【检查浏览器】对话框中，各选项的功能如下。

- ◉ 【Netscape Navigator】和【Internet Explorer】文本框：输入要检查的浏览器的最低版本号。
- ◉ 【其他浏览器】下拉列表框：设置当检查到浏览器不是 Internet Explorer 也不是 Netscape Navigator 时所执行的动作。
- ◉ URL 文本框：设置当浏览器版本合适时正常跳转到的 URL 地址。
- ◉ 【替代 URL】文本框：设置当浏览器版本不合适时跳转到的 URL 地址。

2. 检查插件

使用【检查插件】的动作，可以检查在访问网页时，浏览器中是否安装有指定插件，通过这种检查，可以分别为安装插件和未安装插件的用户显示不同的页面。单击【行为】面板上的 + 按钮，在弹出的菜单中选择【检查插件】命令，打开【检查插件】对话框，如图 7-59 所示。

图 7-59 【检查插件】对话框

在【检查插件】对话框中，各选项的功能如下。

- ◉ 【插件】选项区域：用于选择要检查的插件类型。其中，【选择】下拉列表框用于选择插件类型，如 Flash、Shockwave 等；【输入】文本框用于直接在文本框中输入要检查的插件类型。
- ◉ 【如果有，转到 URL】文本框：用于设置当检查到用户浏览器中安装了该插件时跳转到的 URL 地址。也可以单击【浏览】按钮，选择目标文档。
- ◉ 【否则，转到 URL】文本框：用于设置当检查到用户浏览器中尚未安装该插件时跳转到的 URL 地址。也可以单击【浏览】按钮，选择目标文档。

3. 检查表单

使用【检查表单】动作，可以为文本域设置有效性规则，检查文本域中的内容是否有效，以确保用户输入了正确的数据。一般来说，可以将该动作附加到表单对象上，并将触发事件设置为 onSubmit。当单击提交按钮提交数据时，会自动检查表单域中所有的文本域内容是否有效。单击【行为】面板上的 + 按钮，在弹出的菜单中选择【检查表单】命令，打开【检查表单】对话框，如图 7-60 所示。

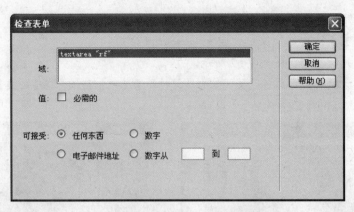

图 7-60 【检查表单】对话框

在【检查表单】对话框中，各选项的功能如下。

⊙ 【域】列表框：用于选择要检查数据有效性的表单对象。

⊙ 【值】复选框：用于设置该文本域中是否使用必填文本域。

⊙ 【可接受】选项区域：用于设置文本域中可填数据的类型，可以选择 4 种类型。选择【任何东西】选项表明文本域中可以输入任意类型的数据；选择【数字】选项表明文本域中只能输入数字数据；选择【电子邮件地址】选项表明文本域中只能输入电子邮件地址；选择【数字从】选项可以设置可输入数字值的范围。这时可在右边的文本框中从左至右分别输入最小数值和最大数值。

7.4.5 其他常用行为

除了一些常用的行为外，还可以使用以下一些行为，主要包括调用 JavaScript 和改变属性。

1. 调用 JavaScript

【调用 JavaScript】动作可以设置当某些事件被触发时调用相应的 JavaScript 代码，以实现相应的动作。单击【行为】面板上的 + 按钮，在弹出的菜单中选择【调用 JavaScript】命令，打开【调用 JavaScript】对话框，如图 7-61 所示。

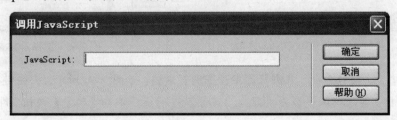

图 7-61 【调用 JavaScript】对话框

在 JavaScript 文本框中输入需要执行的 JavaScript 代码，或函数的名称，单击【确定】按钮即可。例如若要创建一个具有【后退】功能的按钮，可以输入 history.back()。

【练习7-5】打开一个网页文档，设置 JavaScript 行为。

(1) 打开一个网页文档，如图 7-62 所示。

(2) 在文档下方输入文本内容"关闭窗口"，打开【属性】面板，在【链接】文本框中输入#，创建一个虚拟链接，如图 7-63 所示。

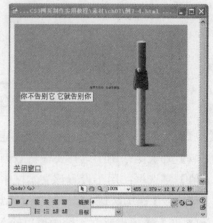

图 7-62　打开文档　　　　　　　　　　图 7-63　创建虚拟链接

(3) 选中虚拟链接文本，打开【行为】面板，单击【行为】面板上的 + 按钮，在弹出的菜单中选择【调用 JavaScript】命令，打开【调用 JavaScript】对话框，在 JavaScript 文本框中输入代码 window.colse，如图 7-64 所示。

(4) 在【行为】面板中会显示添加的行为，选择 onMouseDown 触发事件，如图 7-65 所示。

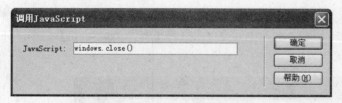

图 7-64　输入代码 window.colse　　　　　　图 7-65　选择 onMouseDown

(5) 保存文件，按 F12 键，在浏览器中预览网页文档，如图 7-66 所示。点击链接时，会打开一个信息提示框，要求确认是否关闭窗口，如图 7-67 所示，单击【确定】按钮，即可关闭窗口。

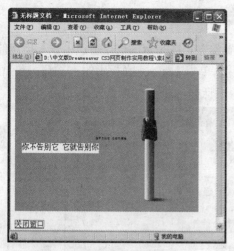

图 7-66 在浏览器中预览网页文档

图 7-67 打开信息提示框

2. 改变属性

使用【改变属性】动作，可以动态改变对象的属性值，例如可以改变层的背景颜色，或改变图像的大小等，这些改变实际上是改变对象对应标记的相应属性值。单击【行为】面板上的 + 按钮，在弹出的菜单中选择【改变属性】命令，打开【改变属性】对话框，如图 7-68 所示，各参数选项具体作用如下。

图 7-68 【改变属性】对话框

- ⊙ 【元素类型】下拉列表框：选择需要改变属性的对象类型。例如要改变图像的属性，可以选择 IMG 选项。
- ⊙ 【元素 ID】下拉列表框：选择需要改变属性的对象名称，在列表框中会自动显示文档中目前存在的相应对象名称。
- ⊙ 【属性】选项区域：设置要改变的属性名称，包括以下两个选项。【选择】下拉列表框用于选择要修改的属性名称，并在右方的浏览器下拉列表框中，选择支持修改属性的目标浏览器，不同的浏览器类型，支持的被修改属性也不同；而【输入】文本框可在右方的文本框中输入要修改的属性名称。
- ⊙ 【新的值】文本框：输入上面指定属性被修改后的新值。

3. 转到 URL

使用【转到 URL】动作,可以设置在当前浏览器窗口或指定的框架窗口中载入指定的页面,该动作在同时改变两个或多个框架内容时特别有用。单击【行为】面板上的 + 按钮,在弹出的菜单中选择【转到 URL】命令,打开【转到 URL】对话框,如图 7-69 所示。

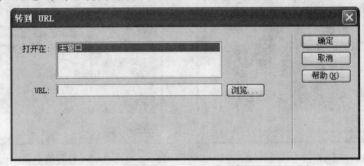

图 7-69 【转到 URL】对话框

可以在【打开在】列表框中选择打开链接目标文档的窗口位置;在 URL 文本框中输入链接的 URL 地址,或单击【浏览】按钮,选择目标文档。

4. 打开浏览器窗口

使用【打开浏览器窗口】动作,可以在一个新的浏览器窗口中载入位于指定 URL 位置上的文档。同时,还可以指定新打开浏览器窗口的属性,例如大小、名称、是否显示菜单条等。单击【行为】面板上的 + 按钮,在弹出的菜单中选择【打开浏览器窗口】命令,打开【打开浏览器窗口】对话框,如图 7-70 所示,各参数选项具体作用如下。

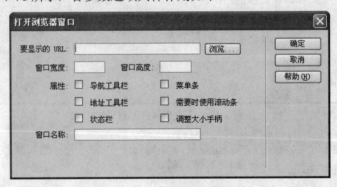

图 7-70 【打开浏览器窗口】对话框

- 【要显示的 URL】文本框:用于输入在新浏览器窗口中载入的 URL 地址,也可以单击【浏览】按钮,选择链接目标文档。

- 【窗口宽度】和【窗口高度】文本框:用于输入新浏览器窗口的宽度和高度,单位是像素。

- 【属性】选项区域:用于设置新浏览器窗口中是否显示相应的元素,选中复选框则显示该元素,清除复选框则不显示该元素。这些元素包括导航工具栏、地址工具栏、状态栏、菜单条、需要时使用滚动条、调整大小手柄。

◉ 【窗口名称】文本框：用于为新打开的浏览器窗口定义名称。

7.5 上机练习

本章的上机实验主要通过在一个页面中创建层和时间轴动画，在网页中添加行为，充实网页内容。对于本章中的其他内容，可以根据理论指导部分进行练习。

7.5.1 在网页中插入层

打开网页文档，在文档中插入层，并在层中插入对象。

(1) 打开一个网页文档，如图 7-71 所示。

(2) 选择【插入记录】|【布局对象】|AP Div 命令，在文档中插入层，将层移至文档合适位置。

(3) 将光标移至层中，选择【插入记录】|【表格】命令，打开【表格】对话框，插入一个 1 行 2 列的表格。

(4) 将光标移至表格的 1 行 1 列中，选择【插入记录】|【图像】命令，打开【选择图像源文件】对话框，选择要插入的图像，单击【确定】按钮，插入到层中。

(5) 参照步骤(4)，使用同样的方法，在表格的 1 行 2 列中，插入图像。调整图像以及层的合适大小，如图 7-72 所示。

图 7-71 打开网页文档

图 7-72 在层中插入图像对象

(6) 右击文档空白位置，在弹出的快捷菜单中选择【页面属性】命令。

(7) 在打开的【页面属性】对话框中，设置文本颜色为【#FF6600】，背景颜色为【#C4C2C4】，如图 7-73 所示，单击【确定】按钮，设置页面属性。

(8) 保存文件，按 F12 键，在浏览器中预览网页文档，如图 7-74 所示。

计算机 基础与实训教材系列

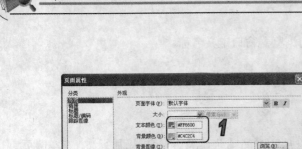

图 7-73　【页面属性】对话框　　　　图 7-74　在浏览器中预览网页文档

⑦.5.2　创建时间轴动画并添加行为

打开一个网页文档，在文档中插入层并创建时间轴动画，然后根据实际情况，添加行为。

(1) 打开一个网页文档，如图 7-75 所示。

(2) 选择【插入记录】|【布局对象】|AP Div 命令，在文档中插入层。

(3) 选中层，打开【属性】面板，在【背景颜色】文本框中输入颜色数值【#FFFFFF】，设置层的背景颜色为白色，单击【确定】按钮，效果如图 7-76 所示。

图 7-75　打开网页文档　　　　　　图 7-76　设置层背景颜色

(4) 将光标移至层中，选择【插入记录】|【图像】命令，打开【选择图像源文件】对话框，选择要插入的图像，单击【确定】按钮，插入到层中。

(5) 在图像下方输入文本内容"详情进入……"，打开【属性】面板，设置文本属性，如图 7-77 所示。

(6) 选择【窗口】|【时间轴】命令，打开【时间轴】面板。

(7) 将层拖动到【时间轴】面板中。

(8) 选中动画条尾部的关键帧标记，拖动至第 60 帧处。

(9) 右击第 15 帧处，在弹出的快捷菜单中选择【增建关键帧】命令，在该帧处插入关键帧。

(10) 参照步骤(9)，右击【时间轴】面板的第30和第40帧处，在弹出的快捷菜单中选择【增建关键帧】命令，插入关键帧，如图7-78所示。

图 7-77　在层中插入对象

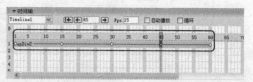

图 7-78　增加关键帧

(11) 选中第15帧，移动该帧上的层对象至合适位置，这时，在【时间轴】面板中会同步显示运动引导线，如图7-79所示。

(12) 使用同样的方法，移动第30帧、第45帧和第60帧处的层对象至合适位置，创建的运动引导线如图7-80所示。

图 7-79　移动第15帧处层对象

图 7-80　创建运动引导线

计算机 基础与实训教材系列

(13.) 选中【时间轴】面板中的【自动播放】和【循环】复选框，设置自动载入动画，并且循环播放动画。

(14) 选择【窗口】|【行为】命令，打开【行为】面板。

(15) 选中层，单击【行为】面板中的【添加行为】按钮 +，在弹出的菜单中选择【时间轴】|【停止时间轴】命令，打开【停止时间轴】对话框。

(16) 在【停止时间轴】下拉列表中选择Timeline1时间轴，如图7-81所示，单击【确定】按钮。

(17) 在【行为】面板中的【事件】下拉列表中选择onMouseOver选项，如图7-82所示，当光标移至层上时，停止时间轴播放。

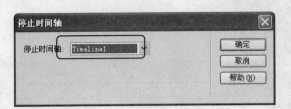

图 7-81　【停止时间轴】对话框　　　　　图 7-82　选择【事件】选项

(18) 单击【行为】面板中的【添加行为】按钮 +., 在弹出的菜单中选择【时间轴】|【播放时间轴】命令, 打开【播放时间轴】对话框。

(19) 在【播放时间轴】对话框的【播放时间轴】下拉列表中选择 Timeline1 时间轴, 如图 7-83 所示, 单击【确定】按钮。

(20) 在【行为】面板中的【事件】下拉列表中选择 onMouseOut 选项, 如图 7-84 所示, 当光标离开层对象时, 播放时间轴动画。

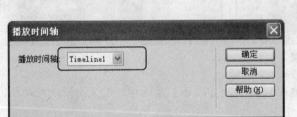

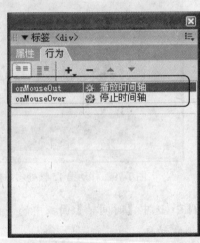

图 7-83　【播放时间轴】对话框　　　　　图 7-84　选择【事件】选项

(21) 单击【行为】面板中的【添加行为】按钮 +., 在弹出的菜单中选择【弹出信息】命令, 打开【弹出信息】对话框。

(22) 在【弹出信息】对话框中的【消息】文本框中输入文本内容 "链接错误!", 如图 7-85 所示, 单击【确定】按钮。

(23) 在【行为】面板中的【事件】下拉列表中选择 onMouseDown 选项, 如图 7-86 所示, 当单击层对象时, 弹出信息。

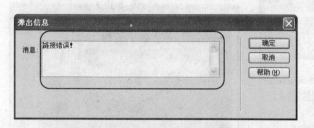

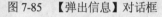

图 7-85 【弹出信息】对话框　　　　　　　图 7-86 选择【事件】选项

(24) 保存文件，按 F12 键，在浏览器中预览网页文档，如图 7-87 所示。

图 7-87 在浏览器中预览网页文档

7.6 习题

1. 层在 Dreamweaver CS3 中指的是带有 CSS 样式的何种代码？它用于哪些方面？

2. 层就像是包含文字或图像等元素的胶片，它按什么顺序叠堆在一起？在层中可以加入哪些元素？

3. 创建时间轴动画有哪两种方法？

4. 时间轴动画只能对哪种对象进行移动？如果要使图像、文本等对象产生动画效果就必须将对象放置在哪个元素中间？

5. 简述行为的概念。

6. 可以实现用户同网页的交互，也可以通过动作使某个任务被执行的动作是什么？

7. Dreamweaver CS3 提供了基本可以满足网页设计的需要的多少个行为动作？

8. 要在网页文档中选择多个层，需要按住哪个键选择层？

9. 在给文本附加行为时，在【文字】属性检查器的【链接】文本框中应输入什么？

10. 检查类行为主要是与检查、检测有关的行为，其中不包括检查哪个项目？

11. 分别使用移动层位置和拖动层轨迹的方法，创建时间轴动画，如图 7-88 所示。

12. 使用行为，创建关闭窗口动作效果，如图 7-89 所示。

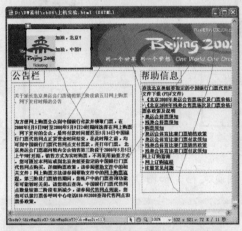

图 7-88　创建时间轴动画

图 7-89　创建关闭窗口动作

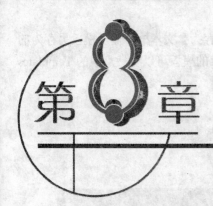

使用模板和库

学习目标

在进行批量网页制作的过程中，很多页面都会使用到相同的图片、文字或布局。为了避免不必要的重复操作，减少用户的工作量，可以使用 Dreamweaver CS3 提供的模板和库功能，将具有相同布局结构的页面制作成模板，将相同的元素制作为库项目，以便随时调用。本章将主要介绍在 Dreamweaver CS3 中创建与编辑模板和库的方法。

本章重点

- ◉　使用模板
- ◉　定义模板区域
- ◉　使用模板创建网页文档
- ◉　使用库项目

8.1　使用模板

在 Dreamweaver CS3 中有多种创建模板的方法，可以创建空白模板，也可以创建基于现存文档的模板，除此之外，还可以将现有的 HTML 文档另存为模板，然后根据需要加以修改。

8.1.1　创建模板

模板也是一个 HTML 文档，只不过在 HTML 文档中增加了模板标记。在 Dreamweaver CS3 中，模板的扩展名为.dwt，并存放在本地站点的 Templates 文件夹中。模板文件夹只有在创建模板的时候才会由系统自动生成。

打开一个网页文档，如图 8-1 所示。选择【文件】|【另存为模板】命令，打开【另存模板】

对话框，在【站点】下拉列表中选择保存的模板站点，在【另存为】文本框中输入模板另存为的名称，然后单击【保存】按钮，如图 8-2 所示，即可保存模板。保存的模板可以在站点中的 Templates 文件夹中找到。

图 8-1 打开网页文档

图 8-2 【另存模板】对话框

⑧.1.2 编辑模板

编辑模板，主要包括删除、修改、重命名模板等操作。选择【窗口】|【资源】命令，打开【资源】面板，单击【模板】按钮，在模板列表中会显示现有的模板，如图 8-3 所示。

1. 编辑模板

双击模板名，或选中一个模板后，单击面板右下方的【编辑】按钮，可以打开模板。可以在打开的模板文档中进行编辑和修改，然后选择【文件】|【保存】命令，保存模板文档。

图 8-3 模板列表中会显示现有的模板

图 8-4 信息提示框

2. 删除模板

如果要删除模板，在模板列表中选中该模板，然后单击面板右下方的【删除】按钮 ，系统会打开一个信息提示框，如图 8-4 所示，要求选择是否删除模板，单击【是】按钮，即可删除模板。要注意的是，删除模板操作是不能撤销的。

3. 重命名模板

如果要重命名模板，右击所需重命名的模板，在弹出的快捷菜单中选择【重命名】命令，输入新的模板名称即可。

⑧.1.3　定义模板区域

模板定义了文档的布局结构和大致框架，模板中创建的元素在基于模板的页面中通常是锁定区域，或称为非编辑区域，要编辑模板，必须在模板中定义可编辑区域。在使用模板创建文档时只能够改变可编辑区域中的内容，而锁定区域在文档编辑过程中始终保持不变。

在 Dreamweaver CS3 中，要想使用模板创建网页，首先要在模板文件中插入一个可编辑区域。要定义可编辑区域，选择【窗口】|【资源】命令，打开【资源】面板，双击打开要编辑的模板。在模板文档中，选中所需设置为可编辑区域的文本内容，选择【插入记录】|【模板对象】|【可编辑区域】命令，打开【新建可编辑区域】对话框，如图 8-5 所示。在【名称】文本框中输入可编辑区域的名称，单击【确定】按钮，即可在模板文档中创建一个可编辑区域，如图 8-6 所示。

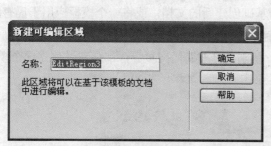

图 8-5　【新建可编辑区域】对话框

图 8-6　创建可编辑区域

在模板中除了创建可编辑区域外，还可以创建重复区域和可选区域。重复区域是文档中设置为重复的布局部分。例如，可以设置重复一个表格行。通常重复部分是可编辑的，这样模板用户可以编辑重复元素中的内容，同时使设计本身处于模板创作者的控制之下。在基于模板的文档中，模板用户可以根据需要使用重复区域控制选项添加或删除重复区域的副本。

可选区域是在模板中指定为可选的部分，用于保存有可能在基于模板的文档中出现的内容(如可选文本或图像)。

⑧.1.4 设置模板参数

在 Dreamweaver CS3 中，可以在【首选参数】对话框中设置模板的可编辑区域和锁定区域的边框颜色。

选择【编辑】|【首选参数】命令，打开【首选参数】对话框，在【分类】列表框中选择【标记色彩】选项，打开该选项卡，如图 8-7 所示。在【标记色彩】选项区域的【可编辑区域】和【锁定的区域】文本框中可以输入边框的颜色。

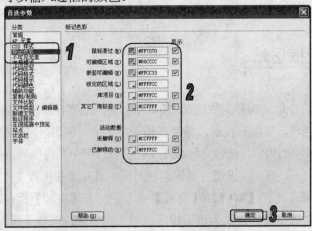

图 8-7　设置标记色彩参数

⑧.2 使用模板创建网页文档

在 Dreamweaver CS3 中，可以以模板为基础创建新的文档，或将一个模板应用于已有的文档。使用这样的方法创建网页文档，可以保持整个网站风格的统一性，并且可以大大提高制作效率。在实际情况下，我们浏览的大多数网页，特别是一些新闻网页等，都是通过建立一个模板，以该模板为基础，然后进行编辑修改的。

⑧.2.1 创建基于模板的文档

要创建基于模板的新文档，选择【文件】|【新建】命令，打开【新建文档】对话框。

单击【新建文档】对话框中的【模板中的页】选项，打开该选项卡，如图 8-8 所示。在【站点】列表框中选择模板所在的站点，在【站点的模板】列表框中选择所需创建文档的模板，单击【创建】按钮，即可在文档窗口中打开一个基于模板的新页面，在该页面中可以创建新的文档，如图 8-9 所示。

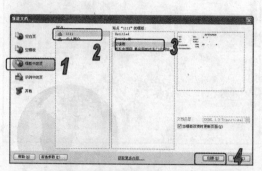

图 8-8 【模板中的页】选项卡

图 8-9 打开基于模板的新页面

【例 8-1】打开一个网页文档，设置可编辑区域并保存模板，然后创建一个基于模板的文档，编辑可编辑区域对象。

(1) 打开一个网页文档，如图 8-10 所示。

(2) 选中要定义为可编辑区域的文本内容，选择【插入记录】|【模板对象】|【可编辑区域】命令，打开【新建编辑区域】对话框，单击【确定】按钮，创建可编辑区域，如图 8-11 所示。

图 8-10 打开网页文档

图 8-11 创建可编辑区域

(3) 选择【文件】|【另存为模板】命令，打开【另存模板】对话框。

(4) 在【另存模板】对话框中，选择保存的站点并输入保存的模板名称，如图 8-12 所示，单击【保存】按钮，保存模板。

(5) 选择【文件】|【新建】命令，打开【新建文档】对话框。

(6) 在【新建文档】对话框的【站点】列表框中选择模板所在的站点，在【站点的模板】列表框中选择所需创建文档的模板，单击【创建】按钮，创建模板文档。

(7) 修改模板文档可编辑区域，更改可编辑区域内容，如图 8-13 所示。

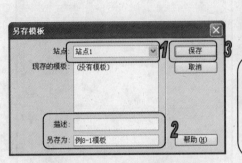

图 8-12 设置【另存模板】对话框   图 8-13 修改模板文档可编辑区域

8.2.2 应用现有文档模板

在 Dreamweaver CS3 中，可以在现有文档上应用已创建好的模板。要在现有文档上应用模板，首先在文档窗口中打开需要应用模板的文档，然后选择【窗口】|【资源】命令，打开【资源】面板，在模板列表中选中需要应用的模板，单击面板下方的【应用】按钮，此时会出现以下两种情况。

- ◉ 如果现有文档是从某个模板中派生出来的，则 Dreamweaver CS3 会对两个模板的可编辑区域进行比较，然后在应用新模板之后，将原先文档中的内容放入到匹配的可编辑区域中。

- ◉ 如果现有文档是一个尚未应用过模板的文档，将没有可编辑区域同模板进行比较，于是会出现不匹配情况，此时将打开【不一致的区域名称】对话框，如图 8-14 所示。这时可以选择删除或保留不匹配的内容，决定是否将文档应用于新模板。可以选择未解析的内容，然后在【将内容移到新区域】下拉列表框中选择要应用到的区域内容。

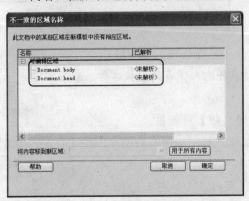
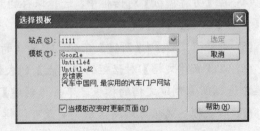

图 8-14 【不一致的区域名称】对话框   图 8-15 【选择模板】对话框

选择【修改】|【模板】|【应用模板到页】命令，打开【选择模板】对话框，如图 8-15 所示，

选择模板所在的站点，以及要应用的模板名称，单击【选定】按钮，此时也将会出现上述两种情况。

【例 8-2】打开一个现有文档，在该文档中应用模板。

(1) 打开一个网页文档，选中要定义为可编辑区域的文本内容，选择【插入记录】|【模板对象】|【可编辑区域】命令，打开【新建可编辑区域】对话框，单击【确定】按钮，创建文档的可编辑区域，如图 8-16 所示。

(2) 将文档保存为模板。

(3) 新建一个网页文档，在文档中输入文本内容，并设置相应的文本格式，如图 8-17 所示。

图 8-16　创建文档的可编辑区域

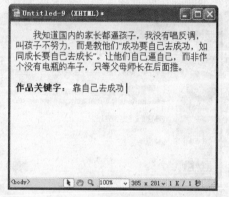

图 8-17　输入文本内容

(4) 选择【修改】|【模板】|【应用模板到页】命令，打开【选择模板】对话框。

(5) 在【选择模板】对话框中选择模板所在的站点以及要应用的模板名称，单击【选定】按钮，打开【不一致的区域名称】对话框。

(6) 在【不一致的区域名称】对话框中选中 Document body 选项，在【将内容移到新区域】下拉列表中选择 EditRegion3 选项，单击【确定】按钮，文档中的文本将自动添加到模板的可编辑区域中，如图 8-18 所示。

(7) 保存文件，按 F12 键，即可在浏览器中预览网页文档，如图 8-19 所示。

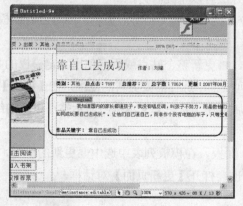

图 8-18　应用模板的网页效果

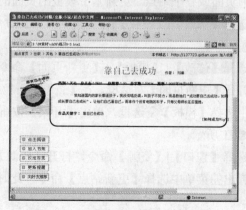

图 8-19　在浏览器中预览网页文档

8.2.3 分离文档

用模板设计网页时，模板有很多的锁定区域(即不可编辑区域)。为了能够修改基于模板的页面中的锁定区域和可编辑区域内容，必须将页面从模板中分离出来。当页面被分离后，它将成为一个普通的文档，不再具有可编辑区域或锁定区域，也不再与任何模板相关联。因此，当文档模板被更新时，文档页面也不会随着被更新。

要从模板中分离文档，可以选择【修改】|【模板】|【从模板中分离】命令，模板中的锁定区域将全部删除，此时该文档已从模板中分离出来，如图 8-20 所示。

应用模板的网页效果

从模板中分离后的文档

图 8-20　从模板中分离文档

8.2.4 更新模板页面

当改变文档模板时，系统会提示是否更新基于该模板的文档，同时也可以使用更新命令来更新当前页面或整个站点。更新基于模板的页面的方法有以下几种方法。

选择【修改】|【模板】|【更新当前页】命令，此时当前文档将被更新，同时反映模板的最新面貌。

选择【修改】|【模板】|【更新页面】命令，将更新整个站点或所有使用特定模板的文档，此时打开【更新页面】对话框。在【查看】下拉列表框中选择需要更新的范围，在【更新】选项区域中选择【模板】复选框，单击【开始】按钮后将在【状态】文本框中显示站点更新的结果，如图 8-21 所示。

选择【窗口】|【资源】命令，打开【资源】面板，在模板列表中选中要更新的模板，右击并在弹出的菜单中选择【更新站点】命令，此时也会打开【更新页面】对话框。

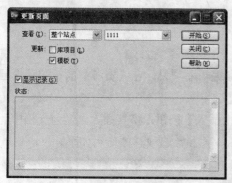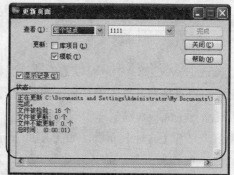

图 8-21 【更新页面】对话框

8.3 使用库项目

库用来存放文档中的页面元素，如图像、文本、Flash 动画等。这些页面元素通常被广泛使用于整个站点，并且能被重复使用或经常更新，因此它们被称为库项目。

8.3.1 创建库项目

在 Dreamweaver CS3 文档中，可以将任何元素创建为库项目，这些元素包括文本、图像、表格、表单、插件、ActiveX 控件以及 Java 程序等。库项目文件的扩展名为.lbi，所有的库项目都被保存在一个文件中，且库文件的默认设置文件夹为【站点文件夹\Library】。

要将元素保存为库项目，首先选中要保存为库项目的元素，然后选择【修改】|【库】|【增加对象到库】命令，即可将对象添加到库中。打开【资源】面板，单击【库】按钮 ，即可在该面板中显示添加到库中的对象，如图 8-22 所示。

图 8-22 在【资源】面板中显示添加到库中的元素

提示

在文档中选中元素，直接拖动元素到【资源】面板中，也可以将该元素添加到库中。

计算机 基础与实训教材系列

8.3.2 管理库项目

在 Dreamweaver CS3 中，可以方便地管理和编辑库项目。在【资源】面板中选择已建好的库项目后，可以直接将其插入到任何新建的网页文档中。

打开【资源】面板，选中库中的元素，单击【插入】按钮，将其插入到当前文档中。选中插入的库项目，打开【属性】面板，如图 8-23 所示。各参数选项具体作用如下。

图 8-23　库项目的【属性】面板

- 【打开】按钮：单击后打开一个新文档窗口，可以在其中对库项目进行各种编辑操作。
- 【从源文件中分离】按钮：用于断开所选库项目与其源文件之间的链接，使其成为文档中的普通对象。当分离一个库项目后，该对象不再随源文件的修改而自动更新。
- 【重新创建】按钮：用于选定当前的内容并改写原始库项目，使用该功能可以在丢失或意外删除原始库项目时重新创建库项目。

【例 8-3】打开一个网页文档，在【资源】面板中创建一个库项目，将库项目插入到新建文档中。

(1) 打开一个网页文档，如图 8-24 所示。

(2) 选中文档中的操作步骤内容，选择【修改】|【库】|【增加对象到库】命令，即可将文本内容添加到【资源】面板中。

(3) 选择【窗口】|【资源】命令，打开【资源】面板，添加的库项目会在显示在该面板中。选中库项目，在文本框中输入库项目名称为"操作步骤"，如图 8-25 所示。

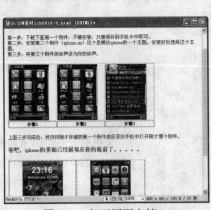

图 8-24　打开网页文档

图 8-25　重命名库项目

(4) 选中文档中的步骤文本内容下面的表格，选择【修改】|【库】|【增加对象到库】命令，创建库项目，重命名为"步骤表格"。重复操作，将【步骤表格】下方的文本内容创建为【效果】

库项目，将最后的表格创建为【效果表格】库项目，如图 8-26 所示。

(5) 新建一个网页文档。从资源面板中依次将"效果"库项目、"效果表格"库项目、"步骤表格"库项目和"操作步骤"库项目添加到文档中，如图 8-27 所示。

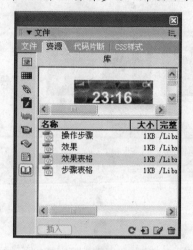

图 8-26　创建库项目

图 8-27　添加库项目到新建文档中

(6) 双击"效果"库项目，打开【属性】面板，单击【属性】面板中的【从源文件中分离】按钮 从源文件中分离 ，将该库项目从源文件中分离。

(7) 从源文件中分离的库项目也可以进行编辑，该编辑后的内容不会影响到源文件中的库项目。

(8) 重新编辑"效果"库项目中的文本内容，设置文本属性，如图 8-28 所示。

(9) 参照步骤(6)~步骤(8)，将其他添加的库项目从源文件中分离出来，然后进行编辑，如图 8-29 所示。

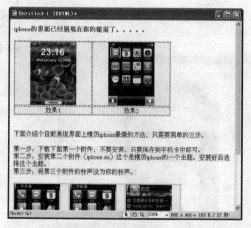

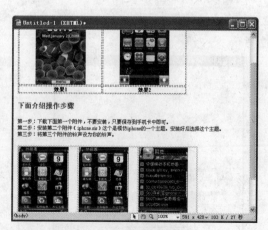

图 8-28　编辑"效果"库项目

图 8-29　编辑其他库项目

(10) 保存文件，按 F12 键，在浏览器中预览网页文档，如图 8-30 所示。

 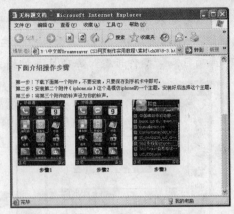

图 8-30　在浏览器中预览网页文档

8.4　上机练习

　　本章上机实验主要介绍了在 Dreamweaver CS3 中创建模板，使用模板创建网页的方法。对于本章中的其他内容，可根据相应章节的内容介绍进行练习。

8.4.1　创建模板网页

　　新建一个网页文档，在文档中插入文本和图像，制作网页贺卡，保存文件模板。

　　(1) 新建一个网页文档，选择【插入记录】|【表格】命令，打开【表格】对话框，插入一个 3 行 1 列的表格，如图 8-31 所示。

　　(2) 在表格的各单元格中插入图像和文本内容，设置图像和文本属性，调整表格大小，如图 8-32 所示。

图 8-31　插入表格　　　　　　　　图 8-32　在表格中插入对象

　　(3) 右击文档空白位置，在弹出的快捷菜单中选择【页面属性】命令，打开【页面属性】对话框，设置文档背景颜色为【#3366FF】，文字颜色为【#FFFFFF】，效果如图 8-33 所示。

(4) 选择【文件】|【另存为模板】命令，打开【另存模板】对话框，选择模板保存的站点位置，输入保存的模板名称，单击【保存】按钮，如图 8-34 所示，保存模板。

图 8-33 设置页面属性

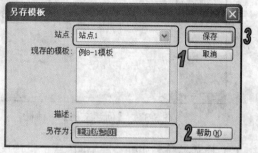

图 8-34 【另存模板】对话框

(5) 选中网页文档的标题文本，选择【插入记录】|【模板对象】|【可编辑区域】命令，打开【新建可编辑区域】对话框。在【名称】文本框中输入可编辑区域名称为 title，单击【确定】按钮，如图 8-35 所示，创建可编辑区域。

(6) 参照步骤(5)，选中图像，创建名称为 picture 的可编辑区域；选中新闻内容文本，创建名称为 news 的可编辑区域，如图 8-36 所示。

图 8-35 【新建可编辑区域】对话框

图 8-36 创建可编辑区域

(7) 选择【文件】|【保存】命令，保存模板。

8.4.2 使用模板网页

打开 8.4.1 节创建的模板文档，在可编辑区域中修改文档内容。

(1) 选择【文件】|【新建】命令，打开【新建文档】对话框，单击【模板中的页】选项卡，在【站点】列表框中选择【站点 1】选项，在【站点 "站点 1" 的模板】列表框中选择【上机练

习01】选项，单击【创建】按钮，如图 8-37 所示，新建模板网页，如图 8-38 所示。

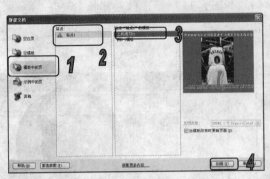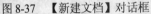

图 8-37　【新建文档】对话框　　　　　图 8-38　新建模板网页

(2) 将光标移至 title 可编辑区域中，修改标题文本内容为"兰德里续约谈判分歧大　交易将瞄准大牌球星"，设置文本属性，如图 8-39 所示。

(3) 参照步骤(2)，修改 picture 可编辑区域中的图像以及 news 可编辑区域中的新闻内容，如图 8-40 所示。

图 8-39　修改 title 可编辑区域内容　　　　图 8-40　修改其他可编辑区域内容

(4) 选择【文件】|【保存】命令，保存文件。使用模板创建网页文档，可以方便地修改文档中的内容，最关键的是可以使整个网站的同类页面版式统一。

⑧.5　习题

1. 可以设置模板的可编辑区域和锁定区域的边框颜色的对话框是什么？

2. 创建一个网页，将其保存为模板，并在模板中创建可编辑区域，将该模板应用到一个新建的网页后，进行编辑。

3. 在上一题的基础上，将新建网页中的对象在【资源】面板中创建为库项目，应用到另一个网页以后，对库项目进行适当的编辑。

动态网页基础

学习目标

本章重点介绍动态网页的基本概念，常用的动态网页开发技术，如何构建和配置 ASP 动态网页开发环境等 ASP 动态网页开发的基础知识，还介绍了如何设计和创建 ASP 动态页面的后台数据库，以及创建数据库连接的方法和技巧。本章为读者深入学习制作动态网页打下坚实基础。

本章重点

- ◉ 动态网页的概念
- ◉ 构建 ASP 网页开发环境
- ◉ 创建 Access 数据库连接

9.1 动态网页概述

动态网页又被称为 Web 应用程序，主要用于网站与访问者之间的交互，例如用户注册表、问卷调查等。动态网页通常都会与数据库结合起来，因此可以说动态网页是动态网页技术与数据库技术的结合体。

9.1.1 客户端/服务器端网页

网页的处理技术经历了两个重要阶段：客户端网页和服务器端网页。其中，客户端网页又称为静态网页，服务器端网页又称为动态交互式网页。

1. 客户端网页

早期的网页采用的都是客户端网页技术，这种网页不具备与访问者进行交互的功能，只能被动地向访问者传递信息。它的发展也经历了两个阶段：静态 HTML 网页和客户端动态网页。

- ⦿ 静态 HTML 网页：这种网页由纯 HTML 标签文档组成，模板一旦确定便不能更改，服务器只能根据访问者要求将原始文档一成不变地传递到客户端浏览器，因而被称为静态 HTML 网页。这也是最早期的网页处理技术，前面章节所创建的网页文档都是这种类型的页面。

- ⦿ 客户端动态网页：这种网页较静态 HTML 网页有很大进步，原因就是它提供了动态网页效果，这主要归功于 JavaScript 技术的广泛应用。作为一种脚本语言，JavaScript 可以内嵌在 HTML 标签内，并在客户端完成解析，显示动态效果。前面所介绍的利用客户端行为所添加的各种网页特效，都属于这种网页类型。

无论是静态 HTML 还是客户端动态网页，它们本质上都属于静态网页。这里的"静态"，并不是严格意义上的静态，而是指发送到客户端浏览器时不进行修改的网页。例如，当鼠标指针经过某个图片时，该图片会自动翻转等。

对于客户端网页而言，服务器处理静态网页的过程如图 9-1 所示。用户执行某项操作，其浏览器发出浏览静态页请求；网站服务器端接到请求后，开始查找该页；网站服务器端将该静态页发送到用户浏览器。

2. 服务器端网页

客户端动态网页除了使页面变得花哨一些以外，没有任何交互功能。真正使网页具备与访问者进行交互能力的是服务器端网页。其发展也经历了两个阶段：应用服务器动态网页和数据库网页。

(1) 应用服务器动态网页

这种网页是通过应用程序服务器，根据不同需求对页面进行不同处理，然后反馈到用户浏览器，让网站真正具备了交互功能。典型的服务器语言就是 ASP，它内嵌在 HTML 标签内，由应用程序服务器进行解析并根据用户指令进行处理，完成后将代码从页面上删除，并将得到的静态网页传递给用户浏览器。它工作原理如图 9-2 所示，用户端浏览器请求动态页；网站服务器查找到该页面并将其传递给应用程序服务器；应用程序服务器查找该页中指令并完成该页；应用程序服务器将完成的页传递给网站服务器；网站服务器将完成后的静态页传递给用户端浏览器。

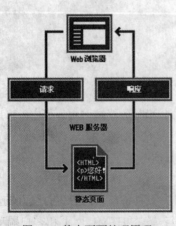

图 9-1　静态页面处理原理

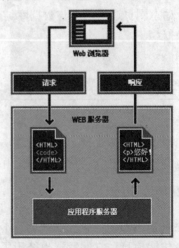

图 9-2　应用服务器处理动态页原理

(2) 数据库网页

数据库系统的导入，是服务器端网页技术发展的关键。网站通过与数据库系统相连接，对其中数据进行存取，创建和设置以数据展示为基础的交互式网页。需要注意的是：应用程序服务器本身不能直接与数据库进行通信，必须借助数据库驱动程序。

数据库驱动程序是在应用程序服务器和数据库之间充当解释器的软件。驱动程序建立通信后，通过指令对数据库执行查询并创建一个记录集，并将该记录集返回给应用程序服务器，应用程序服务器通过该数据完成页面的展示。例如指令"SELECT name，gender，fitpoints FROM employees"的作用是创建一个 3 列的记录集，并且包含所有员工的姓名、性别和积分。

数据库网页的工作原理如图 9-3 所示。用户端浏览器请求动态页；网站服务器查找到该页面并将其传递给应用程序服务器；应用程序服务器查找该页中指令；应用程序服务器将查询发送到数据库驱动程序；数据库驱动程序对数据库进行查询；记录被返回给数据库驱动程序；数据库驱动程序将记录集返回给应用程序服务器；应用程序服务器将数据插入到网页文档中，然后将该页传递给网站服务器；网站服务器将完成的页面发送到用户浏览器。

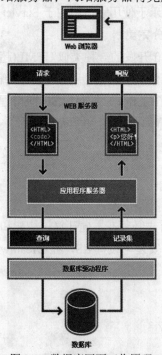

> **知识点**
>
> 对于中小型网站，使用基于文件的数据库系统 Access 即可；对于大型的企业网站，可以使用基于服务器的数据库系统 Microsoft SQL Server 2005 和 Oracle Database10g 等。

图 9-3　数据库网页工作原理

Dreamweaver CS3 在原有基础上，对服务器端网页技术提供了更强的支持，可以开发出各种类型的静态网页和交互式动态网页。只要服务器上安装有相应的数据库驱动程序，几乎可以将任何数据库应用到 Web 应用程序中。

对于中小型网站，使用基于文件的数据库系统 Access 即可；对于大型的企业网站，可以使用基于服务器的数据库系统 Microsoft SQL Server 2005 和 Oracle Database10g 等。

⑨1.2   动态网页技术的概念

早期的动态网页主要采用 CGI(Common Gateway Interface)技术，即公用网关接口技术，虽然 CGI 技术已经发展成熟并且功能强大，但由于编程困难、效率低下、维护困难，已经逐渐被新兴的技术所取代，这些新兴技术主要有 ASP 技术、PHP 技术、JSP 技术，采用这些动态网页技术开发的网页文档后缀名通常为.asp、.php、.jsp。

- ◉ PHP 技术：即 Hypertext Preprocessor(超文本预处理器)，它是当今 Internet 上最为火热的脚本语言，其语法借鉴了 C、Java 等语言，只需具备很少的编程知识就可以使用 PHP 技术建立一个真正交互的 Web 页面。但 PHP 技术对递归算法不是十分支持，且由于商业原因不是十分健全，存在许多不安全因素。
- ◉ JSP 技术：即 Java Server Pages，它是由 Sun Microsystem 公司于 1999 年 6 月推出的新技术，是基于 Java Servlet 和整个 Java 体系的 Web 开发技术。虽然 JSP 已经成为一种比较卓越的动态网页开发技术，许多 Java 爱好者都乐于使用它，但由于 Servlet 的一些缺陷，使用 JSP 技术来开发动态网页显得并不是十分完美。
- ◉ ASP 技术：即 Active Server Pages，它是 Microsoft 开发的一种类似 HTML(超文本标识语言)、Script(脚本)与 CGI(公用网关接口)的结合体，它没有提供自己专门的编程语言，而是允许开发人员使用许多已有的脚本语言(如 VBScript)来编写 ASP 应用程序。采用 ASP 技术编写的网页安全、灵活，学习起来非常简单，适合初学人员使用。

⑨.2   构建 ASP 网页开发环境

在利用 Dreamweaver CS3 开发 ASP 动态网页之前，首先必须在本地计算机构建和配置 ASP 动态网页所需的软件环境，包括配置本地计算机 IP 地址，安装与设置 IIS，在 Dreamweaver CS3 中定义 ASP 服务器站点以及设置站点相关参数等。

⑨.2.1   ASP 开发环境简述

利用 Dreamweaver CS3 完成对 ASP 应用程序开发的开发环境如图 9-4 所示。从图 9-4 中可以看出，其核心操作在于作为 Web 服务器的本地计算机上安装了 IIS 等 Web 服务器程序，然后利用 Web 服务器程序映射真正的可访问站点，并确保该站点与 Dreamweaver 指定的远程站点相互一致。

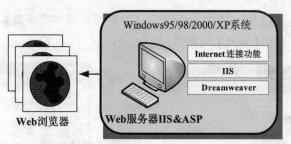

图 9-4 Dreamweaver CS3 中的 ASP 开发环境

因此，搭建本地计算机 Dreamweaver CS3 开发环境，首先应该将本地计算机设置成一台 Internet 服务器，以提供 WWW 服务。其次需要在 Internet 服务器上安装相应的 Web 服务器程序，以处理用户的浏览请求。最后在 Dreamweaver CS3 中设置用于 ASP 网页开发的测试服务器，以支持下一步的动态应用程序的开发。

⑨.2.2 配置 IP 地址

所谓 IP(Internet Protocol)地址实际上就是一种用于标记网络节点和指定路由选择信息的方式。一个 IP 地址被用来标识网络中的一个通信实体，比如一台主机，或者是路由器的某一个端口。而在基于 IP 协议网络中传输的数据包，也都必须使用 IP 地址来进行标识，如同我们写一封信，要标明收信人的通信地址和发信人的地址，邮政工作人员则通过该地址来决定邮件的去向。因此对于联入网络的计算机而言，必须给它们分配唯一的 IP 地址以保证其在网络中的唯一性。

通常，IP 地址由网络标识符与网络管理员分配的唯一主机标识符组成。IP 地址的表示方法是带小数点的十进制记数法，其中每 8 位字节的十进制值用 "." 号分隔，例如 192.168.0.1 或者 167.0.0.11 等等。

为本地计算机配置 IP 地址的前提是计算机上必须安装有网络适配器(网卡)。以 Windows XP 操作系统为例，配置本地计算机 IP 地址，选择【开始】|【设置】|【控制面板】命令，打开的【控制面板】窗口，单击【网络和 Internet 连接】图标，如图 9-5 所示。打开【网络和 Internet 连接】窗口，单击【网络连接】选项，如图 9-6 所示。

图 9-5 【控制面板】窗口　　　　图 9-6 【网络和 Internet 连接】窗口

打开【网络连接】窗口，右击【本地连接】图标，在弹出的菜单中选择【属性】命令，如图

9-7 所示。打开【本地连接 属性】对话框,在【此连接使用下列项目】列表框中选择【Internet 协议(TCP/IP)】选项,单击【属性】按钮,如图 9-8 所示,打开【Internet 协议(TCP/IP)】对话框。

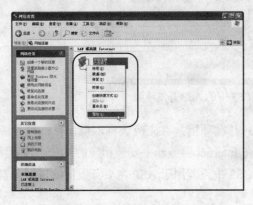
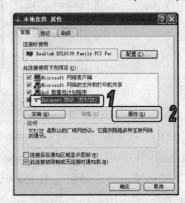

图 9-7　【网络连接】窗口　　　　　　　　　图 9-8　【本地连接 属性】对话框

在【Internet 协议(TCP/IP)】对话框中,在【IP 地址】、【子网掩码】和【默认网关】文本框中输入相应的地址,单击【确定】按钮,即可保存设置。

⑨.2.3　配置 Dreamweaver 测试服务器

Dreamweaver CS3 需要站点测试服务器内所提供的服务来生成和显示网站中动态页面的相关内容。测试服务器是一台安装了 Web 服务器软件的计算机(或服务器),它可以是本地计算机、Web 服务器、中间服务器或生产服务器,其具体形态取决于用户所构建的网站开发环境。

1. 设置本地测试服务器

如果测试服务器运行在本地计算机上,用户只需要在本地计算机中安装相应的 Web 服务器软件,然后在浏览器中使用 localhost 代替域名,即可显示网站中动态页面的内容,如表 9-1 所示。

表 9-1　各种 Web 服务器软件的测试方法

Web 服务器软件	测试 URL(testpage.htm 为测试网页文档的文件名)
ColdFusion MX 7	http://localhost:8500/testpage.htm
IIS	http://localhost/testpage.htm
Apache (Windows)	http://localhost:80/testpage.htm
Apachc (Macintosh)	http://localhost:~MyUserName/testpage.htm(其中　MyUserName　是用户的 Macintosh 用户名)
Jakarta Tomcat (Windows)	http://localhost:8080/testpage.htm

【例 9-1】在本地计算机中安装与配置服务器软件 IIS,并在 Dreamweaver CS3 中设置测试服务器。

(1) 首先在本地计算机中安装 Web 服务器软件。选择【开始】|【设置】|【控制面板】命令,

打开【控制面板】窗口

(2) 在打开的【控制面板】窗口中双击【添加/删除程序】图标，如图 9-9 所示，打开【添加/删除程序】对话框。

(3) 在【添加/删除程序】对话框中单击【添加/删除 Windows 组件】按钮，如图 9-10 所示，打开【Windows 组件向导】对话框。

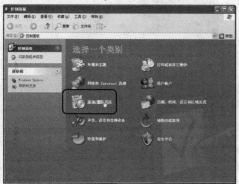

图 9-9　【控制面板】窗口　　　　　　　图 9-10　选择【添加/删除 Windows 组件】选项

(4) 在【Windows 组件向导】对话框的【组件】列表框中选择【Internet 信息服务(IIS)】选项，如图 9-11 所示。

(5) 单击【下一步】按钮，然后在光盘驱动器中放入 Windows XP 安装光盘即可开始安装文件和配置系统参数，如图 9-12 所示。

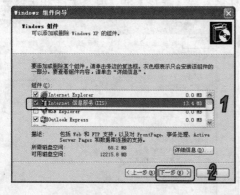
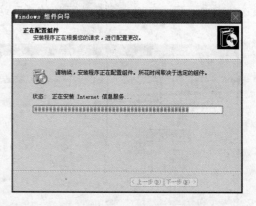

图 9-11　选中【Internet 信息服务(IIS)】复选框　　　图 9-12　安装文件和配置系统参数

(6) 完成 IIS 组件的安装后，单击【完成】按钮，然后重新启动系统即可。

(7) 完成 IIS 的安装工作后，选择【开始】|【设置】|【控制面板】命令，打开【控制面板】窗口。

(8) 双击【控制面板】窗口中的【性能和维护】图标，打开【性能和维护】窗口，如图 9-13 所示。

(9) 双击【性能和维护】窗口中的【管理工具】图标，打开【管理工具】窗口。

(10) 在【管理工具】窗口中，双击【Internet 信息服务】图标，打开【Internet 信息服务】窗口(IIS 管理界面)，如图 9-14 所示。

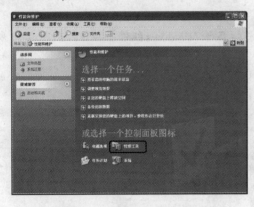

图 9-13　【性能和维护】窗口

图 9-14　【管理工具】窗口

(11) 在【Internet 信息服务】窗口中右击控制台树中的【+】号展开本地计算机，然后在本地计算机树下右击【默认网站】选项，并在弹出的菜单中选择【启动】命令，启动 IIS(在 IIS 启动时，在该菜单中选择【停止】或【暂停】命令，可以控制 IIS 的运行状态)，如图 9-15 所示。

(12) 在【Internet 信息服务】窗口中再次右击【默认网站】选项，在弹出的菜单中选择【属性】命令，打开【默认网站属性】对话框。

(13) 在【默认网站属性】对话框中单击【网站】选项卡，打开该选项卡，如图 9-16 所示，在该选项卡中，用户可以配置默认网站的【网站标识】、【连接】和【日志】等相关设置。

图 9-15　选择【启动】命令

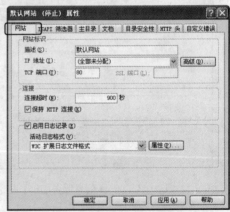

图 9-16　【网站】选项卡

(14) 在【默认网站属性】对话框中单击【主目录】选项卡，打开该选项卡，如图 9-17 所示。

(15) 在【主目录】选项卡的【连接到资源时的内容来源】选项区域中，可以指定 Web 站点的来源，包括【此计算机上的目录】、【另一台计算机上的共享】和【重定向到 URL】3 个单选按钮。

(16) 在【主目录】选项卡中选择【此计算机上的目录】单选按钮，可以在该选项卡中根据需要设置站点的【主目录】、【权限】和【应用程序属性】等参数。单击【本地路径】文本框后的【浏览】按钮，打开【浏览文件夹】对话框，如图 9-18 所示。

(17) 在【浏览文件夹】对话框中选择某个创建的本地站点的站点根文件夹后，单击【确定】按钮返回【主目录】选项卡。

图 9-17　【主目录】选项卡

图 9-18　选择创建的本地站点根文件夹

(18) 单击【主目录】选项卡中的【配置】按钮，打开【应用程序配置】对话框，选择【调试】选项卡，然后选中【启用 ASP 服务器脚本调试】和【启用 ASP 客户端脚本调试】复选框，可以在进行对 ASP 应用程序的调试过程中让系统提供调试帮助，如图 9-19 所示。

(19) 单击【应用程序配置】对话框中的【确定】按钮，返回【默认网站 属性】对话框，然后在该对话框中单击【确定】按钮，结束 IIS 的设置操作。

(20) 启动 Dreamweaver CS3，在【站点定义】对话框的【高级】选项卡的【分类】列表框中选择【测试服务器】选项，打开该选项卡，如图 9-20 所示。

图 9-19　设置系统提供调试帮助

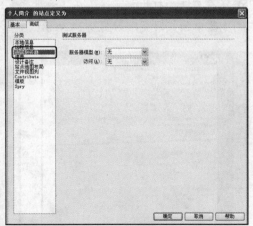

图 9-20　【测试服务器】选项卡

(21) 单击【测试服务器】选项卡右侧【测试服务器】选项区域中的【服务器模型】下拉列表框按钮，在弹出的下拉列表中选择服务器技术(例如选择 ASP VBScript)，然后单击【访问】下拉

计算机 基础与实训教材系列

列表按钮，在弹出的菜单中选择【本地/网络】选项，如图 9-21 所示。

(22) 单击【确定】按钮关闭【站点定义】对话框，然后在【管理站点】对话框中单击【完成】按钮，完成 Dreamweaver 站点的设置工作。

(23) 选择【文件】|【新建】命令，打开【新建文档】对话框，然后在该对话框的【类别】列表框中选择【空白页】选项，在【页面类型】列表框中选择 ASP VBScript 选项，单击【创建】按钮，如图 9-22 所示，创建一个 ASP 动态页面。

计算机 基础与实训教材系列

图 9-21　设置【测试服务器】选项卡

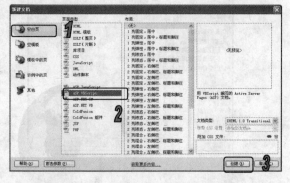

图 9-22　新建 ASP 动态页面

(24) 选择【查看】|【代码】命令，切换到【代码】视图，在代码视图中的<body>和</body>标识符之间输入以下代码，这段代码用于在页面中显示当前系统时间，如图 9-23 所示。

```
<p>该页面创建于<b>
<%= Time %>
</b></p>
```

(25) 保存文件，打开浏览器，在【地址栏】中输入访问地址 http://localhost，按下 Enter 键，即可在浏览器中预览网页，如图 9-24 所示。

图 9-23　输入代码

图 9-24　在浏览器中预览网页文档

2. 设置远程测试服务器

　　如果测试服务器运行在远程服务器上，在向虚拟主机服务公司注册或自己设置服务器软件之后，用户需要在运行该 Web 服务器的计算机上为网站内的动态页面创建一个根文件夹，并确保该文件夹已由 Web 服务器发布。Web 服务器可以提供此文件夹中的任何文件或其子文件夹中的任何文件，以响应客户端浏览器的 HTTP 请求。表 9-2 所示的是各种 Web 服务器的默认根文件夹。

表 9-2　各种 Web 服务器的默认根文件夹

Web 服务器	默认根文件夹
ColdFusion MX 7	\CFusionMX7\wwwroot
IIS	\Inetpub\wwwroot
Apache (Windows)	\apache\htdocs
Apache (Macintosh)	Users:MyUserName:Sites
Jakarta Tomcat (Windows)	\jakarta-tomcat-4.x.x\webapps\ROOT\

⑨.3　创建 Access 数据库连接

　　交互式的 ASP 动态页面离不开数据库的支持，对于中小型企业网站或个人网站，采用 Access 作为 ASP 页面的后台数据库已经足够。Access 是目前比较流行的桌面型数据库管理系统，也是 Office 的组件之一。本节将围绕与创建 Access 数据库相关的几个问题进行介绍，为用户在使用 Access 数据库时提供帮助。

⑨.3.1　Access 数据库的概念

　　在启动 Microsoft Access 2003 后，用户首先看到的是版权信息，选择【文件】|【新建】命令创建一个数据库文件后，就可以进入如图 9-25 所示的工作界面。Access 2003 的工作界面由菜单栏、工具栏、工作区和状态栏等几个部分组成。

計算機 基础与实训教材系列

图 9-25　Microsoft Access 2003 的工作界面

9.3.2　创建 Access 数据库

　　Access 数据库将数据按类别存储在不同的数据表中，以方便数据的管理和维护。要设计数据表，首先要创建一个数据库。

　　选择【开始】|【程序】| Microsoft Office| Access 2003 命令，启动 Access 2003，然后选择【文件】|【新建】命令，打开【新建文件】对话框，如图 9-26 所示。在【新建文件】对话框中单击【空数据库】按钮，在打开的【文件新建数据库】对话框中选择数据库保存的路径以及文件名，如图 9-27 所示，单击【创建】按钮，即可创建数据库。

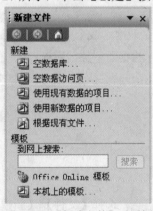

图 9-26　【新建文件】对话框

图 9-27　【文件新建数据库】对话框

　　【例 9-2】在已创建的本地站点 Web 根目录下的 DB 文件夹中新建一个名为 AcDB 的目录，然后利用 Access 2003 数据库软件创建一个名为 db1 的客户信息数据库，并保存在新建的目录中。

　　(1) 启动 Access 2003，然后选择【文件】|【新建】命令，打开【新建文件】对话框。

(2) 在【新建文件】对话框中，单击【空数据库】按钮，打开【文件新建数据库】对话框。设置保存路径为 Web 根目录下的 DB 文件夹中的 AcDB 目录，在【文件名】文本框中输入 db1，然后单击【创建】按钮，新建一个数据库。

(3) 在打开的 Access 2003 的工作界面的工作区域中，单击【对象】列表框中的【表】选项卡，打开该选项卡。

(4) 双击【表】选项卡中的【使用设计器创建表】选项，如图 9-28 所示，打开数据表【表 1】的设计视图窗口，如图 9-29 所示。

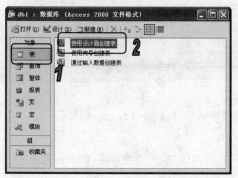
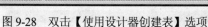

图 9-28　双击【使用设计器创建表】选项

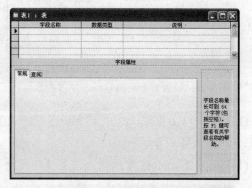

图 9-29　【表 1】的设计视图窗口

(5) 在【表 1】的设计视图窗口的【字段名称】列的第一个单元格中输入 C-ID。

(6) 选中 C-ID 字段，在【数据类型】下拉列表中选择【文本】选项，在【说明】列的第一个单元格中输入对表格字段的描述文本，如图 9-30 所示。

(7) 右击 C-ID 字段，在弹出的菜单中选择【主键】命令，为 C-ID 字段前添加 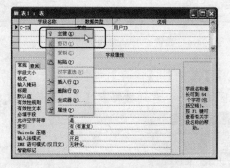 标志，将该字段设置为主键，如图 9-31 所示。

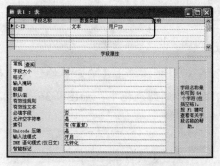

图 9-30　设置数据表字段结构

图 9-31　设置数据表主键

(8) 在【表 1】的设计视图窗口的第 2 行的【字段名称】中输入 C-PW。

(9) 选中 C-PW 字段，在【数据类型】下拉列表中选择【文本】选项，在【说明】中输入对表格字段的描述文本。

(10) 在第 3 行的【字段名称】中输入 E-Mail，在【数据类型】下拉列表中选择【文本】选项，在【说明】中输入对表格字段的描述文本，完成后如图 9-32 所示。

(11) 选中 C-ID 字段，在对话框下面的【字段属性】选项区域中单击【常规】选项卡，打开该选项卡。

(12) 在【常规】选项卡中的【字段大小】文本框中输入 10，在【必填字段】下拉列表中选择【是】选项，在【允许空字符串】下拉列表中选择【否】选项，如图 9-33 所示。

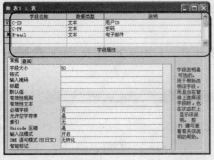
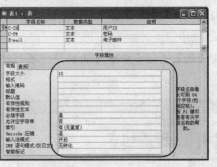

图 9-32　设置 C-PW 和 E-mail 字段参数　　　　图 9-33　设置 C-ID 字段属性

(13) 参照以上步骤，选中 C-PW 字段，设置【字段大小】为 12，是必填字段，不允许空字符串，如图 9-34 所示。

(14) 选中 E-mail 字段属性，设置【字段大小】为 40，不允许空字符串，如图 9-35 所示。

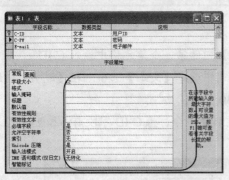
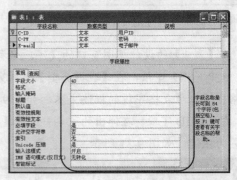

图 9-34　设置 C-PW 字段属性　　　　　图 9-35　设置 E-mail 字段属性

(15) 选择【文件】|【保存】命令，打开【另存为】对话框，单击【确定】按钮，保存数据表。在工作区域中将会看到数据表【表 1】已经被自动添加到列表框中，如图 9-36 所示。

图 9-36　在工作区域中将会显示数据表【表 1】

 提示

　　Access 数据库操作非常简单，该数据库所创建的库文件是一种扩展名为 mbd 的特殊文件，如果用户的计算机上已经安装了 Access 数据库软件，双击这种文件就可以直接打开 Access 数据库的编辑窗口。

9.3.3　Access 应用基础

创建好 Access 数据库后，必须掌握如何应用 Access 数据库中各个部分的结构及功能，包括数据库结构、数据表结构、数据内容和字段索引等内容。

1. 数据库结构

Access 数据库通常包含多个数据表。以【例 9-2】创建的数据库为例，可以按照同样的操作步骤在数据库 db1 中创建"表 2"、"表 3"、"表 4"或者任意名称的数据表，如图 9-37 所示，但这些表都属于 db1 数据库。

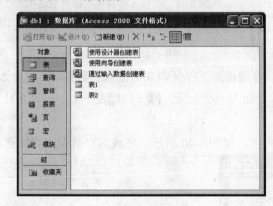

图 9-37　数据库结构

> **提示**
>
> 关系型数据库通常包含多个内容不同的数据表，并通过数据表之间的特定字段定义各表之间的关系。用户通过这种关系，可以在不同数据表中取得相关的数据内容。

2. 数据表结构

数据表包含两个重要的属性：字段名称和数据类型。字段名的作用是在数据表中识别字段；而数据类型则是该字段所能存储的数据类型，例如文字、数字和日期时间等。用户可以在数据库工作区中选中某个数据表，然后单击【设计】按钮 ，打开表的设计视图窗口，对数据表的属性进行调整。

打开【表 1】的设计视图窗口，其中被选中的部分代表数据表"表 1"中【字段名称】为 C-ID 的字段，而窗口下面【常规】选项卡中的设置则包含了该字段的各种特性设置，如图 9-38 所示，在【字段大小】文本框中设置字段所能存储的数据长度；在【必填字段】下拉列表中设置字段是否为必填值；在【允许空字符串】下拉列表中设置字段内容是否可为空字符串等。

此外，在数据表的设计视图窗口中，单击【数据类型】列单元格中的下拉列表按钮，在弹出的下拉列表中还可以为字段设置数据类型限制，C-ID 字段的数据类型为【文本】，在【数据类型】下拉列表中还可以选择其他数据类型选项，如图 9-39 所示。

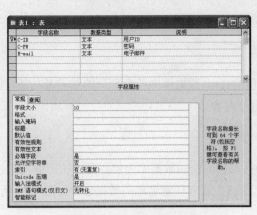

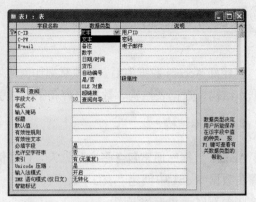

图 9-38　C-ID 的字段特性　　　　　图 9-39　可以选择其他数据类型选项

3. 数据内容

数据库中的数据内容存储于数据表中，在数据库工作区中双击数据表名称即可打开数据表。从外观上看，数据表类似 Excel 表格，每一行代表一个记录，每一列代表一个字段，并且每个字段都有其特定的字段名称和字段数据类型。

可以在数据表的相应字段中输入数据内容，如图 9-40 所示，完成客户数据内容填充。

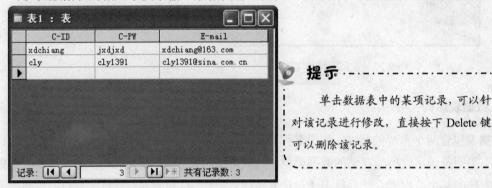

图 9-40　填充数据表

提示

单击数据表中的某项记录，可以针对该记录进行修改，直接按下 Delete 键可以删除该记录。

4. 字段索引

索引是一种字段标识，通常一个数据表字段在设计完成后，还需要针对其中的字段设置索引。索引的主要功能有两种：增加数据的搜索速度和设置数据表关联。数据表中的索引的作用就如同书签一样，数据库可以根据索引快速地查找到存储于数据表中的特定数据。而数据表之间的索引字段关联则可以串联不同数据表中的数据内容。

索引本身根据其功用可以分为两种：主键(主索引)和一般性索引。一个数据表中只能有一个字段被设置为主键，而被设置为主键的字段在整个数据表中的数据内容是唯一值，不允许重复。例如【表 1】中的 C-ID 字段为主键，该字段作为数据表的客户编号字段，当用户在数据表中输入数据内容时将不会有重复的客户编号存在，这样数据库系统就可以根据这个字段中的编号取得特定客户的数据内容。

 知识点

一个数据库中可以有多个字段被设置为一般性索引。这种索引的功用除了与其他数据表的主键字段关联以外，还可以加速数据库的搜索速度。

【例 9-3】打开【例 9-1】创建的数据表【表 1】，设置 C-ID 字段与 C-PW 字段之间的一般性索引。

(1) 在 Access 2003 中打开数据库 db1，选中数据表【表 1】，单击【设计】按钮，打开设计视图窗口。

(2) 选中字段 C-ID 字段，单击【工具栏】上的【索引】按钮，如图 9-41 所示，打开【索引: 表 1】对话框。

(3) 在【索引: 表 1】对话框中的【索引名称】文本框中输入 C-ID，然后单击该文本框后的【字段名称】下拉列表按钮，在弹出的下拉列表中选择 C-PW 选项，如图 9-42 所示。

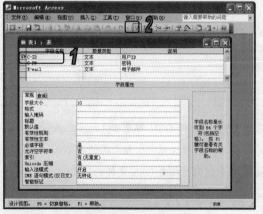

图 9-41 选择【索引】按钮

图 9-42 【索引: 表 1】对话框

(4) 关闭【索引: 表 1】对话框，在数据表【表 1】的 C-PW 字段里成功新增一个名为 C-ID 的字段索引。

9.3.4 创建 DSN 数据库连接

设置 DSN 的目的是使用本地定义的 DSN 在 Dreamweaver 中创建数据库连接。而要配置 DSN(数据源名称)则必须在 Windows 系统的 ODBC 数据源管理器中进行。

1. DSN 的概念

DSN(Date Source Name，数据源名称)表示用于将应用程序和某个数据库连接的信息集合。

ODBC 数据源管理器使用该信息创建指向数据库的连接。所谓构建 ODBC 连接实际上就是创建与数据源的连接，也就是定义 DSN。创建完一个指向数据库的 ODBC 连接后，同该数据库连接的有关信息就保存在 DSN 中。

通常，DSN 保存在文件或注册表中，并至少包含以下内容：

⦿ 关于数据库驱动程序的信息。

⦿ 数据库的存放位置。对于本章所介绍的 Access 数据库而言，数据库的存放位置就是数据库文件的路径。

⦿ 数据库的名称(在 ODBC 数据源管理器中，所有的 DSN 名称是不可重复的)。

此外，在 ODBC 数据源管理器中，DSN 还分为用户 DSN、系统 DSN 和文件 DSN 3 种类型。

⦿ 用户 DSN：用户不能直接使用的 DSN，因为 ASP 无法使用它。用户 DSN 一般保存在注册表 HKEY_CURRENT_USER\SOFTWARE\ODBC\ODBC.INI 中，用户在需要时可以启动 Regedit 或 Regedit32 等程序查看该 DSN 保存位置中所存储的信息。

⦿ 系统 DSN：由系统进程(比如 IIS)所使用的 DSN，系统 DSN 信息被保存在注册表 HKEY_LOCAL_MACHINE\SOFTWARE\ODBC\ODBC.INI 中。系统 DSN 的优点是容易修改，缺点是移动不便。

⦿ 文件 DSN：它保存在 C:\Program Files\Common Files\ODBC\ Data Sources 文件夹的文件中。文件 DSN 不容易被修改，但便于移动。

 知识点

在开发基于数据库的 Web 应用程序时，构建系统 DSN 和文件 DSN 都是可以的。在 ASP 中，连接信息通常存储在 Global.asa 文件中。对于系统 DSN 而言，在该文件中必须包含指向存储在 Windows 注册表中 DSN 的指针。而对于文件 DSN 而言，在 Global.asa 文件中则需要指定 DSN 文件的位置。

2. 定义系统 DSN

在 ODBC 数据源管理器中定义系统 DSN 的过程非常简单。选择【开始】|【设置】|【控制面板】命令，打开【控制面板】窗口，双击【性能和维护】图标，打开【性能和维护】窗口，双击【管理工具】图标，打开【管理工具】窗口，双击【数据源(ODBC)】图标，如图 9-43 所示，打开【ODBC 数据源管理器】对话框。

在【ODBC 数据源管理器】对话框中，单击【系统 DSN】选项卡，打开该选项卡，单击【添加】按钮，打开【创建新数据源】对话框，在【名称】列表框中选择【Microsoft Access Driver(*.mdb)】选项，如图 9-44 所示，单击【完成】按钮，打开【ODBC Microsoft Access 安装】对话框，如图 9-45 所示。

图 9-43 【管理工具】窗口　　　　　　图 9-44 选择【Microsoft Access Driver(*.mdb)】选项

　　在【ODBC Microsoft Access 安装】对话框中的【数据源名】文本框中输入数据源的名称 ConnectLook，单击【选择】按钮打开【选择数据库】对话框，如图 9-46 所示。

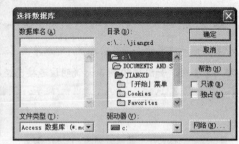

图 9-45 【ODBC Microsoft Access 安装】对话框　　图 9-46 【选择数据库】对话框

　　在【选择数据库】对话框中的【目录】列表框中指定创建的数据库目录，在【数据库名】列表框中选择数据库文件 db1.mdb，如图 9-47 所示，单击【确定】按钮，返回【ODBC Microsoft Access 安装】对话框。

　　在【ODBC Microsoft Access 安装】对话框中单击【确定】按钮，返回【ODBC 数据源管理器】对话框。此时，在该对话框的【系统数据源】列表框中将新增 1 个名称为 ConnectLook 的系统 DSN，如图 9-48 所示。单击【确定】按钮即可。

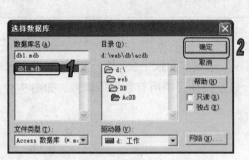

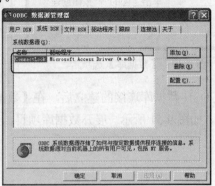

图 9-47 设置【选择数据库】对话框　　　　图 9-48 新增的系统 DSN

计算机基础与实训教材系列

3. 设置 DSN 数据库连接

Dreamweaver CS3 具有内置数据库功能。用户通过其提供的可视化拖动方式即可完成数据库的操作，例如数据库连接的创建，数据变动和数据查询等。此外，Dreamweaver CS3 还会在设置数据库操作的过程中自动产生 ADO 程序代码。

要创建 DSN 数据库连接的设置方法，在 Dreamweaver CS3 中打开一个网页文档，选择【文件】|【另存为】命令，将网页文档另存为 ASP 网页 index.asp。

选择【窗口】|【数据库】命令，打开【应用程序】面板，单击【数据库】选项卡，打开该选项卡。

单击【数据库】面板的【+】按钮，在弹出的菜单中选择【数据源名称(DSN)】命令，如图 9-49 所示，打开【数据源名称(DSN)】对话框。

在【数据源名称(DSN)】对话框的【连接名称】文本框中输入 db1conn，在【数据源名称】下拉列表中选择 ConnectLook 选项，单击【确定】按钮即可。

> ### 📖 知识点
>
> 要确保所设置的连接成功建立，可以单击【测试】按钮进行测试，当打开的对话框中显示【成功创建连接脚本】时，如图 9-50 所示，说明该连接已经成功建立。

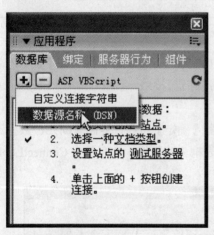

图 9-49 【数据库】选项卡

图 9-50 【数据源名称(DSN)】对话框

完成 DSN 数据库连接的建立后，在【数据库】选项卡面板中会添加一个名为 db1conn 的数据库项目，如图 9-51 所示。展开数据库项目，会显示该项目中所有数据库内容，如图 9-52 所示。

图9-51 数据库项目

图9-52 展开数据库项目

此外，Dreamweaver CS3 所创建的数据库连接是将连接字符串创建在一个独立的 ASP 文件中，而这个 ASP 文件被自动保存在创建数据库连接时所在站点的根目录下一个名称为 Connections 的目录中。

 知识点

若要建立用于远程测试服务器的 DSN 数据库连接，需要网站空间（远程服务器）管理员在网站服务器的控制面板中为用户建立一个可用的 DSN。这样，用户在本地计算机中设置 DSN 连接时，就可以在【数据源名称（DSN）】对话框中选中【使用测试服务器上的 DSN】单选按钮后，单击【定义】按钮打开【选取 ODBC DSN】对话框，使用网站服务器上定义的 DSN 创建远程数据库连接。

⑨.4 习题

1. 通常，IP 地址由哪 2 种标识符组成？

2. IP 地址的表示方法是什么？

3. 常用的支持 ASP 的网络服务器有哪 2 种类型？

4. 设计者要建立一个 ASP 站点，首先应该拥有一个用于开发和保存动态网页文件的什么空间？

5. Access 数据库是目前比较流行的数据库管理系统，它是一种可以在 Windows 系统环境下运行的哪种类型的数据库？

6. IIS 在安装完成后，其默认网站的根目录是什么？

7. 提供 ASP 网页浏览器服务的网页服务器是什么？

8. 在 ODBC 数据源管理器中，DSN 还分为用户 DSN、系统 DSN 和文件 DSN 这 3 种。用户可以通过 ODBC 数据源管理器创建几种类型的 DSN？

9. 在开发基于数据库的 Web 应用程序时，可以构建哪 2 种 DSN？

10. 在本地计算机中配置 IIS 开发环境。

11. 在 Access 2003 中创建一个如图 9-53 所示的数据库。

图 9-53　数据库

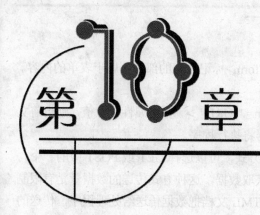

第**10**章

制作动态网页

学习目标

本章主要介绍在网页中插入表单对象，使用 ASP 服务器技术创建交互式动态网站所需的基础知识和操作，主要包括 ASP 网页概念、ASP 网页的功能和特点、VBScript 语法基础、ASP 内置对象及应用等内容。

本章重点

- ◉ 创建表单
- ◉ 插入表单
- ◉ ASP 的概念
- ◉ ASP 对象及应用
- ◉ VBScript 基本语法

10.1 创建表单

表单在网页中是提供给访问者填写信息的区域，从而可以收集客户端信息，使网页更加具有交互的功能。一般将表单设置在一个 HTML 文档中，访问者填写相关信息后提交表单，表单内容会自动从客户端的浏览器传送到服务器上，经过服务器上的 ASP 或 CGI 等程序处理后，再将访问者所需的信息传送到客户端的浏览器上。使用 Dreamweaver CS3 可以创建带有文本域、密码域、单选按钮、复选框、弹出菜单、可单击按钮以及其他表单对象的表单。

10.1.1 表单的概念

表单是由窗体和控件组成的，一个表单一般包含用户填写信息的输入框和提交按钮等，这些输入框和按钮叫做控件。

表单用<form></form>标记来创建的，在<form></form>标记之间的部分都属于表单的内容。<form>标记具有 action、method 和 target 属性。

- Action：处理程序的程序名，例如<form action=" URL ">，如果属性是空值，则当前文档的 URL 将被使用，当提交表单时，服务器将执行程序。

- Method：定义处理程序从表单中获得信息的方式，可以选择 GET 或 POST 中的一个。GET 方式时处理程序从当前 HTML 文档中获取数据，这种方式传送的数据量是有限制的，一般在 1kB 之内。POST 方式是当前 HTML 文档把数据传送给处理程序，传送的数据量要比使用 GET 方式大得多。

- Target：指定目标窗口或目标帧。可以选择当前窗口_self、父级窗口_parent、顶层窗口_top 和空白窗口_blank。

10.1.2 表单对象

在 Dreamweaver CS3 中，表单输入类型称为表单对象。可以在网页中插入表单并创建各种表单对象。

要在网页文档中插入表单对象，选择【插入记录】|【表单】命令，或单击【插入】工具栏中的【表单】选项卡，打开【表单】插入栏，如图 10-1 所示。单击要插入的对象类型按钮，或将其拖入文档窗口中即可。

图 10-1 【表单】插入栏

在【表单】插入栏中，各表单对象按钮的功能如下。

- 【表单】按钮：用于在文档中插入一个表单。访问者要提交给服务器的数据信息必须放在表单里，只有这样，数据才能被正确地处理。

- 【文本字段】按钮：用于在表单中插入文本域。文本域可接受任何类型的字母数字项，输入的文本可以显示为单行、多行或者显示为星号(用于密码保护)。

- 【隐藏域】按钮：用于在文档中插入一个可以存储用户数据的域。使用隐藏域可以实现浏览器同服务器在后台隐藏的交换信息，例如，输入的用户名、E-mail 地址或其他参数，当下次访问站点时能够使用输入的这些信息。

- 【文本区域】按钮：用于在表单中插入一个多行文本域。

- 【复选框】按钮：用于在表单中插入复选框。在实际应用中多个复选框可以共用一个名称，也可以共用一个 Name 属性值，以实现多项选择的功能。

- 【单选按钮】按钮：用于在表单中插入单选按钮。单选按钮代表互相排斥的选择，选择一组中的某个按钮，就会取消选择该组中的所有其他按钮。

- ⦿ 【单选按钮组】按钮：用于插入共享同一名称的单选按钮的集合。
- ⦿ 【列表/菜单】按钮：用于在表单中插入列表或菜单。【列表】选项在滚动列表中显示选项值，并允许用户在列表中选择多个选项。【菜单】选项在弹出式菜单中显示选项值，而且只允许用户选择一个选项。
- ⦿ 【跳转菜单】按钮：用于在文档中插入一个导航条或者弹出式菜单。跳转菜单可以使用户为链接文档插入一个菜单。
- ⦿ 【图像域】按钮：用于在表单中插入一幅图像。可以使用图像域替换【提交】按钮，以生成图形化按钮。
- ⦿ 【文件域】按钮：用于在文档中插入空白文本域和【浏览】按钮。用户使用文件域可以浏览硬盘上的文件，并将这些文件作为表单数据上传。
- ⦿ 【按钮】按钮：用于在表单中插入文本按钮。按钮在单击时执行任务，如提交或重置表单，也可以为按钮添加自定义名称或标签。
- ⦿ 【标签】按钮：用于在表单中插入一个标签，如用于【单选按钮】、【复选框】等。由于不用标签按钮也可以实现相同功能，所以这个按钮不常用。

10.2 插入表单对象

文本域是一个重要的表单对象，可以输入相关信息，例如用户名、密码等。【隐藏域】在浏览器中是不被显示出来的文本域，主要用于实现浏览器同服务器在后台隐藏地交换信息。在提交表单时，该域中存储的信息将一起被发送到服务器。

10.2.1 插入文本域和隐藏域

文本域是一个重要的表单对象，可以输入相关信息，例如用户名、密码等。【隐藏域】在浏览器中是不被显示出来的文本域，主要用于实现浏览器同服务器在后台隐藏地交换信息。在提交表单时，该域中存储的信息将一起被发送到服务器。

1. 插入文本域

在 Dreamweaver CS3 中，文本域可以通过使用【文本字段】及【文本区域】两种方法来创建。文本域包括【单行】、【多行】和【密码】3 种类型，以适应不同情况下的需要。

选择【插入记录】|【表单】|【文本字段】命令，或单击【表单】插入栏上的【文本字段】按钮，打开【输入标签辅助功能属性】对话框，如图 10-2 所示。

单击【输入标签辅助功能属性】对话框中的【确定】按钮，即可在文档中创建一个单行文本字段，如图 10-3 所示。

计算机 基础与实训教材系列

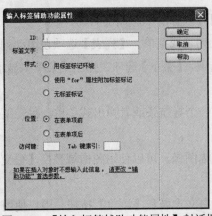

图 10-2　【输入标签辅助功能属性】对话框

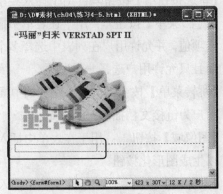

图 10-3　插入文本字段

　　要插入多行文本域，选择【插入】|【表单】|【文本区域】命令，或选择【表单】插入栏上的【文本区域】按钮，打开如图 10-2 所示的【输入标签辅助功能属性】对话框，单击【确定】按钮，即可在文档中创建一个多行文本域，如图 10-4 所示。

　　对于插入的文本域，可以设置相应的属性。选中插入的文本域，打开【属性】面板，如图 10-5 所示。

计算机
基础
与实
训教
材系
列

图 10-4　插入多行文本域

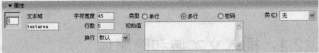

图 10-5　文本域的【属性】面板

　　在文本域的【属性】面板中，各参数选项的具体作用如下。

- 【文本域】文本框：用于输入文本域的名称。
- 【字符宽度】文本框：用于输入文本域中允许显示的字符数目。
- 【最多字符数】文本框：用于输入文本域中允许输入的最大字符数目，这个值将定义文本域的大小限制，并用于验证表单。如果在【类型】中选择了【多行】，则该文本框将变成【行数】文本框，用于输入【多行区域】的具体行数。
- 【类型】选项区域：用于选择文本域的类型。由【文本字段】创建的文本域默认为【单行】，由【文本区域】创建的文本域默认为【多行】。若选择了【密码】类型，则为【单行】文本，且文本以【*】号形式出现的网页中，一般用于【密码】文本域。

- 　●　【初始值】文本框：用于输入文本域中默认状态下显示的文本。
- 　●　【换行】下拉列表框：用于指定多行文本的换行方式，其中包含以下 4 个选项。其中，【默认】选项用于使用默认的自动回行方式；【关】选项用于当文本域中的文本超出文本域的宽度时，会自动为文本域添加水平滚动条来浏览文本；【虚拟】选项用于当文本域中的文本超出文本域的宽度时，会自动按照文本域的宽度进行回行，这种回行是虚拟行为，在实际发送的数据中，文本中并没有回行符号；【实体】选项用于当文本域中的文本超出文本域的宽度时，会自动按照文本域的宽度进行回行，这种回行是物理行为，在实际发送的数据中，文本中相应的位置被添加回行符号。
- 　●　【类】下拉列表框：指定用于该表单的 CSS 样式。

2. 插入隐藏域

　　要插入隐藏域，可以选择【插入记录】|【表单】|【隐藏域】命令，或单击【插入】工具栏中的【表单】选项卡，打开【表单】插入栏，单击【表单】插入栏上的【隐藏域】按钮，接口在文档中创建一个隐藏域，如图 10-6 所示。

　　要设置隐藏域的属性，选中隐藏域，选择【窗口】|【属性】命令，打开隐藏域的【属性】面板，如图 10-7 所示。在【隐藏区域】文本框中，可输入隐藏域的名称。在【值】文本框中，可输入隐藏域的初始值。

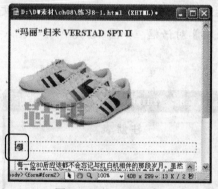

图 10-6　插入隐藏域　　　　　　　　　图 10-7　隐藏域的【属性】面板

3. 插入文件上传域

　　文件上传域是由一个文本框和一个【浏览】按钮组成的，可以通过表单中的文件上传域来上传指定的文件。当提交表单时，这个文件将被上传到服务器。

　　选择【插入记录】|【表单】|【文件域】命令，或单击【插入栏】中的【表单】选项卡，打开【表单】插入栏，单击【表单】插入栏上的【文件域】按钮，即可在文档中创建一个文件上传域，如图 10-8 所示。

要设置文件上传域的属性，在文档中选中【文件域】表单对象，然后选择【窗口】|【属性】命令，打开文件域的【属性】面板，如图 10-9 所示。

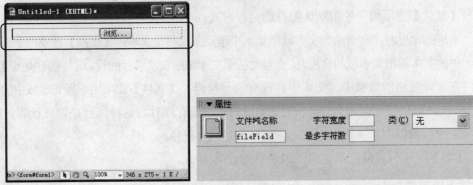

图 10-8　插入文件域　　　　　　　　　　图 10-9　文件域的【属性】面板

在【属性】面板中，各参数选项具体作用如下。

◉ 【文件域名称】文本框：用于输入文件域的名称。

◉ 【字符宽度】文本框：用于输入文件域的文本框部分所能够显示的字符数目。

◉ 【最多字符数】文本框：用于输入文件域的文本框中允许输入的最大字符数。

◉ 【类】下拉列表框：用于指定用于该表单的 CSS 样式。

【例 10-1】插入文本域和文件上传域，制作注册表。

(1) 新建一个空白网页文档，输入文本内容"注册表"，设置文本属性，居中对齐文本。

(2) 选择【插入记录】|【表格】命令，打开【表格】对话框，如图 10-10 所示，插入一个 5 行 2 列的表格，如图 10-11 所示。

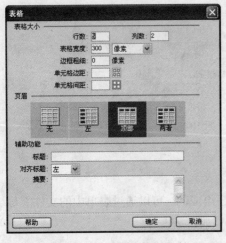

图 10-10　"表格"对话框　　　　　　　　　图 10-11　插入表格

(3) 在表格中插入文本内容，设置对齐方式为左对齐，如图 10-12 所示。

(4) 在 ID 行、【密码】行、E-mail 行插入单行文本域。选中【密码】行的文本域，选中【属性】面板上的【密码】单选按钮，设置为密码类型，如图 10-13 所示。

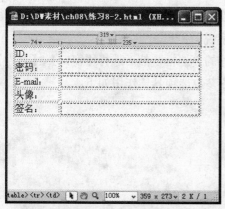

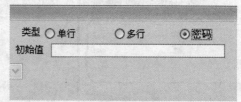

图 10-12 插入文本　　　　　　　　图 10-13 设置为密码类型

(5) 在【头像】行插入文件上传域，在【签名】行插入多行文本域，选中多行文本域，在【属性】面板的【行数】文本框中输入数值 8。创建的注册表如图 10-14 所示。

(6) 保存文件，按 F12 键，在浏览器中预览网页文档，如图 10-15 所示。

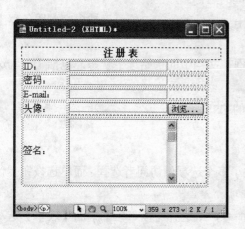

图 10-14 创建的注册表　　　　　　图 10-15 在浏览器中预览网页文档

⑩.2.2 插入复选框和单选按钮

复选框和单选按钮是预定义选择对象的表单对象。可以在一组复选框中选择多个选项；单选按钮也可以组成一个组使用，提供互相排斥的选项值，在单选按钮组内只能选择一个选项。

1. 插入复选框

使用【复选框】表单对象，可以限制访问者填写的内容。使收集的信息更加规范，更有利于信息的统计。

选择【插入记录】|【表单】|【复选框】命令，或选择【插入栏】中的【表单】选项卡，打

开【表单】插入栏，单击【复选框】按钮，可以在文档中创建一个复选框，如图 10-16 所示。实际应用时，一般要在复选框的后面为其添加文字说明信息。

要设置复选框的属性，可在文档中选中要设置的复选框，然后选择【窗口】|【属性】命令，打开复选框的【属性】面板，如图 10-17 所示。各参数选项具体作用如下。

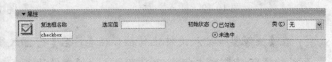

图 10-16　插入复选框　　　　　　　图 10-17　复选框的【属性】面板

- 【复选框名称】文本框：用于输入复选框的名称。
- 【选定值】文本框：用于输入复选框选中后控件的值，该值可以被提交到服务器上，以便应用程序处理。
- 【初始状态】选项区域：用于设置复选框在文档中的初始选中状态，包括【已勾选】和【未选中】两项。
- 【类】下拉列表框：用于指定该复选框的 CSS 样式。

2. 创建单选按钮和单选按钮组

单选按钮与复选框不同的是，复选框中提供了多个选项供访问者选择，而单选按钮提供相互排斥的选项值，在单选按钮组内只能选择一个选项。

选择【插入记录】|【表单】|【单选按钮】命令，或选择【插入栏】中的【表单】选项卡，打开【表单】插入栏，单击【单选按钮】按钮，可以在文档中创建一个单选按钮，如图 10-18 所示。

图 10-18　插入单选按钮　　　　　　图 10-19　单选按钮的【属性】面板

要设置单选按钮的属性，可在文档中选中一个单选按钮，然后选择【窗口】|【属性】命令，打开单选按钮的【属性】面板，如图 10-19 所示。各参数选项具体作用如下。

- 【单选按钮】文本框：用于输入单选按钮的名称。系统会自动将同一个段落或同一个表格中的所有名称相同的按钮定义为一个组，在这个组中访问者只能选中其中的一个。
- 【选定值】文本框：用于输入单选按钮选中后控件的值，该值可以被提交到服务器上，以便应用程序处理。
- 【初始状态】选项区域：用于设置单选按钮在文档中的初始选中状态，包括【已勾选】和【未选中】两项。
- 【类】下拉列表框：用于指定该单选按钮的 CSS 样式。

单个单选按钮是没有任何意义的，前面提到单选按钮提供的是相互排斥的选项值，这个功能是通过按钮的名称来实现的。在同一个段落或同一个表格中的单选按钮，网页会将名称相同的按钮定义为一个组，在这一个组中，访问者只能选中其中的一个。

同时，可以使用【单选按钮组】按钮来添加一个单选按钮组，这时可以选择【插入】|【表单】|【单选按钮组】命令，或选择【插入】工具栏中的【表单】选项卡，单击【单选按钮组】按钮，打开【单选按钮组】对话框，如图 10-20 所示。

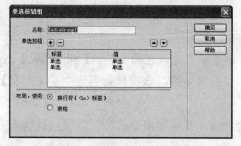

图 10-20 【单选按钮组】对话框

计算机 基础与实训教材系列

> **提示**
>
> 单击【单选按钮组】对话框中的【单选按钮】列表框左上角的【+】、【-】按钮可以增删单选按钮，还可以通过右上角的上下键号按钮来改变单选按钮的显示顺序。

在【单选按钮组】对话框中，【名称】文本框用于指定单选按钮组的名称；【单选按钮】列表框中显示的是该单选按钮组中所有的按钮，左边列为按钮的【标签】，右边列是按钮的【值】，相当于单选按钮属性检查中的【选定值】；【布局，使用】选项区域用于指定单选按钮间的组织方式，有【换行符】和【表格】两种选择。

⑩.2.3 插入列表和表单

列表和菜单也是预定义选择对象的表单对象，使用它们可以在有限的空间内提供多个选项。列表也称为【滚动列表】，提供一个滚动条，允许访问者浏览多个选项，并进行多重选择。菜单也称为【下拉列表框】，仅显示一个选项，该项也是活动选项，访问者只能从菜单中选择一项。

1. 插入列表和表单

选择【插入记录】|【表单】|【列表/菜单】命令，或选择【插入栏】中的【表单】选项卡，打开【表单】插入栏，单击【表单】插入栏上的【列表/菜单】▣ 按钮，可以在文档中创建一个列表和菜单，默认情况下为菜单，如图 10-21 所示。

要设置列表和菜单的属性，可在文档中选中一个列表，然后选择【窗口】|【属性】命令，打开列表/菜单的【属性】面板，如图 10-22 所示。

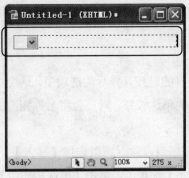

图 10-21　插入列表和菜单　　　　　图 10-22　　列表/菜单的【属性】面板

【属性】面板中各参数选项具体作用如下。

- ◉ 【列表/菜单】文本框：用于输入【列表/菜单】的名称。
- ◉ 【类型】选项区域：用于选择【列表/菜单】的显示方式，包括【菜单】和【列表】两项。
- ◉ 【高度】文本框：用于输入列表框的高度，单位为字符。该项只有当选中了【列表】单选按钮后才可用。
- ◉ 【选定范围】复选框：用于设置列表中是否允许一次选中多个选项。该项只有当选中了【列表】单选按钮后才可用。
- ◉ 【初始化时选定】列表框：用于设置列表或菜单初始值。
- ◉ 【列表值】按钮：单击后打开【列表值】对话框，其中左边列为列表和菜单的项目标签，也就是显示在列表中的名称；右边是该项的值，也就是该项要传送到服务器的值。
- ◉ 【类】下拉列表框：用于指定该列表和菜单的 CSS 样式。

2. 创建跳转菜单

跳转菜单是一种特殊的弹出式菜单，可以实现网页的跳转。要在网页中插入跳转菜单，可以选择【插入记录】|【表单】|【跳转菜单】命令，打开【插入跳转菜单】对话框，如图 10-23 所示。

在【插入跳转菜单】对话框中，各参数选项的具体作用如下。

- ◉ 功能按钮：单击【＋】按钮将在【菜单项】文本框中添加一个菜单项，再次单击该按钮添加另一个菜单项；选定一个菜单项，然后单击【－】按钮将其删除；使用箭头键可以在列表中向上或向下移动菜单项。

- ◉ 【文本】文本框：用于输入跳转菜单的名称，也就是显示在网页中的名称。

- ◉ 【选择时，转到 URL】文本框：用于输入跳转菜单对应的 URL 地址，也就是选择该菜单后要跳转到的网址。

- ◉ 【打开 URL 于】下拉列表框：用于选择文件的打开位置。

- ◉ 【菜单 ID】文本框：用于输入菜单选项名称。

- ◉ 【菜单之后插入前往按钮】复选框：选中后，可在菜单后面添加一个【前往】按钮，当访问者选择了菜单，然后单击该按钮后，就进行相应跳转。如果用户不选择该项，则创建出的跳转菜单可以不用位于表单中。

- ◉ 【更改 URL 后选择第一个项目】复选框：选中后，无论访问者如何更改菜单选项，菜单的当前显示项仍是第一个项目标签。

如果要编辑跳转菜单，可利用属性检查器中【列表值】按钮或【行为】面板。

⑩.2.4 插入表单按钮

表单按钮用于控制对表单的操作。当输入完表单数据后，可以单击表单按钮，提交服务器处理；如果对输入的数据不满意，需要重新设置时，可以单击表单按钮，重新输入；还可以通过表单按钮来完成其他任务。

1. 创建文本表单按钮

文本表单按钮是标准的浏览器默认按钮样式，它包含需要显示的文本，如【提交】、【重置】等。

选择【插入记录】|【表单】|【按钮】命令，即可在文档中创建一个表单按钮，如图 10-24 所示。

计算机 基础与实训教材系列

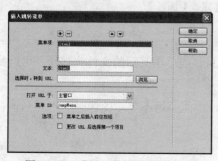

图 10-23 【插入跳转菜单】对话框

图 10-24 插入表单按钮

要设置表单按钮的属性，可在文档中选中一个表单按钮，然后选择【窗口】|【属性】命令，打开【按钮】属性检查器，如图 10-25 所示。

图 10-25　表单按钮的【属性】面板

在表单按钮的【属性】面板中各参数选项具体作用如下。

◉ 【按钮名称】文本框：用于输入按钮的名称。

◉ 【值】文本框：用于输入需要显示在按钮上的文本。

◉ 【动作】选项区域：用于选择按钮的行为，即按钮的类型，包含以下 3 个选项。其中，【提交表单】单选按钮用于将当前按钮设置为一个提交类型的按钮，单击该按钮，可以将表单内容提交给服务器进行处理；【重设表单】单选按钮用于将当前按钮设置为一个复位类型的按钮，单击该按钮，可以将表单中的所有内容都恢复为默认的初始值；【无】单选按钮用于不对当前按钮设置行为，可以将按钮同一个脚本或应用程序相关联，单击按钮时，自动执行相应的脚本或程序。

◉ 【类】下拉列表框：用于指定该按钮的 CSS 样式。

2. 创建图形按钮

可以使用图像域生成图形化的按钮来美观网页。要在网页中创建图形按钮，可以选择【插入记录】|【表单】|【图像域】命令，打开【选择图像源文件】对话框，选择一幅图像并单击【确定】按钮即可。

要设置图形按钮的属性，可在文档中选中一个图形按钮，然后选择【窗口】|【属性】命令，打开图像区域的【属性】面板，如图 10-26 所示。各参数选项具体作用如下。

图 10-26　图像区域的【属性】面板

◉ 【图像区域】文本框：用于输入图像域的名称。

◉ 【源文件】文本框：用于输入图像的 URL 地址，或单击其后的文件夹按钮，可选择图像文件。

◉ 【替换】文本框：用于输入图像的替换文字，当浏览器不显示图像时，将显示该替换的文字。

◉ 【对齐】下拉列表框：用于选择图像的对齐方式。

◉ 【类】下拉列表框：指定用于该图像区域的 CSS 样式。

【**例 10-2**】新建一个网页文档，在文档中插入各种表单对象，制作【读者意见反馈卡】表单。

(1) 新建一个网页文档，在文档中输入文本内容"读者意见反馈卡"，打开【属性】面板，设置文本字体为楷体，文本大小为 24 像素，粗体，如图 10-27 所示。

(2) 选择【插入记录】|【表格】命令，打开【表格】对话框，插入一个 15 行 8 列的表格。

(3) 选中表格第 1 行中的所有单元格，右击鼠标，在弹出的快捷菜单中选择【表格】|【合并单元格】命令，如图 10-28 所示，合并单元格。

图 10-27 插入文本内容

图 10-28 拆分单元格

(4) 在表格第 1 行中输入文本内容【Dreamweaver CS3 网页制作实用教程】，选中表格第 1 行单元格，打开【属性】面板，设置背景颜色为黑色，选中文本内容，设置字体颜色为白色，粗体，如图 10-29 所示。

(5) 将光标移至表格的 2 行 1 列中，插入文本内容【姓名：】。将光标移至表格 2 行 2 列中，单击【插入栏】上的【表单】选项卡，打开【表单】插入栏，单击【文本字段】按钮□，插入文本域，打开【属性】面板，设置【字符宽度】为 8，如图 10-30 所示。

图 10-29 设置表格背景

图 10-30 插入表单

(6) 参照以上步骤，在表格的其他单元格中插入表单对象，根据插入表单的内容，设置表单相应的属性，调整表格和单元格合适大小，完成【读者意见反馈卡】页面的制作，如图 10-31 所示。

(7) 保存文件，按 F12 键，在浏览器中预览网页文档，如图 10-32 所示。

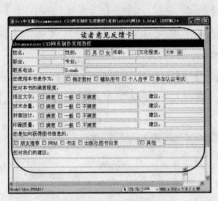

图 10-31　制作【读者意见反馈卡】

图 10-32　在浏览器中预览网页文档

10.3　ASP 基础

ASP 是一种动态网页开发技术，为 Web 服务器端开发提供一种工作环境。其代码内嵌于 HTML 标签中，使得网页设计者可以利用 VBScript 或 JScript 轻松创建出 ASP 应用程序，从而实现网页的交互性。

10.3.1　认识 ASP 程序代码

ASP 页面实际上就是嵌入 ASP 脚本的 HTML 页面，这种页面可以是 HTML 标记、文本或者脚本命令的任意组合。ASP 页面以扩展名为.asp 的文件形式保存在站点中，它与普通以.htm 或.html 为扩展名的网页文件并没有太大的差别，普通的.htm 或.html 页面在需要时可以通过修改扩展名的方式转换为 ASP 页面。

1. 认识脚本语言

脚本(Script)指的是一系列的命令和指令。它与 HTML 标记的区别在于脚本可以完成从数据运算到执行结果的操作，而 HTML 标记只能实现对文件的简单格式化，或者对图形、视频和音频的读取。

在 ASP 技术中，实际上可以使用 JavaScript、VBScript 和 ASP 脚本 3 种类型的脚本语言。其中，ASP 脚本与其余 2 种脚本在概念上有着根本的差异，它只能运行于服务器端。而 JavaScript 和 VBScript 既可以运用于编写服务器端脚本，也可以被用于客户端脚本的编写。因此，ASP 脚本又被称为【ASP 指令】或【ASP 脚本命令】，JavaScript 和 VBScript 被称为【脚本语言】。

2. 认识 ASP 页面源代码

如图 10-33 所示的是一个在 Dreamweaver 代码视图模式中的简单 ASP 页面源代码。从图 10-33

中可以看出，ASP 页面的源代码与普通 HTML 文件非常相似。唯一的差别就在于嵌入的 ASP 脚本命令，即<%和%>定界符之间的内容。

ASP 页面不像普通的.htm 或.html 页面那样，可以直接在浏览器中被打开。要在浏览器中显示 ASP 页面必须将.asp 的 ASP 文件放入由 IIS 或 PWS 所创建的站点中，然后利用浏览器访问站点文档的方法打开它。

此外，ASP 页面的脚本在 Web 服务器上运行，当浏览器中显示 ASP 页面内容时，Web 服务器已经完成了整个 ASP 脚本的处理过程，用户看到的是被 HTML 标准化后的结果。在浏览器中预览 ASP 页面时，右击网页，在弹出的快捷菜单中选择【查看源文件】命令，即可打开【记事本】窗口，在【记事本】中将显示该 ASP 页面的源代码，如图 10-34 所示。

图 10-33　在【代码】视图中查看页面源代码　　图 10-34　在【记事本】中查看页面源代码

10.3.2　设置 ASP 程序脚本语言

在默认情况下，IIS 配置的主脚本语言是 VBScript。如果要修改可以在 IIS 的管理界面(【Internet 信息服务】窗口)中参照下面的操作步骤进行设置即可。

【例 10-3】配置 IIS 服务器脚本语言，将 IIS 配置的默认主脚本语言由 VBScript 修改为 JavaScript。

(1) 选择【开始】|【设置】|【控制面板】命令，在打开的【控制面板】窗口中双击【管理工具】图标，打开【管理工具】窗口。

(2) 在【管理工具】窗口中双击【Internet 信息服务】图标，打开【Internet 信息服务】窗口。然后双击【网站】选项，右击【默认网站】选项，在弹出的菜单中选择【属性】命令，打开【默认网站属性】对话框。

(3) 在【默认网站属性】对话框中选择【主目录】选项卡，然后单击【配置】按钮打开【应用程序配置】对话框。

(4) 单击【应用程序配置】对话框中的【选项】选项卡，打开该选项卡，然后在【默认 ASP 语言】文本框中将 VBScript 修改为 JavaScript 后，单击【确定】按钮即可，如图 10-35 所示。

此外，使用 Dreamweaver CS3 编写 ASP 网页时，也可以选择使用 JavaScript。比如在 Dreamweaver 中选择【文件】|【新建】命令，在打开的【新建文档】对话框的【类型】列表框中选择 JavaScript 选项，如图 10-36 所示。

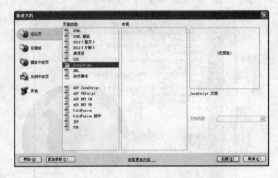

图 10-35　【应用程序配置】对话框　　　　　图 10-36　【新建文档】对话框

 知识点

在 ASP 文档的头部使用@LANGUAGE 代码也可以设置所创建文档的 ASP 脚本语言类型。比如要选择 VBScript 创建 ASP 网页时，可以在创建页面时，在第一行加上如下所示的代码：

```
<%@LANGUAGE="VBSCRIPT" CODEPAGE="936"%>
```

⑩.4　ASP 常用内建对象

要编写 ASP 应用程序，首先应该掌握一种脚本语言，如 VBScript 或 JavaScript，并且熟练掌握 ASP 的各种内嵌对象。因为，这些对象可以用来拓展 ASP 应用程序的功能。

⑩.4.1　常用内建对象简介

一个对象具有方法、属性或者集合，其中对象的方法决定了我们可以用这个对象做什么事情；对象的属性可以读取，它描述对象状态或者设置对象状态；对象的集合包含了很多和对象有关系的键与值的配对。下面是一些 ASP 常用内建对象的简单介绍。

◉ Request 对象为脚本提供客户端在请求一个页面或传送一个窗体时提供的所有信息，这包括能够标识浏览器和用户的 HTTP 变量，存储他们的浏览器对应于这个域的 cookie，以及附在 URL 后面的值(查询字符串或页面中<Form>段中的 HTML 控件内的值)。它也给我们提供了通过 Secure Socket Layer(SSL)或其他的加密通信协议访问证书的能力，并提供有助于管理连接的属性。

◉ Response 对象用来访问所创建的并返回客户端的响应。它为脚本提供了标识服务器和性能的 HTTP 变量，发送给浏览器的信息内容和任何将在 Cookie 中存储的信息。它也提供了一系列用于创建输出页的方法，如无所不在的 Response.Write 方法。

◉ Application 对象是在为响应一个 ASP 页的首次请求而载入 DLL 时创建的，它提供了存储空间用来存放变量和对象的引用，可用于所有的页面，任何访问者都可以打开它们。

◉ Session 对象是在每一位访问者从 Web 站点或 Web 应用程序中首次请求一个 ASP 页时创建的，它将保留到默认的期限结束(或者由脚本决定终止的期限)。它与 Application 对象一样提供一个空间用来存放变量和对象的引用，但只能供目前的访问者在会话的生命期中打开的页面使用。

◉ Server 对象提供了一系列的方法和属性，在使用 ASP 编写脚本时是非常有用的。最常用的是 Server.CreateObject 方法，它允许我们在当前页的环境或会话中在服务器上实例化其他 COM 对象。还有一些方法能够把字符串翻译成在 URL 和 HTML 中使用的正确格式，它通过把非法字符转换成为正确、合法的等价字符来实现。

◉ ASPError 对象通过 Server 对象的 GetLastError 方法使用。它提供了发生在 ASP 中的上一次错误的详细信息。

◉ ObjectContext 对象：ObjectContext 对象可以用来控制 ASP 的执行。这种执行过程由 Microsoft Transaction Server(MTS)来进行管理。

可以把这些对象看作是基于 ObjectContext 对象的一个层次关系的成员，这有助于理解它们与接受和响应客户请求的过程之间的关系，如图 10-37 所示的图中表现了 ASP 和创建及服务于 ASP 页的过程之间的关系。

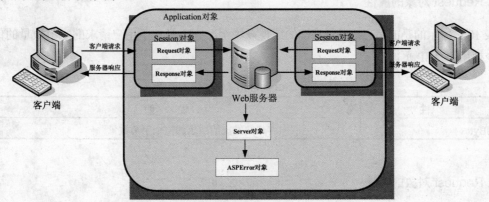

图 10-37　ASP 常用内建对象关系示意图

10.4.2 request 对象

表单的作用是向服务器端传递客户端数据，requeset 对象就是用来从客户端接受数据的，对于表单数据只要使用 request 针对 form 数据集合的获取方法，就可以轻松地实现从客户端表单中获得数据。

Request 对象并不仅仅能从表单中获取数据，还可以从 URL 地址、客户端 cookie 信息中获取数据，因此 request 功能是非常强大的。下面重点介绍 request 对象的属性、方法和数据集合。

1. Request 对象的数据集合

Request 对象提供了 5 个集合，可以用来访问客户端对 Web 服务器请求的各类信息，具体说明如表 10-1 所示。

表 10-1　Request 对象的集合及说明

集 合 名 称	说　　明
ClientCertificate	当客户端访问一个页面或其他资源时，用来向服务器表明身份的客户证书的所有字段或条目的数值集合，每个成员均是只读
Cookies	根据用户的请求，用户系统发出的所有 cookie 的值的集合，这些 Cookie 仅对相应的域有效，每个成员均为只读
Form	METHOD 的属性值为 POST 时，所有作为请求提交的<FORM>段中的 HTML 控件单元的值的集合，每个成员均为只读
QueryString	依附于用户请求的 URL 后面的名称／数值或者作为请求提交的且 METHOD 属性值为 GET(或者省略其属性)的，或<FORM>中所有 HTML 控件单元的值，每个成员均为只读
ServerVariables	随同客户端请求发出的 HTTP 报头值，以及 Web 服务器的几种环境变量的值的集合，每个成员均为只读

2. Request 对象的属性

表 10-2 所示的是 Request 对象唯一的属性及说明，它提供关于用户请求的字节数量的信息，并很少被用于 ASP 页。

表 10-2　Request 对象的属性及说明

属　　性	说　　明
TotalBytes	只读，返回由客户端发出的请求的整个字节数量

3. Request 对象的方法

表 10-3 所示的是 Request 对象唯一的方法及说明，它允许访问从一个<FORM>段中传递给服务器的用户请求部分的完整内容。

表 10-3　Request 对象的方法及说明

方　　法	说　　明
BinaryRead(count)	当数据作为 POST 请求的一部分发往服务器时，从客户请求中获得 count 字节的数据，返回一个 Variant 数组(或者 SafeArray)。如果 ASP 代码已经引用了 Request.Form 集合，这个方法就不能用。同样，如果用了 BinaryRead 方法，就不能访问 Request.Form 集合

【例 10-4】打开表单，设置 form 动作，定义变量，获取表单元素值。

(1) 打开一个含有表单的网页文档，如图 10-38 所示。

(2) 选中 page1 网页文档中的表单 form1，打开【属性】面板，单击【动作】文本框右边的【浏览文件】按钮□，打开【选择文件】对话框，如图 10-39 所示。

图 10-38　打开网页文档

图 10-39　【选择文件】对话框

(3) 选中 page2 网页文档，单击【确定】按钮，添加到【动作】文本框中。

(4) 打开 page2 网页文档，选择【查看】|【代码】命令，切换到【代码】视图。在 "<%" 和 "%>" 间定义变量：v1 和 v2。

(5) 将 request.form("MusicName")的值赋予 v1，将 request.form("MusicAuthor")的值赋予 v2，如图 10-40 所示。

(6) 分别使用 response.write 语句将 v1 到 v2 的值进行显示，如图 10-41 所示。

图 10-40　定义变量

图 10-41　显示各变量值

(7) 保存所有文件，浏览文件，在 page1 中输入内容，提交表单内容，如图 10-42 所示。

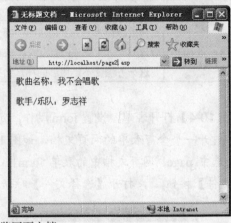

图 10-42　浏览网页文档

(10).4.3　response 对象

Response 对象可以被用于控制发送给用户的信息，包括直接发送信息给客户端浏览器、重定向浏览器到另外一个 URL 以及设置 Cookie 的值。

1. Response 对象的集合

表 10-4 所示的是 Response 对象的唯一集合，该集合设置希望放置在客户系统上的 cookie 的值，它直接等同于 Request.Cookies 集合。

表 10-4　Response 对象的集合及说明

集 合 名 称	说　　明
Cookies	在当前响应中，发回客户端的所有 cookie 的值，这个集合为只写的

2. Response 对象的属性

Response 对象也提供一系列的属性，可以读取和修改，使响应能够适应请求。当设置某些属性时，使用的语法可能与通常所使用的有一定的差异。具体如表 10-5 所示。

表 10-5　Response 对象的属性及说明

属　　性	说　　明
Buffer =True/False	读/写，布尔型，表明由一个 ASP 页面所创建的输出是否一直存放在 IIS 缓冲区，直到当前页面的所有服务器脚本处理完毕或 Flush、End 方法被调用。在任何输出(包括 HTTP 报头信息)送往 IIS 之前这个属性必须设置。因此在.asp 文件中，这个设置应该在<%@LANGUAGE=...%>语句后面的第一行。在 ASP 3.0 以及后续版本中默认设置缓冲为开(True)，而在早期版本中默认为关(False)

(续表)

属 性	说 明
CacheControl "setting"	读/写，字符型，设置这个属性为"Public"允许代理服务器缓存页面，如为"Private"则禁止代理服务器缓存的发生
Charset="value"	读/写，字符型，在由服务器为每个响应创建的 HTTP Content-Type 报头中附上所用的字符集名称(例如：ISO-LATIN-7)
Content Type="MIME-type"	读/写，字符型，指明响应的 HTTP 内容类型，标准的 MIME 类型(例如"text/xml"或者"Image/gif")。假如省略，表示使用 MIME 类型"text/html"，内容类型告诉浏览器所期望内容的类型
Expires minutes	读/写，数值型，指明页面有效的以分钟计算的时间长度，假如用户请求其有效期满之前的相同页面，将直接读取显示缓冲中的内容，这个有效期间过后，页面将不再保留在私有(用户)或公用(代理服务器)缓冲中
Expires Absolute #date[time]#	读/写，日期／时间型，指明当某页面过期和不再有效时的绝对日期和时间
IsClientConnected	只读，布尔型，返回客户是否仍然连接和下载页面的状态标志。在当前的页面已执行完毕之前，假如一个客户转移到另一个页面，这个标志可用来中止处理(使用 Response.End 方法)
PICS "PICS-Label-string"	只写，字符型，创建一个 PICS 报头并将之加到响应中的 HTTP 报头中，PICS 报头定义页面内容中的词汇等级，如暴力、性、不良语言等
Status="Code message"	读/写，字符型，指明发回客户的响应的 HTTP 报头中表明错误或页面处理是否成功的状态值和信息。例如"200 OK"和"404 Not Found"

3. Response 对象的方法

表 10-6 所示的是 Response 对象提供的一系列方法，它允许直接处理为返给客户端而创建的页面内容。

表 10-6　Response 对象的方法及说明

方 法	说 明
AddHeader("name","content")	通过使用 name 和 content 值，创建一个定制的 HTTP 报头，并增加到响应之中。不能替换现有的相同名称的报头。一旦已经增加了一个报头就不能被删除。这个方法必须在任何页面内容(即 text 和 HTML)被发往客户端前使用
AppendToLog("string")	当使用"W3C Extended Log File Format"文件格式时，对于用户请求的 Web 服务器的日志文件增加一个条目。至少要求在包含页面的站点的"Extended Properties"中选择"URIStem"
BinaryWrite(SafeArray)	在当前的 HTTP 输出流中写入 Variant 类型的 SafeArray，而不经过任何字符转换。对于写入非字符串的信息，例如定制的应用程序请求的二进制数据或组成图像文件的二进制字节，是非常有用的
Clear()	当 Response.Buffer 为 True 时，从 IIS 响应缓冲中删除现存的缓冲页面内容。但不删除 HTTP 响应的报头，可用来放弃部分完成的页面

计算机 基础与实训教材系列

（续表）

方　　法	说　　明
End()	让 ASP 结束处理页面的脚本，并返回当前已创建的内容，然后放弃页面的任何进一步处理
Flush()	发送 IIS 缓冲中所有当前缓冲页面给客户端。当 Response.buffer 为 True 时，可以用来发送较大页面的部分内容给个别的用户
Redirect("url")	通过在响应中发送一个 "302 Object Moved" HTTP 报头，指示浏览器根据字符串 url 下载相应地址的页面
Write("string")	在当前的 HTTP 响应信息流和 IIS 缓冲区写入指定的字符，使之成为返回页面的一部分

　　【例 10-5】打开 page1 网页文档，编写代码，输入 customername 和 firsttime 两个 cookies 值，使用 response.redirect 转到 page2 网页文档。定义变量，分别获取 customername 和 firsttime 的 cookies 值。

　　(1) 打开 page1.asp 网页文档。选择【查看】|【代码】命令，切换到【代码】视图中。

　　(2) 将光标移至<body>标记下方，输入代码，如图 10-43 所示，定制 customername 和 firsttime 两个 cookies 值。

　　(3) 使用 response 的 redirect 方法，从当前页面转到 page2.asp 网页文档，如图 10-44 所示。保存 page1.asp 网页文档。

图 10-43　定义 cookies 值　　　　　　　　　图 10-44　输入跳转页面代码

　　(4) 打开 page2.asp 网页文档，切换到【代码】视图中。

　　(5) 将光标移至 page2.asp 网页文档的【代码】视图中的<body>标记下方，输入代码，如图 10-45 所示。定义 c1 和 c2 两个变量。

　　(6) 使用 request.cookies 获取 page1.asp 文档中写入的 cookies 值，并将值赋予 c1 和 c2 变量，如图 10-46 所示。

图 10-45　定义变量　　　　　　　图 10-46　获取 cookies 值并赋予变量

(7) 分别使用 response.write 语句对 c1 和 c2 的值进行显示，输入相应的文字描述，如图 10-47 所示。

(8) 保存文档，在浏览器中预览网页文档，如图 10-48 所示。

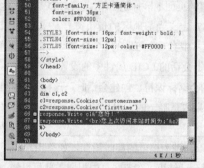

图 10-47　显示 c1 和 c2 的值以及相应的文字说明　　　　图 10-48　浏览文档

10.4.4　session 对象

Session 对象的作用是填补 HTTP 协议的局限。在应用过程中，可以使用 Session 对象存储用户会话所需的信息。这样，当用户在应用程序的 Web 页之间跳转时，存储在 Session 对象中的变量将不会丢失，而是在整个用户会话中一直存在下去。当用户请求来自应用程序的 Web 页时，如果该用户还没有会话，则 Web 服务器将自动创建一个 Session 对象。当会话过期或被放弃后，服务器将终止该会话。

1. Session 对象的集合

Session 对象提供了两个集合，可以用来访问存储于用户的局部会话空间中的变量和对象。

具体说明如表 10-7 所示。

表 10-7 Session 对象的集合及说明

集 合 名 称	说　明
Contents	存储于这个特定 Session 对象中的所有变量和其值的一个集合，并且这些变量和值没有使用\<OBJECT\>元素进行定义。包括 Variant 数组和 Variant 类型对象实例的引用
StaticObjects	通过使用\<OBJECT\>元素定义的、存储于这个 Session 对象中的所有变量的一个集合

2. Session 对象的属性

Session 对象提供了 4 个属性。具体说明如表 10-8 所示。

表 10-8 Session 对象的属性及说明

属　性	说　明
CodePage	读/写。整型。定义用于在浏览器中显示页面内容的代码页(Code Page)。代码页是字符集的数字值，不同的语言和场所可能使用不同的代码页。例如，ANSI 代码页 1252 用于美国英语和大多数欧洲语言，ANSI 代码页 932 用于日文
LCID	读/写。整型。定义发送给浏览器的页面地区标识(LCID)。LCID 是唯一地标识地区的一个国际标准缩写，例如，2057 定义当前地区的货币符号是'£'。LCID 也可用于 FormatCurrency 等语句中，只要其中有一个可选的 LCID 参数。LCID 也可在 ASP 处理指令\<%...%\>中设置，并优先于会话的 LCID 属性中的设置
SessionID	只读。长整型。返回这个会话的会话标识符，创建会话时，该标识符由服务器产生。只在父 Application 对象的生存期内是唯一的，因此当一个新的应用程序启动时可重新使用
Timeout	读/写。整型。为这个会话定义以分钟为单位的超时周期。如果用户在超时周期内没有进行刷新或请求一个网页，该会话结束。在各网页中根据需要可以修改。默认值是 10min，在使用率高的站点上该时间应更短

3. Session 对象的方法

Session 对象允许从用户级的会话空间删除指定值，并根据需要终止会话。具体说明如表 10-9 所示。

表 10-9 Session 对象的方法及说明

方　法	说　明
Contents.Remove("variable_name")	从 Session.Content 集合中删除一个名为 variable_name 的变量
Contents.RemoveAll()	从 Session.Content 集合中删除所有变量
Abandon()	当网页的执行完成时，结束当前用户会话并撤消当前 Session 对象。但即使在调用该方法以后，仍可访问该页中的当前会话的变量。当用户请求下一个页面时将启动一个新的会话，并建立一个新的 Session 对象

4. Session 对象的事件

Session 对象提供了在启动和结束时触发的两个事件, 具体如表 10-10 所示。

表 10-10 Session 对象的事件及说明

方　　法	说　　明
OnStart	当 ASP 用户会话启动时触发, 在用户请求的网页执行之前。用于初始化变量、创建对象或运行其他代码
OnEnd	当 ASP 用户会话结束时触发。从用户对应用程序的最后一个页面请求开始, 如果已经超出预定的会话超时周期则触发该事件。当会话结束时, 取消该会话中的所有变量。在代码中使用 Abandon 方法结束 ASP 用户会话时, 也触发该事件

⑩.4.5 Application 对象

Application 对象代表整个 ASP 网页所构成的 Web 应用程序, 广泛应用于网页之间共享数据的存取与运算。最主要的应用就是设计网站计数器。

1. Application 对象的集合

Application 对象提供了两个集合, 用于访问存储于全局应用程序空间中的变量和对象。该对象的集合及说明如表 10-11 所示。

表 10-11 Application 对象的集合及说明

集 合 名 称	说　　明
Contents	没有使用<OBJECT>元素定义的存储于 Application 对象中的所有变量(及它们的值)的一个集合。包括 Variant 数组和 Variant 类型对象实例的引用
StaticObjects	使用<OBJECT>元素定义的存储于 Application 对象中的所有变量(及它们的值)的一个集合

2. Application 对象的方法

Application 对象的方法允许删除全局应用程序空间中的值, 控制在该空间内对变量的并发访问。该对象的方法及说明如表 10-12 所示。

表 10-12 Application 对象的方法及说明

方　　法	说　　明
Contents.Remove("variable_name")	从 Application.Content 集合中删除一个名为 variable_name 的变量
Contents.RemoveAll()	从 Application.Content 集合中删除所有变量
Lock()	锁定 Application 对象, 使得只有当前的 ASP 页面对内容能够进行访问。用于确保通过允许两个用户同时地读取和修改该值的方法而进行的并发操作不会破坏内容
Unlock()	解除对在 Application 对象上的 ASP 网页的锁定

3. Application 对象的事件

Application 对象提供了在启动和结束时触发的两个事件，如表 10-13 所示。

表 10-13　Application 对象的事件及说明

方　　法	说　　明
OnStart	当 ASP 启动时触发，在用户请求的网页执行之前和任何用户创建 Session 对象之前。用于初始化变量、创建对象或运行其他代码
OnEnd	当 ASP 应用程序结束时触发。在最后一个用户会话已经结束并且该会话的 OnEnd 事件中的所有代码已经执行之后发生。其结束时，应用程序中存在的所有变量被取消

【例 10-6】使用 Application 对象，制作网站计数器。

(1) 打开 page2.asp 网页文档，切换到文档的【代码】视图中。

(2) 将光标移至%>代码前，输入代码，如图 10-49 所示。在该段代码中，使用 lock 方法锁定 Application 对象，这样保证了同一时刻只能由在线的访问者修改计数器，从而避免冲突。定义 Application 变量 Num，可以存储网站访问人数。

(3) 保存文档，在浏览器中预览文档，如图 10-50 所示。

图 10-49　输入代码　　　　　　　　图 10-50　预览文档

⑩.5　VBScript 基本语法

VBScript 可以用来编写用于客户端和服务器端上的脚本程序。ASP 利用它创建动态程序代码，用户可以将其视为简化版的 Visual Basic。下面就简要介绍一下 VBScript 的应用基础与常用函数，以帮助读者在学习 ASP 时更好地利用其功能。

10.5.1 VBScript 变量和常数

变量其实是一种占位符，用于引用计算机内存地址，该地址可以存储脚本运行时可更改的程序信息，比如数字、文字和日期等等。VBScript 允许将数据直接存储至一个变量，然后针对该变量进行运算。如图 10-51 所示，在【代码】视图中的第 99 行中，将数值 1 指定给变量 intVar，然后第 101 行中，在原值基础上加上 1，并将结果赋值给变量。

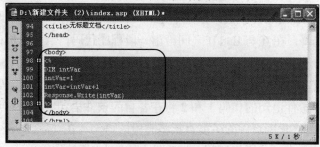

图 10-51　定义变量

1. 声明变量

通常，在一般程序语言中使用变量之前一定要进行声明。声明变量有两种方式，第一种方式是使用 DIM 语句、Public 语句或者 Private 语句在脚本中显式声明变量。例如 Dim intVar。

第二种方式是通过直接在脚本中使用变量，即隐式声明变量。但这样容易造成诸如变量名被拼错而导致脚本程序在运行时出错之类的结果。因此最好在写程序时使用 Option Explicit 语句作为脚本的第一条语句，显式声明所有的变量。

2. 赋值变量

赋予变量数值的典型表达方式为：intVar=10。变量名在左边，变量值在右边，中间以等号链接。

3. 常数

常数是具有一定含义的名称，用于代替数字或字符串。常数的值不会像变量一样可被改变。可以使用 Const 语句在 VBScript 中创建具有一定含义的字符串型或数值型自定义常数，并赋值原义值，例如 Const　WebDate=#7-2-08#

在创建常数时，应该采用一套有效的方案来区分常数和变量，这样可以避免在运行脚本时对常数的重新赋值。

10.5.2 条件语句

使用条件语句和循环语句可以控制 Script 的流程。使用条件语句可以编写进行判断和重复操作的 VBScript 代码。在 VBScript 中可使用 If...Then...Else 和 Select Case 两种条件语句。

1. If...Then...Else 语句(判断语句)

If...Then...Else 语句是经常被使用的一种程序语句，它的主要功能是根据表达式的值有条件地执行一组语句。该语句包含了以下几种模式：

- If...Then...End If.模式：当 If 后面的条件语句成立时，If.与 End If.之间的程序代码将会被运行。若不成立，则直接跳过。
- If...Then... Else...End If.模式：该模式在 If...Then...End If.模式的基础上增加不符合 If 条件时的程序选择。在 If.与 End If.之间给出一段程序代码，当 If 后面的条件语句不成立时，可以运行该程序。
- If...Then... Else If...Then...End If.模式：该模式在决定是否运行代码时增加一次条件语句判断。符合条件语句的代码 1 和 2 将在各自的条件语句成立时被运行。

另外，If 语句在 ASP 网页中除了能直接将整段的语句写在<%.....%>区域中以外，还可以利用<%.....%>将程序的各个部分进行切割，用于控制 HTML 标签的输出。

新建一个 ASP VBScript 网页文档，在【代码】视图中的<body>标记后输入如下代码：

```
<% if 2>1 then %>
<p>正确测试</p>
<% else %>
<p>错误测试</p>
<% end if %>
```

这是一个简单的 If...Then...Else...End If.模式语句，实现对数值 1 和 2 的大小的判断。当 2>1 时，在运行该网页时显示一个文字页面。否则，将显示另一个文字页面，如图 10-52 所示。

图 10-52　条件语句网页效果

2. Select Case 语句(多重判断语句)

Select Case 语句提供 If 语句模式的变通形式，它允许程序从多个语句块中选择运行其中的一个。因此，当程序中需要包含多个判断式时，使用 If 语句会非常繁琐，这时可以使用 Select Case 语句。例如如下代码中，当满足条件时，运行该条件程序。

```
Select Case  条件值
Case  第 1 个条件式
符合第 1 个条件式要求时运行的代码……
Case  第 2 个条件式
符合第 2 个条件式要求时运行的代码……
……
Case  第 N 个条件式
符合第 N 个条件式要求时运行的代码……
Case else
不符合以上任何一个条件式时所运行的程序代码……
End Select
```

 知识点

　　Select Case 语句结构在开始处使用一个只计算一次的简单测试表达式。该表达式的结果将与语句中的每个 Case 句的值进行比较。如果与某个 Case 值匹配，则运行与该 Case 句关联的语句块。

⑩.5.3　循环语句

　　循环语句用于重复执行一组语句。循环的方式可分为三类：第一类在条件成立之前重复执行语句，第二类在条件不成立之前重复执行语句，第三类则按照指定的次数重复执行语句。VBScript 所支持的循环语句有 4 种，分别是 For...Next、For Each...Next、While...Wend 和 Do...Loop 语句。而最常用的就是 For...Next 语句。

1. For...Next 语句

For...Next 语句是最简单的循环语句，它用于实现将语句块运行指定的次数。

```
For counter = start To end [Step(StepValue)]
重复执行的程序代码……
Next
```

　　在 For...Next 语句运行时，只要 counter 变量值处在 start 值和 end 值之间时，循环就将持续运行。只有在 counter 变量值超过 end 值后，整个循环语句才会因为跳出循环而停止。而 Step 则可以设置每次 counter 变量值按照 StepValue 值的大小作改变。StepValue 值的默认参数为 1，并可以使用正负值。当其为负数时，start 将会依次递减直到 counter 变量值超过 end 值。下面将用两个实例来具体说明。

　　【例 10-7】新建一个 ASP 网页文档，实现在网页中输出数字 1~30 之间的所有奇数。

　　(1) 新建一个 ASP VBScript 网页文档。选择【查看】|【代码】命令，切换到【代码】视图中，在<body>标记后面输入如图 10-53 所示的代码。

　　(2) 保存文件，按 F12 键，在浏览器中预览网页文档，如图 10-54 所示。

图 10-53　在【代码】视图中输入代码　　　图 10-54　在浏览器中预览网页文档

⑩.6　上机练习

本章上机练习主要介绍使用表单，创建并连接数据库，制作注册页面。对于本章中的其他内容，可以根据相关章节内容练习。

⑩.6.1　使用表单创建查询页面

在本地 ASP 站点的根目录下新建【查询】和【查询结果】页面。

(1) 启动 Dreamweaver CS3，选择【窗口】|【文件】命令，打开【文件】面板，在创建的 ASP 本地站点的根目录下新建 search.asp 文档和 result.asp 文档，如图 10-55 所示。

(2) 右击创建的 search.asp 文档，在弹出的快捷菜单中选择【打开方式】|Dreamweaver 命令，在 Dreamweaver CS3 中打开文档。

(3) 在文档中输入文本内容"查询页面"和"请输入查找内容包含的关键字："，打开【属性】面板，设置文本内容属性。

(4) 右击文档空白位置，在弹出的快捷菜单中选择【页面属性】命令，打开【页面属性】对话框，设置背景颜色为【#FFFFCC】，效果如图 10-56 所示。

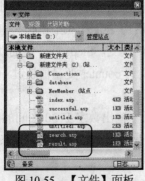

图 10-55　【文件】面板　　　　　　图 10-56　设置页面属性

（5）单击【插入栏】上的【表单】选项卡，打开【表单】插入栏，单击【文本字段】按钮口，在文档中插入一个文本域。单击【按钮】按钮口，在文档中插入一个按钮对象，打开【属性】面板，在【值】文本框中输入【查询】，调整表单对象位置，如图 10-57 所示。

（6）打开 result.asp 文档，在文档中输入文本内容"查询结果"，设置页面背景颜色为【#FFFFCC】，效果如图 10-58 所示。

图 10-57　search 页面　　　　图 10-58　设置背景颜色

（7）选择【插入记录】|【表格】命令，打开【表格】对话框，如图 10-59 所示，插入一个 2 行 3 列的表格，在表格中插入内容，设置表格合适属性。创建的 Result.asp 文档如图 10-60 所示。

图 10-59　【表格】对话框　　　　图 10-60　Result.asp 文档

10.6.2　创建数据库

启动 Access，创建数据库，并在数据表中输入记录。

（1）启动 Access，选择【文件】|【新建】命令，打开【新建文件】面板，单击【空数据库】，打开【文件新建数据库】对话框，将数据库保存在 ASP 本地站点的 database 文件夹中，输入保存名称为 chaxun，如图 10-61 所示，单击【创建】按钮，打开【chaxun 数据库】对话框。

（2）在【chaxun 数据库】对话框的【对象】列表框中单击【表】选项卡，打开该选项卡对话框，双击【使用设计器创建表】选项，打开【表 1】对话框，在该对话框中输入相应的信息并设置主键，如图 10-62 所示。

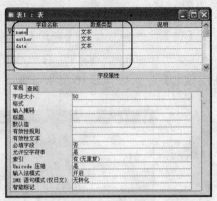

图 10-61 【文件新建数据库】对话框　　　　图 10-62 【表 1】对话框

(3) 保存创建的数据表，设置保存名为 music。返回【chaxun 数据库】对话框，在【表】选项卡中会显示创建的 music 数据表，如图 10-63 所示。双击创建的 music 数据表，打开 music 表数据库，填写几条相应的信息，如图 10-64 所示。

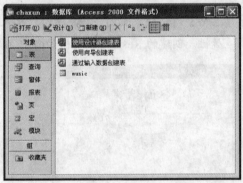

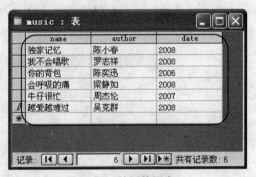

图 10-63　显示 music 数据表　　　　图 10-64　填写数据库

10.6.3　制作查询页面

打开创建的 search.asp 文档和 result.asp 文档，连接数据库，添加记录集，制作具有模糊查询功能的 ASP 动态页面。

(1) 启动 Dreamweaver CS3，打开 search.asp 文档和 result.asp 文档。

(2) 选择【窗口】|【数据库】命令，打开【应用程序】面板中的【数据库】选项卡。

(3) 单击【数据库】选项卡中的【+】按钮，在弹出的菜单中选择【数据源名称(DSN)】命令，如图 10-65 所示，打开【数据源名称(DSN)】对话框。

(4) 在【数据源名称(DSN)】对话框的【连接名称】文本框中输入连接名称 chaxun，在【数据源名称】下拉列表中选择 chaxun 数据表，单击【测试】按钮，如果显示【成功创建连接脚本】

内容对话框，如图 10-66 所示，单击【确定】按钮，连接数据库，连接的数据库会在【应用程序】
面板的【数据库】选项卡中显示，如图 10-67 所示。

图 10-65　【应用程序】面板

图 10-66　【数据源名称(DSN)】对话框

（5）选中 search.asp 文档的表单文本框，打开【属性】面板，在【文本域】文本框中输入名
称 searche，如图 10-68 所示。

图 10-67　【应用程序】面板

图 10-68　设置【文本域】名称

（6）将光标移至页面中的表单内，在【标签检查器】中选择标签<form#form1>，选中页面中
的表单。

（7）在【属性】面板的【动作】文本框中输入查询结果显示页面的文件名 Result.asp，在【方
法】下拉列表中选择 GET 选项，如图 10-69 所示。

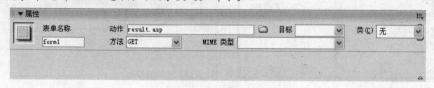

图 10-69　【属性】面板

（8）打开 Result.asp 文档，选择【窗口】|【绑定】命令，打开【应用程序】面板的【绑定】
选项卡。

（9）单击【+】按钮，在弹出的菜单中选择【记录集(查询)】命令，打开高级【记录集】对话框。

(10) 在高级【记录集】对话框的【名称】文本框中输入 Recordset1，在【连接】下拉列表中选择建立的数据库连接 chaxun，在 SQL 文本框中输入下面的命令代码，如图 10-70 所示。

(11) 单击【测试】按钮，会打开如图 10-71 所示的【测试 SQL 指令】对话框，在该对话框中显示数据表中的数据内容。

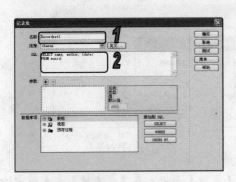

图 10-70　输入 SQL 代码

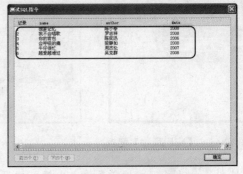

图 10-71　【测试 SQL 指令】对话框

(12) 在【绑定】选项卡中展开新创建的记录集 Recordset1，然后将 name 字段选项拖拽至页面中表格内的文字【名称】列的下方，将 author 字段选项拖拽至文字【歌手】列的下方，将 date 字段选项拖拽至文字【发行日期】列的下方，如图 10-72 所示。

(13) 选中页面的表格中插入了动态数据的行，选择【窗口】|【服务器行为】命令，打开【应用程序】面板中的【服务器行为】选项卡。单击【服务器行为】选项卡中的【+】按钮，在弹出的菜单中选择【重复区域】命令，打开【重复区域】对话框。

(14) 单击【重复区域】对话框中的【记录集】下拉列表按钮，在弹出的下拉列表中选择记录集 Recordset1，在【显示】选项区域中选中【记录】单选按钮，并在文本框中输入数值 2，如图 10-73 所示。

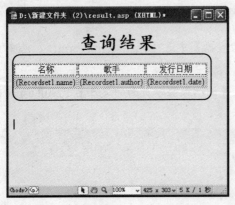

图 10-72　将字段拖入相应的文本下方

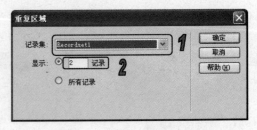

图 10-73　【重复区域】对话框

(15) 单击【重复区域】对话框中的【确定】按钮，关闭【重复区域】对话框后，页面效果如图 10-74 所示。

(16) 在【标签检查器】中选择<table>标签，选中网页中的表格。

(17) 单击【服务器行为】选项卡中的【+】按钮，在弹出的菜单中选择【显示区域】|【如果记录集不为空则显示区域】命令，打开【如果记录集不为空则显示区域】对话框。

(18) 在【如果记录集不为空则显示区域】对话框中的【记录集】下拉列表中选择记录集 Recordset1 选项，如图 10-75 所示，单击【确定】按钮。

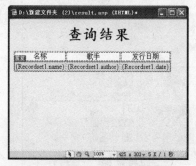

图 10-74　设置【重复记录】服务器行　　　图 10-75　【如果记录集不为空则显示区域】对话框

(19) 打开 Internet Explorer 浏览器，在【地址栏】中输入连接地址 http://localhost/search.asp，按下 Enter 键，打开 search.asp 网页文档，如图 10-76 所示。

(20) 在 search.asp 页面中的文本框中输入查询的内容，单击【查询】按钮，跳转到 result.asp 页面，在 result.asp 页面中会显示模糊查询结果，如图 10-77 所示。

图 10-76　在 search.asp 页面中输入查询内容　　　图 10-77　在 result.asp 页面中显示查询结果

10.7　习题

1. 一个完整的表单包括哪两个基本组件？
2. 表单对象的载体是什么？
3. 在代码编辑环境中定义记录集(Recordest)之前，必须创建哪个对象？
4. 变量用于引用计算机内存地址，该地址可以存储脚本运行时可更改的什么信息？
5. 不依赖表单而存在的对象是什么？
6. 在 ASP 技术中，不可以使用哪种类型的脚本语言？

7. 用于在计数器达到其终止值之前退出 For...Next 语句的 VBScript 语句是什么？

8. 在文档中创建一个个人简历表单，效果如图 10-78 所示。

9. 创建 ASP 网页文档，制作图书查询效果页面，如图 10-79 所示。

图 10-78　创建个人简历表单

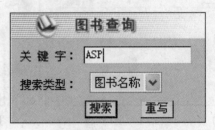

图 10-79　图书查询

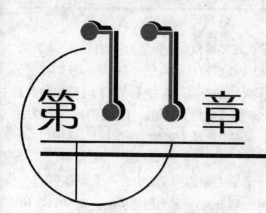

第11章

站点的测试与发布

学习目标

　　本章介绍网站的测试、调试和上传方法，如何利用站点地图、设计备注等工具来管理站点，以及站点的维护方法和技巧。Dreamweaver CS3 包含大量管理站点的功能，还具有与远程服务器进行文件传输的功能。可以使用站点窗口来组织本地站点和远程站点上的文件，将本地站点结构复制到远程站点上，也可以将远程站点结构复制到本地系统中。

本章重点

- ◉　测试站点
- ◉　发布站点
- ◉　管理站点
- ◉　维护站点

11.1　测试站点

　　网站设计完成后，如果希望网络上的计算机能够访问到自己的网站，就必须将网站发布到 Web 服务器上，当在发布站点之前，必须对站点进行测试。

　　站点设计完成后，在上传到服务器之前，进行本地测试和调试是十分必要的，以保证页面的外观和效果，网页链接和页面下载时间与设计要求相吻合，同时也可以避免网站上传后出现这样或那样的错误，给网站的管理和维护带来不便。网站的测试主要包括以下几个方面的内容。

11.1.1　检查和修复超链接

　　在 Dreamweaver CS3 的编辑平台下，可以通过站点地图以图形化的方式查看整个网站页面间的链接关系，根据需要添加、修改或删除链接，然后通过链接检查、修复工具对网站中某个文档或整个站点进行测试，修复错误链接，并在站点地图中观察网站结构变化。

要使用站点地图浏览网站链接结构，必须首先定义站点的首页，选择【站点】|【管理站点】命令，打开【管理站点】对话框，在列表中选中站点，单击【编辑】按钮，打开【清雅书屋的站点定义为】对话框，打开【高级】选项卡，在【分类】列表中选择【站点地图布局】，如图 11-1 所示设置，将 index.asp 作为站点主页。

在面板组打开【文件】面板，打开【文件】选项卡，在右侧的列表框中选择【地图视图】。【站点导航】下将显示出【清雅书屋】网站的链接结构，以 index.asp 为起始页面。如图 11-2 所示。页面前面有【+】号的，可以将其展开查看其下方的子页面结构。

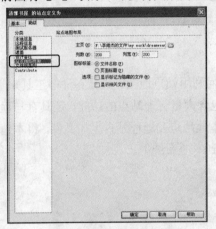 

图 11-1　设置站点首页　　　　图 11-2　查看站点链接结构

打开任一站点，在文档编辑器底部展开【结果】面板，打开【链接检查器】选项卡，如图 11-3 所示。可通过该选项卡检查并修复站点的链接。

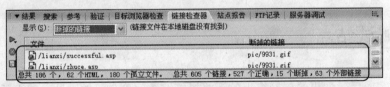

图 11-3　【链接检查器】选项卡

在图 11-3 所示的【链接检查器】选项卡中，在【显示】右侧的下拉列表选择【断掉的链接】，单击对话框左上角的按钮 ，在弹出菜单中如果选择【检查当前文档中的链接】，系统将对当前网页的所有链接进行检查，并显示检查结果；如果选择【检查整个当前本地站点的链接】，系统将对整个站点进行检查，并在下部的列表框中显示检查结果。图 11-3 中所示的就是对整个站点链接进行检查的结果。

要修复某个已经断掉的链接，可将指针指向相应的文件，双击，在文档编辑器中打开该网页文档，找到该链接的文字或图片，然后在【链接检查器】选项卡中选择该断掉的链接，重新输入链接路径即可。

孤立文件是没有用途的文件，它只会增加站点的体积，而孤立文件只有当对整个站点进行检查时才能显示出来。因而对整个站点链接结构进行检查后，可在【显示】右侧列表选择【孤立文件】，下方将显示该站点的所有孤立文件，如图 11-4 所示。选中它们，按 Delete 键将它们删除。

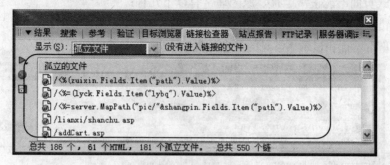

图 11-4　删除孤立文件

11.1.2　应用程序代码调试

Dreamweaver CS3 实现了交互式数据库网站的可视化设计，方便了对编程不是十分熟悉的设计人员，但也存在一些问题。应用程序的代码是自动生成的，由于在设计时往往要反复修改，系统会产生大量冗余代码，这些代码很可能导致页面不能正常运行和显示。了解一定的程序调试方法和技巧，对于设计交互式数据库网站是十分重要的。

Microsoft Script Debugger 是一个功能十分强大的调试工具，可用于调试 Java、VBScript 等应用程序代码，需要注意的是：它仅支持 Windows Internet Explorer 3.0 及其以上版本。

在开始调试网站应用程序代码之前，必须确保系统已经安装了 Microsoft Script Debugger。检查方法比较简单：首先启动 IE 浏览器，选择【工具】|【Internet 选项】命令，打开【Internet 选项】对话框，单击【高级】标签，在打开的选项卡中，取消【禁用脚本调试(Internet Explorer)】的启用状态，如图 11-5 所示。然后单击【查看】菜单，如果其子菜单中包含【脚本调试程序】，如图 11-6 所示，则说明系统已经安装 Microsoft Script Debugger，如果没有，则需要从微软网站上下载。

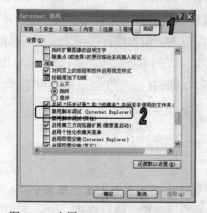

图 11-5　启用 Microsoft Script Debugger

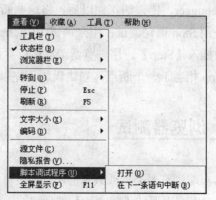

图 11-6　确认脚本调试工具是否安装

1. ASP 页面出错原因

ASP 交互式页面不能正常运行，原因通常有以下几种：

◉ 语法错误：由于页面多次修改，系统产生的大量冗余代码或人为添加错误代码导致页面无法正常运行和显示，常见的如参数类型不匹配、关键字拼写错误等，如图 11-7 所示。

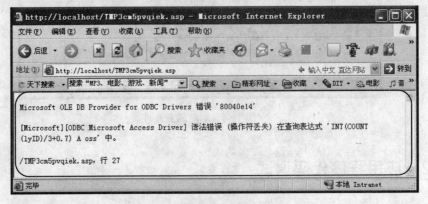

图 11-7　ASP 页面语法出错

◉ 运行错误：页面在执行一些不可能实现的命令或程序时出错，如缺少对象、除零运算等。
◉ 逻辑错误：页面语法没有错误，但运行结果和预设结果不一致。这主要是程序逻辑设计错误引起的，通常难以检查。

2. ASP 页面调试方法

ASP 页面的调试方法通常有以下 3 种：

◉ 实时调试：ASP 页面在运行时出错，Microsoft Script Debugger 将自动指向产生错误的代码行，使用编辑程序对这些错误进行纠正，然后保存继续运行。
◉ 断点调试：当 ASP 页面不能正常运行，但具体错误根源位置难以判定而只能判断大致范围时，采用该方法。在可能出现错误的脚本代码间设置多个断点，然后更改变量或属性的值，用浏览器请求运行此脚本，当运行到该断点时，系统启动 Microsoft Script Debugger，错误纠正完以后，将这些断点删除，使代码能够不间断运行。
◉ 使用 Stop 语句调试：用来调试 VBScript 编写的应用程序，在可能出现问题的脚本语句前插入【Stop】。用浏览器请求运行页面文件，脚本调试程序将指示 Stop 语句位置，Stop 相当于一个断点，当错误纠正完以后，将所有插入的 Stop 语句删除。

(11).1.3　浏览器测试

由于客户端浏览器类型或版本的不同，很可能导致正确的页面无法正常显示。因而，在发布网站之前，对所有页面的【兼容性】进行测试，就显得很重要。通过修正，使站点页面能够最大程度地在不同类型和版本的浏览器上正常运行和显示。Dreamweaver CS3 提供了目标浏览器的测试工具，可以很方便地检查站点页面的【兼容性】。

打开一个网页，选择【窗口】|【结果】命令，打开【结果】面板。单击【目标浏览器检查】标签，打开该选项卡，如图 11-8 所示。

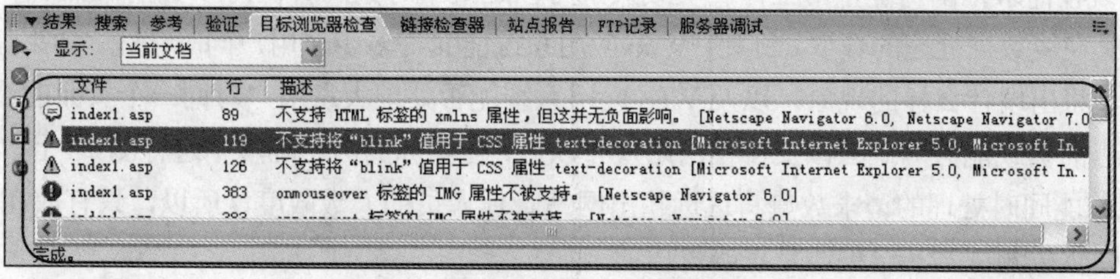

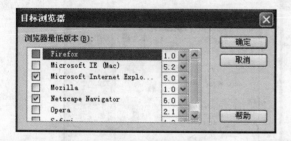

图 11-8　【目标浏览器检查】选项卡

在对目标浏览器进行测试之前，首先应先设置目标浏览器类型及其相应的测试版本。单击按钮，在弹出菜单中选择【设置】命令，打开【目标浏览器】对话框，如图 11-9 所示。

在【浏览器最低版本】下的列表框中选中【Microsoft Internet Explore】和【Netscape Navigator】复选框，在它们右侧列表中分别将相应的测试版本设置为 5.0 和 6.0，如图 11-9 所示。

提示

Microsoft Internet Explore 和 Netscape Navigator 是当前最流行的浏览器类型，在选择测试版本时，通常是选择较低的版本，这是因为新版本大都兼容以前版本的浏览器。但测试版本不能过低，通常 Microsoft Internet Explore 测试版本选择 5.0，Netscape Navigator 测试版本设置为 6.0。

图 11-9　【目标浏览器】对话框

单击按钮，在弹出菜单中选择【为当前文档检查目标浏览器】，结果面板中将列出一个报告单，列出可能导致页面不能正常运行和显示的选项、具体位置及对应浏览器类型和版本。双击错误选项，文档编辑区【代码】视图中对应代码将高亮显示，根据报告中的提示对代码进行修改，直到没有错误为止。用同样的方法对站点其他页面进行目标浏览器测试，完成后保存所有页面文档。

11.1.4　站点其他测试

除了链接测试和浏览器测试以外，网站的测试还有负载测试和压力测试。

1. 负载测试

对网站进行负载能力测试是为了测量站点中的 Web 系统在某一负载级别上的性能，以保证 Web 系统在需求范围内能正常工作。负载级别可以是某个时刻同时访问 Web 系统的用户数量，也可以是在线数据处理的数量。例如：Web 应用系统能允许多少个用户同时在线。如果超过了这个数量，将出现什么样的现象，以及 Web 应用系统能否处理大量用户对同一个页面的请求等。

站点的负载能力测试应该安排在网站发布以后，在实际的网络环境中进行测试。因为同一个 Web 系统能同时处理的请求数量将远远超出网站管理人员的人数限度，所以，只有放在 Internet 上，接受负载测试，其结果才是正确可信的。

2 压力测试

压力测试是测试 Web 应用系统的限制和故障恢复能力，也就是测试网站应用系统在受到破坏的情况下抗崩溃的能力。因为，Internet 中的黑客常常提供错误的数据负载，直到导致 Web 应用系统崩溃，然后在系统重新启动时获得网站的管理权限。

【例 11-1】测试本地站点的链接情况。

(1) 选择【窗口】|【文件】命令，打开【文件】面板，如图 11-10 所示。

(2) 选择【站点】|【报告】命令，打开【报告】对话框，如图 11-11 所示。

图 11-10 【文件】面板

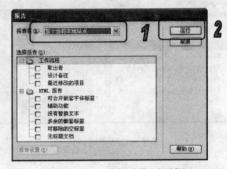

图 11-11 【报告】对话框

(3) 在【报告】对话框中，在【报告在】下拉列表中选择【整个当前本地站点】选项，单击【运行】按钮。

(4) 打开【结果】面板，在该面板中可以显示站点测试报告，如图 11-12 所示。

图 11-12 站点报告

⑪.2　管理站点

网站在上传到 Internet 上的 Web 服务器上以后，可以根据站点的实际情况对其进行管理和控制。可以将本地站点结构复制到远程站点上，也可以将远程站点结构复制到本地系统中。当在本地站点创建了链接关系并链接到远程站点后，就可以向远程站点传递文件，因为两个站点的结构是完全相同的。

⑪.2.1　同步站点

在完成 Dreamweaver 站点的创建工作，并将本地站点内的站点文件上传至 Web 服务器上后，可以利用 Dreamweaver CS3 的同步功能在远程和本地站点之间进行文件同步，既可以更新某一个页面，也可以更新整个站点。

同步本地和远程站点，选择【窗口】|【文件】命令，打开【文件】面板。选择要同步的本地站点，选择【站点】|【同步站点范围】命令，打开【同步文件】对话框，如图 11-13 所示。在【方向】下拉列表中选择【从远程获得较新的文件】选项，单击【预览】按钮，系统会自动更新文件中的文件列表，如图 11-14 所示。

图 11-13　【同步文件】对话框

图 11-14　更新文件

更新文件后，系统会提供可以在执行同步前对这些文件进行的更改动作，例如上传、获取和删除等，如图 11-15 所示。当所有文件都同步后，系统会自动执行后台同步操作，如图 11-16所示。

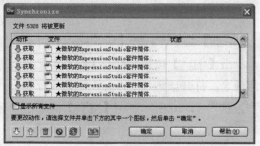

图 11-15　显示在同步操作前对更新文件的更改动作

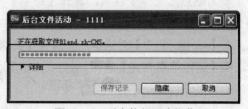

图 11-16　后台执行同步操作

⑪.2.2 标识和删除未使用的文件

在使用 Dreamweaver 对站点进行管理的过程中，可以利用软件的链接检查功能标识并删除站点中其他文件不再使用的文件。

选择【窗口】|【文件】命令，打开【文件】面板，选择需要设置的站点。选择【站点】|【检查站点范围的链接】命令，打开【结果】面板，显示了站点内容所有的断开链接，如图 11-17 所示。

图 11-17 【结果】面板

 计算机 基础与实训教材系列

单击【结果】面板上的【显示】下拉列表，在弹出的下拉列表中选择【孤立文件】选项，在该面板中显示导入站点链接的所有没有链接到的文件，如图 11-18 所示。

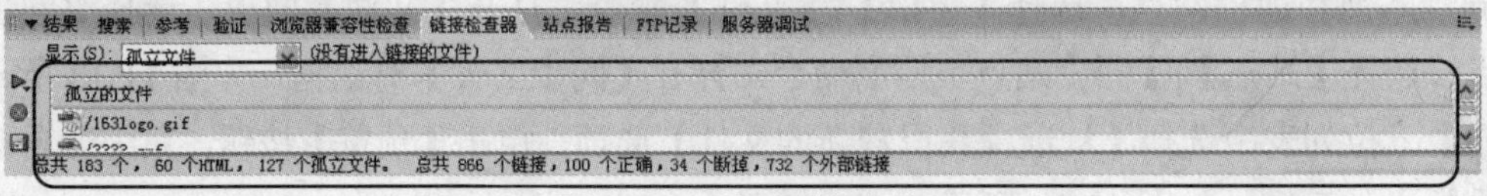

图 11-18 显示孤立文件

⑪.2.3 站点管理地图

在 Dreamweaver CS3 中，使用站点地图可以用图形的方式查看站点结构，显示网页之间的链接关系。通过站点地图，可以向站点中添加新文件以及添加、修改或删除链接等。

1. 使用站点地图

如果要显示站点地图，必须在此之前为站点定义一个首页，站点首页也就是站点地图的起始点。

要为站点定义一个首页，选择【站点】|【管理站点】命令，打开【管理站点】对话框，如图 11-19 所示。在该对话框中选择要编辑的站点，单击【编辑】按钮，打开【站点定义为】对话框。在【站点定义为】对话框中，选择【高级】选项卡，打开该选项卡，在左侧的【分类】列表中选择【站点地图布局】选项，打开该选项对话框，如图 11-20 所示。在【主页】文本框中输入网站的首页路径，单击【确定】按钮即可。

图 11-19【管理站点】对话框

图 11-20 【站点地图布局】选项对话框

定义好主页后，在站点窗口中单击 按钮，并选择【仅地图】选项将显示站点地图，如图 11-21 所示。

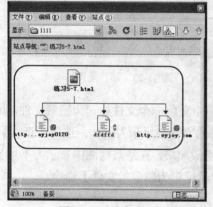

图 11-21　站点地图

提示

在站点地图中，HTML 文件和其他页面内容都是以图标形式显示，而连接关系则显示了它们在 HTML 源代码中出现的先后顺序。

在【站点定义为】对话框中选择【站点地图布局】选项后，可以自定义站点地图的外观，可以设置站点首页，可显示的站点列数，是否在图标后显示文件名或页面标题，是否显示隐藏文件和相关文件。在【站点地图布局】对话框中，各参数选项的具体作用如下：

◉ 【主页】文本框：可以输入首页的路径和名称，或单击其后的文件夹按钮选择首页。

◉ 【列数】和【列宽】文本框：可以输入站点地图中可以显示的最大列数和列宽。

◉ 【图标标签】选项区域：可以选择站点地图中文件图标下方文字的类型。选中【文件名称】单选按钮，可在文件图表下显示文件名称；选中【页面标题】单选按钮，可在文件图标下显示网页的标题。

◉ 【选项】选项区域：可以设置站点地图的其他选项。选中【显示标记为隐藏的文件】复选框，可在站点地图中显示正常文件和隐藏文件；选中【显示相关文件】复选框，可在站点地图中显示各个文件之间的链接关系。

2. 在站点地图中使用页面

在站点地图中，可以进行选择页面，打开需要编辑的页面，向站点添加新页面，创建页面之间的链接和改变页面标题等操作。

打开站点地图，右击站点主页，在弹出的快捷菜单中选择【链接到新文件】命令，打开【链接到新文件】对话框，如图 11-22 所示。输入要链接的【文件名称】、【标题】和【链接文本】，单击【确定】按钮，在站点地图中，新文件将自动链接到站点主页下方，如图 11-23 所示。

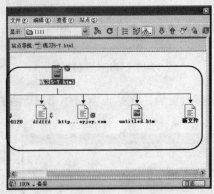

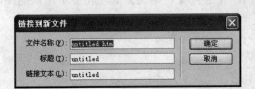

图 11-22 【链接到新文件】对话框　　　　图 11-23 站点地图

站点地图还具有【隐藏文件】的功能。在站点地图中要将一个文件标记为隐藏文件，可以选择【查看】|【显示/隐藏链接】命令，此时被选中文件的文件名显示为斜体。选择【查看】|【显示标记为隐藏的文件】命令，此时被标记的文件将被隐藏起来，在站点地图中显示为不可见。如要显示被隐藏的标记文件，可再次选择【查看】|【显示标记为隐藏的文件】命令。

3. 从站点分支查看站点

通过站点分支可以查看站点中某一页面的详细信息。例如要在站点地图中查看 photo.htm 页面的详细信息，可选择该页面，然后选择【查看】|【作为根查看】命令，此时将重新绘制站点地图，被选中的 photo.htm 文件将作为站点地图的根节点。在窗口上方的【站点导航】区中将显示主页与 photo.htm 文件的路径关系。要恢复原来的站点地图，可在【站点导航】区中单击主页图标即可。

4. 保存站点地图

可以将站点地图保存为图像，并能够在图像编辑器中查看或打印该图像。要将当前的站点地图保存为图像文件，可以选择【文件】|【保存站点地图】命令，打开【保存站点地图】对话框，如图 11-24 所示。选择文件夹后，在【文件名】文本框中输入文件名，单击【保存】按钮即可。

⑪.2.4 在设计备注中管理站点信息

设计备注是 Dreamweaver 中与站点文件相关联的备注，它存储于独立的文件中。可以使用设计备注来记录与文档关联的其他文件信息，例如图像源文件名称和文件状态说明。

1. 启动站点设计备注

单击【站点定义为】对话框【高级】选项卡中的【分类】列表框中的【设计备注】选项，打开该选项对话框，如图 11-25 所示，选中【维护设计备注】复选框，可以根据网站管理的需要选择仅在本地使用设计备注。选中【上传并共享设计备注】复选框，可以和其他工作在该站点的人员分享设计备注和文件视图列。

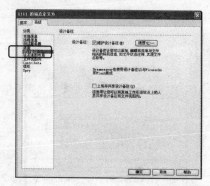

图 11-24 【保存站点地图】对话框　　图 11-25 【设计备注】选项对话框

2. 使用站点设计备注

在管理站点文件时，可以为站点中的每一个文档或模板创建设计备注文件。或者为文档中的 applet、ActiveX 控件、图像、Flash 内容、Shockwave 对象以及图像域创建设计备注。

打开一个网页文档，选择【文件】|【设计备注】命令，打开【设计备注】对话框，如图 11-26 所示，在【备注】文本框中输入相应的设计备注内容，单击【确定】按钮，即可保存设计备注。

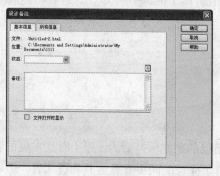

图 11-26 【设计备注】对话框　　图 11-27 【资源】面板

11.2.5 管理站点资源

站点资源包括存储在站点中的各种元素，例如图像或视频文件。在 Dreamweaver CS3 中，可以使用【资源】面板，如图 11-27 所示，查看和管理当前站点中的资源。在该面板中能够显示与【文件】面板中的活动站点文件相关联的站点资源。

1. 将 URL 应用于图像和文本

在【资源】面板中，可以将所选的文本或图像做成一个活动链接，应用于当前站点。

打开一个网页文档，选择【窗口】|【资源】命令，打开【资源】面板选中页面中的图像，单击 URLs 按钮 ，在【资源】面板中会显示 URLs 类别，如图 11-28 所示。单击【插入】按钮，即可应用 URL。

图 11-28　显示 URLs 类别

> **提示**
>
> 插入的 URL，在文档中是以完整的 URL 地址形式显示的。在浏览器中浏览时，同样显示完整的 URL 地址。

2. 在其他站点中重新使用资源

【资源】面板显示当前站点中的所有资源(属于可识别的类型)，若要将当前站点中的资源用于其他站点，必须将该资源复制到其他站点(可以一次复制一个单独的资源、一组单独的资源或整个收藏夹)。

11.3 维护站点

网站的内容不是永久不变的，要想使自己的网站保持活力，跟上时代发展的脚步，就必须经常性地对站点的内容进行更新和维护。当有了先进的网页开发工具和技术时，还可以对网站的外观和风格进行重新设计。

对网站的内容进行更新时,通常是先将远程站点服务器上要更新的网页文件下载到本地站点上，然后进行修改，修改完成后再将新的网页文档上传到网站服务器上，而不是重新设计和发布整个网站。

　　Dreamweaver CS3 中站点的维护方法主要有上传和下载、存回和取出。其中，上传和下载适用于单人维护站点的情况；存回和取出则适用于多人维护站点的情况。

11.3.1　上传和下载

　　在完成 Dreamweaver 站点的规划与创建工作后，不仅可以对本地站点进行操作，也可以对远程站点进行操作。单击【文件】面板上的【上传文件】⬆按钮和【获取文件】⬇按钮，可以将本地文件夹中的文件上传到远程站点，也可以将远程站点上的文件下载到本地文件夹。

　　【例 11-2】选择本地站点，上传和下载本地站点文件。

　　(1) 选择【窗口】|【文件】命令，打开【文件】面板。

　　(2) 在【文件】面板的【显示】下拉列表中选择一个本地站点，选择本地视图，显示本地目录。

　　(3) 单击【连接到远端主机】按钮⚮，连接到远程服务器上。

　　(4) 单击【上传文件】按钮⬆，系统会打开一个信息提示框，如图 11-29 所示，单击【确定】按钮，即可将本地站点中的所有文件上传到远程站点中，如图 11-30 所示。

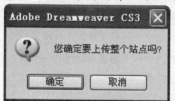

图 11-29　信息提示框　　　　　　　　图 11-30　上传本地站点

　　(5) 切换到远程视图，单击【文件】面板上的【刷新】按钮 C，刷新远程站点上的文件。

　　(6) 单击【获取文件】⬇按钮，下载站点中的所有文件。切换到本地站点视图，然后单击【刷新】按钮 C，即可在【文件】面板的本地视图中编辑所下载的站点文件。

11.3.2　同步更新站点

　　网站发布以后，内容不可能一成不变，可以在本地编辑网页，然后采用同步更新的方法更新某一个网页，也可以更新整个站点。

　　选择【站点】|【同步站点范围】命令，打开【同步文件】对话框，如图 11-31 所示。选择一个本地站点，在【方向】下拉列表框中选择【放置较新的文件到远程】。如果选中【删除本地驱动器上没有的远端文件】复选框，Dreamweaver CS3 就会自动删除【远程站点】和【本地站点】中没有对应的任何文件。设置完毕后单击【预览】按钮。此时打开预览后的对话框，如图 11-32

所示。在该对话框中，可以确定需要删除、上传或下载的文件，如果不希望更改某个特定文件，可以取消该文件左侧的方块选项。设置完毕后单击【确定】按钮，系统将自动对远端站点进行更新。

图 11-31 【同步文件】对话框

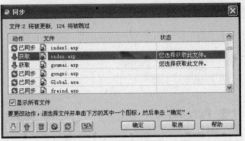

图 11-32 预览后的对话框

如果要删除远程站点或本地站点的文件，可以直接在站点窗口中进行。选择一个文件后，右击鼠标，在弹出的快捷菜单中选择【编辑】|【删除】命令即可，如图 11-33 所示。

图 11-33 删除远端站点或本地站点中的文件

> **提示**
>
> 跟制作网页过程中的撤销操作或删除某个元素操作不同，删除远程站点或本地站点文件的操作是不可恢复的。在进行删除操作之前最好能保存一个副本文件。

11.4 发布站点

完成网站的创建和测试工作后，下一步就是通过将文件上传到远程文件夹来发布该站点。远程文件夹是存储文件的位置，这些文件用于测试、协作和发布，具体取决于用户的环境。

11.4.1 申请域名和空间

网站要在 Internet 上存在，就必须拥有一个存储网站内容的空间和一个用于访问该网站的域名。对于空间，现在免费的越来越少了，大部分的空间都是收费的，并且价格也是千差万别，可以根据需要选择适合自己的空间服务商。根据不同的要求，空间一般可分为静态网页空间和动态网页空间。前者用于存储普通的 HTML 静态页面，后者可以存储采用 ASP、JSP 等服务器技术的动态网页。

域名类似于 Internet 上的门牌号，是用于识别和定位 Internet 上计算机的层次结构字符标识，与该计算机的 IP 地址相对应。但相对于 IP 地址，域名更便于浏览者理解和记忆。域名既有类似 xxx.com 的顶级域名，也有类似 news.xxx.com、mail.xxx.com 的二级域名。一般的空间服务商同时会提供域名注册服务。用户申请了域名后，就可以根据服务商的要求将域名和空间对应起来，实现通过域名来访问网站的目的。

目前，提供域名和空间的网站非常多，例如【中国数据】网和【中国网格】网，如图 11-34 所示，这些网站都同时提供域名和空间申请服务。

图 11-34　申请域名和空间网站

用户根据自己的实际需求，申请网络空间的大小，一般初级用户，申请 200MB 左右空间就足够了；企业商业网站可以选择 500MB~800MB 之间的空间大小；大型专业站点一般选择在 1GB 或 1GB 以上的网络空间。

申请域名时，一般域名申请网站都提供免费二级域名申请服务，一级或顶级域名就需要支付一定的域名使用费用。

11.4.2　上传本地站点

在发布站点之前，需要设置一个远程文件夹，以便发布站点中的网页。远程文件夹通常具有与本地文件夹相同的名称，因为远程站点通常完全就是本地站点的副本。也就是说，发布到远程文件夹的文件和子文件夹是本地创建的文件和子文件夹的副本。

要使 Internet 上的访问者可以访问网站，必须将网站上传到 Web 服务器，即使 Web 服务器是在本地计算机上也必须进行上传。

在完成远程文件夹的设置工作后，打开【文件】面板，单击【连接到远程主机】 按钮，连接远程文件夹，然后在选中站点根目录的情况下单击【上传文件】 按钮，系统会打开一个信息提示框，如图 11-35 所示，要求选择是否上传网站，单击【确定】按钮，系统会在后台自动执行将文件从本地文件夹上传到 Web 服务器上的操作，如图 11-36 所示。

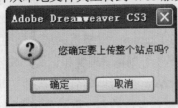

图 11-35　信息提示框　　　　　　图 11-36　【后台文件活动】对话框

11.5　上机练习

本章的上机实验主要介绍了测试本地创建的网站，但测试完毕后，在互联网中申请空间，将本地站点文件上传至网络空间中。对于本章中的其他内容，例如如何维护站点，使用站点设计备注，将 URL 应用于图像和文本等内容，可以根据理论指导部分进行练习。

11.5.1　测试站点

在【文件】面板中选择要测试的本地站点，然后测试本地站点的链接情况。

(1) 选择【窗口】|【文件】命令，打开【文件】面板，如图 11-37 所示。

(2) 在【文件】面板的下拉列表中选中要测试的站点，选中创建的本地站点。

(3) 选择【站点】|【报告】命令，打开【报告】对话框，如图 11-38 所示。

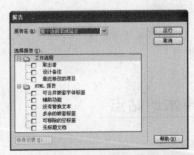

图 11-37　【文件】面板　　　　　图 11-38　【报告】对话框

(4) 在【报告】对话框中，在【报告在】下拉列表中选择【整个当前本地站点】选项，单击【运行】按钮，打开【结果】面板。

(5) 在【结果】面板中显示了站点测试报告，如图 11-39 所示。

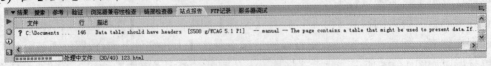

图 11-39　站点报告

11.5.2 上传网页

注册一个域名地址，申请一个免费空间，将网页文档上传到空间中。

(1) 打开 IE 浏览器，在地址栏中输入 URL 地址 http://my.80.hk/index.asp，打开一个专业提供域名服务的网站，如图 11-40 所示。也可以去其他专业域名服务网站上去申请。

(2) 进入注册页面，输入未注册过的 URL 地址，然后填写其他相关的信息，单击【确定】按钮，注册账户，如图 11-41 所示。要注意的是，这里注册的域名是二级域名，因为基本上所有的顶级和一级域名都是需要收费的，可以根据自己的实际情况和需求，选择免费的二级或更低级域名，还是顶级或一级域名。

图 11-40 打开域名服务网站

图 11-41 填写注册信息

计算机 基础与实训教材系列

(3) 在 IE 浏览器中输入 URL 地址 http://tele3.alidisk.net/index.aspx，打开如图 11-42 所示的免费网络空间申请网站。

(4) 打开注册网页，如图 11-43 所示，填写相关的注册信息。

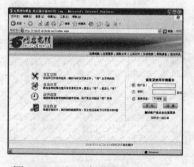
图 11-42 打开免费空间申请网站

图 11-43 填写注册信息

(5) 登录账户，打开如图 11-44 所示的网页，显示了一些用户信息。

(6) 单击左侧导航栏上的【文件】链接，打开该链接页面，如图 11-45 所示。单击【上传】按钮，打开上传页面，如图 11-46 所示。

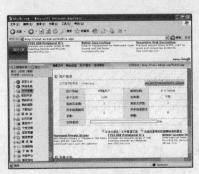
图 11-44　显示用户信息

图 11-45　文件页面

(7) 单击【浏览】按钮，选择要上传的网页文档，选中【类型】选项中的【链接网址】单选按钮，打开该选项页面，在【标题】文本框中输入标题名称、在【网址】文本框中输入注册好的二级域名地址，如图 11-47 所示。

图 11-46　上传页面

图 11-47　输入标题和链接地址

(8) 单击【上传】按钮，即可上传页面。

11.6　习题

1. 站点测试包括哪些方面？
2. 使用站点地图的功能。
3. 设计备注存储于独立的文件中，它可以用来实现什么功能？
4. Dreamweaver CS3 提供了哪两种站点的维护方法？
5. 在站点中，用于记录存回/取出信息的纯文本文件的扩展名称是什么？
6. 将【资源】面板中的 URL 插入到文档，是以哪种形式显示的？
7. 选择一个本地站点，测试站点的链接情况。
8. 为创建的本地站点设置站点地图。
9. 选择一个本地站点，将它上传到远程服务器上。

第12章

Dreamweaver 综合实例应用

学习目标

本章介绍了制作个人主页的基本操作，从最基本的新建和规划站点开始，到制作基本页面，插入图像、文本和动画元素，创建超链接来连接多个页面，添加时间轴动画，并制作留言板动态页面。

本章重点

- 新建站点
- 规划站点
- 制作页面
- 创建超链接
- 设置服务器
- 制作留言板
- 添加网站计数器
- 添加鼠标效果

12.1 创建本地 ASP 站点

要制作网站，创建站点是第一步需要进行的操作。在 Dreamweaver CS3 中新建一个名称为"我的个人主页"的 ASP 站点，然后根据要设计的页面内容，在【文件】面板中预先规划好站点。

⑫.1.1　创建站点

(1) 启动 Dreamweaver CS3，选择【站点】|【新建站点】命令，打开【站点定义为】对话框，输入新建的站点名称为"我的个人主页"，如图 12-1 所示。

(2) 单击【下一步】按钮，单击【是，我想使用服务器技术】单选按钮，然后选择 ASP VBScript 选项，如图 12-2 所示。单击【下一步】按钮，设置站点保存的磁盘路径，如图 12-3 所示。

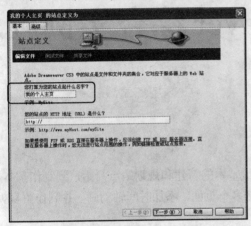

图 12-1　输入站点名称　　　　　　　图 12-2　选择站点服务器

(3) 连续单击【下一步】按钮，完成新建站点的操作，创建的站点总结如图 12-4 所示，单击【完成】按钮即可。

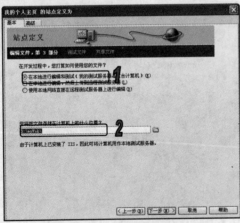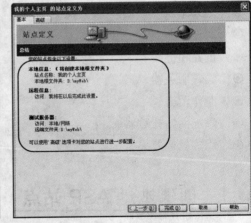

图 12-3　选择站点保存路径　　　　　　图 12-4　站点总结

⑫.1.2　规划站点

(1) 选择【窗口】|【文件】命令，打开【文件】窗口。

（2）右击站点文件夹，在弹出的快捷菜单中选择【新建文件夹】命令，在【文件】窗口中新建一个文件夹，将该文件夹命名为 image，用于存放网页中使用到的图片元素，如图 12-5 所示。

（3）参照步骤(2)，在【文件】窗口中新建 audio 和 flash 文件夹，用于存放网页中使用的声音和动画元素，如图 12-6 所示。

图 12-5　新建 image 文件夹

图 12-6　新建 audio 和 flash 文件夹

（4）右击站点文件夹，在弹出的快捷菜单中选择【新建文件】命令，新建网页文档，命名为 index.asp，如图 12-7 所示，设置该文档为主页。

（5）参照步骤(4)，继续创建【日志】页面 log.asp、【相册】页面 albums.asp、【档案】页面 information.asp 和【留言板】messageboard.asp，如图 12-8 所示。

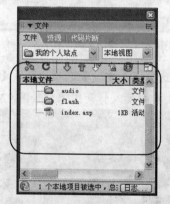

图 12-7　新建 index.asp 页面

图 12-8　新建其他页面

12.2　制作网页

创建和规划好站点后，就可以开始制作网页，在制作时，因为制作的是一个个人站点，可以先设计一个网站主页，然后根据网页内容，修改其他子页内容，制作其他相应的页面即可。

12.2.1 制作主页

由于同一个站点中各个页面的风格大体相似，因此，以相同的页面来开发各页面会使效率更高，因此首先需要制作一个站点的主页面。

(1) 选择【窗口】|【文件】命令，打开【文件】面板，右击 index.asp 网页文档，在弹出的快捷菜单中选择【打开方式】|【在 Dreamweaver 中打开】命令，在 Dreamweaver CS3 中打开网页文档。

(2) 右击文档空白位置，在弹出的快捷菜单中选择【页面属性】命令，如图 12-9 所示，打开【页面属性】对话框。

(3) 在【页面属性】对话框中，单击【浏览】按钮，打开【选择图像源文件】对话框，选择背景图像，如图 12-10 所示，单击【确定】按钮，插入到【页面属性】对话框中的【背景图像】文本框中。

图 12-9　选择【页面属性】命令

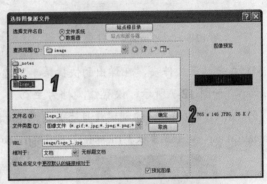

图 12-10　【选择图像源文件】对话框

(4) 在【页面属性】对话框中的【重复】下拉列表中选择【不重复】选项，设置【文本颜色】为黑色，如图 12-11 所示，单击【确定】按钮，在网页文档中插入背景图像，如图 12-12 所示。

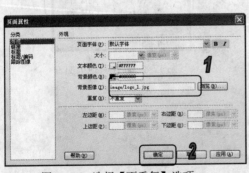

图 12-11　选择【不重复】选项

图 12-12　插入背景图像

(5) 选择【查看】|【表格模式】|【布局模式】命令，切换到【布局模式】中。

(6) 单击【插入栏】上的【布局】选项卡，打开【布局】插入栏，如图 12-13 所示。

图 12-13　【布局】插入栏

(7) 单击【布局】插入栏上的【布局表格】按钮，在文档中绘制布局表格，调整布局表格合适大小。单击【布局】插入栏上的【布局单元格】按钮，在文档中绘制布局单元格，如图 12-14 所示。

(8) 单击【退出】按钮，退出【布局模式】。

(9) 将光标移至中间的单元格内，输入文本内容 Persoanl Portfolio，打开【属性】面板，设置字体颜色为【#996600】，字体大小为 35 像素。换行输入文本内 everything about me and my interests，设置字体颜色为白色，字体大小为 12 像素，应用 Ctrl+Shift+Space 键，调整文本位置，使它们居中显示，如图 12-15 所示。

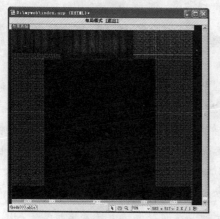

图 12-14　规划网页布局

图 12-15　输入文本内容

(10) 将光标移至顶部左侧的单元格中，选择【插入记录】|【媒体】|Flash 命令，打开【选择文件】对话框，选择要插入的 SWF 文件，如图 12-16 所示，单击【确定】按钮，插入到网页文档中，如图 12-17 所示。

图 12-16　【选择文件】对话框

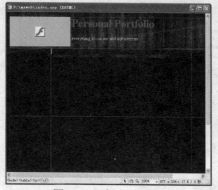

图 12-17　插入 Flash

中文版 **Dreamweaver CS3** 网页制作实用教程

(11) 将光标移至中间的单元格中，选择【插入记录】|【图像】命令，打开【选择图像源文件】对话框，选择要插入的图像，如图 12-18 所示，单击【确定】按钮，插入到网页文档中，调整图像合适大小，如图 12-19 所示。

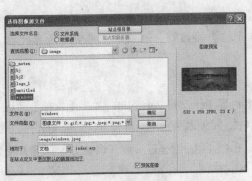

图 12-18 【选择图像源文件】对话框

图 12-19 插入图像

（12）将光标移至插入图像的下一行单元格中，选择【插入记录】|【图像对象】|【导航条】命令，打开【插入导航条】对话框。

(13) 在【插入导航条】对话框的【项目】文本框中输入项目名称 wz，单击【状态图像】文本框右侧的【浏览】按钮，打开【选择图像源文件】对话框，选择要插入的图像文件，单击【确定】按钮，插入到【状态图像】文本框中。使用同样的方法，插入【鼠标经过图像】图像。

(14) 单击【插入导航条】对话框上的 按钮，添加导航项目。参照步骤(13)，输入项目名称 xc，插入【状态图像】和【鼠标经过图像】。

(15) 参照步骤(14)，创建 zl 和 ly 导航项目，设置的【插入导航条】对话框如图 12-20 所示。

(16) 单击【插入导航条】对话框中的【确定】按钮，在网页文档中插入导航条，如图 12-21 所示。

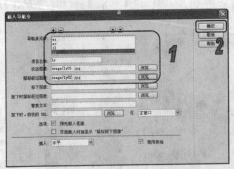

图 12-20 【插入导航条】对话框

图 12-21 插入导航条

(17) 将光标移至导航条下方的单元格中，选择【插入记录】|【图像】命令，打开【选择图

像源文件】对话框，选择要插入的图像，单击【确定】按钮，插入到网页文档中，调整图像合适大小，如图 12-22 所示。

(18) 将光标移至文档中，选择【插入记录】|【布局对象】|AP Div 命令，在文档中插入层。选中层，调整层合适大小，打开【属性】面板，设置层的背景颜色为【#8C7C63】，如图 12-23 所示。

图 12-22　插入图像

图 12-23　插入并设置层属性

(19) 将光标移至层中，选择【插入记录】|【表格】命令，打开【表格】对话框，在【行数】文本框中输入数值 4，在【列数】文本框中输入数值 2，如图 12-24 所示，单击【确定】按钮，在层中插入一个 4 行 2 列的表格。

(20) 在表格的各个单元格中插入图像和文本内容，设置图像的大小统一为 150×115 像素，文本字体为 12 像素，粗体。

(21) 选中整个表格，打开【属性】面板，设置表格的背景颜色为白色，表格内容对齐方式为居中，如图 12-25 所示。

图 12-24　【表格】对话框

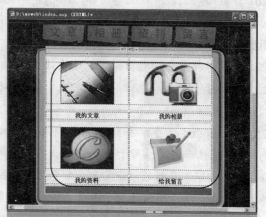
图 12-25　插入表格内容

(22) 选中表格，打开【属性】面板，在【行】文本框输入数值 5，增加一个行单元格。

(23) 将光标移至增加的单元格中，选择【查看】|【代码和设计】命令，切换到【代码和设

计】视图中，在工作区上面的【代码视图】中输入以下代码，如图 12-26 所示。这段代码可以实现滚动字幕效果，<marquee>是实现滚动字幕效果标记，<span class>是设置字幕样式标记。

```
<marquee>
        <span class="STYLE5">欢迎进入我的空间</span>
    </marquee>
        <span class="STYLE5">
```

(24) 选中增加的行，按下 Ctrl+Alt+M 键，合并单元格，如图 12-27 所示。这样滚动字幕效果将在该行中重复滚动。

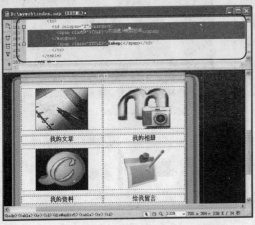
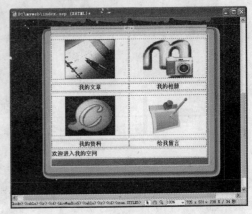

图 12-26　输入代码　　　　　　　　　图 12-27　合并单元格

(25) 到这里，主页面的内容就基本添加完毕了，接下来用户可以自己可以添加一些小元素，完善页面内容。

(26) 在页面最底层输入文本内容 "Copyright 2007-2008©Personal Portfolio"。按下 Alt+F6 键，切换到【布局模式】，在布局表格下方的宽度下拉列表中选择【清除所有高度】选项，清除所有高度。

(27) 将光标移至文档空白位置，选择【查看】|【代码】命令，切换到【代码】视图。将光标移至<body>标签后面，输入 "<"，系统会自动弹出一个下拉列表，在下拉列表中选择 bgsound 标签，如图 12-28 所示。

(28) 在 bgsound 标签后按下空格键，系统会自动显示该标签允许的属性下拉列表，在下拉列表中选择 src 属性，该属性用于设置背景音乐文件的路径。

(29) 选择 "src" 属性后，会显示一个【浏览】按钮，如图 12-29 所示，单击该按钮，打开【选择文件】对话框，选择所需插入的声音文件，单击【确定】按钮，这时系统会要求是否将声音文件复制到本地站点文件夹中，选择【是】按钮，打开【复制文件为】对话框，将声音文件复制到本地站点的 audio 文件夹中，如图 12-30 所示，单击【确定】按钮，即可插入声音文件。

图 12-28　选择 bgsound 标签

图 12-29　选择【浏览】按钮

(30) 在插入的音乐文件后按下空格键，在弹出的属性下拉列表中选择 loop 属性，这时会显示-1 属性值，选中该属性值，如图 12-31 所示。完成操作，插入的背景声音可以在浏览网页文档时自动播放。

图 12-30　【复制文件为】对话框

图 12-31　选择属性值

(31) 个人网站的主页面就制作完成了，用户还可以自行制作一些装饰品或添加行为命令，充实页面内容。

12.2.2　制作子页面

制作好主页面后，可以根据主页模式，修改页面中其他内容，例如文本和图像元素，也可以根据实际需要，添加页面内容。

1．制作 log.asp 子页面

(1) 打开制作的 index.asp 网页文档，选择【文件】|【另存为】命令，打开【另存为】对话框，保存文档名称为 log，单击【保存】按钮，系统会自动打开一个信息提示框，要求是否覆盖已经存在的 log.asp 网页文档，单击【是】按钮，覆盖网页文档。

(2) 双击文档中间插入的图像，打开【选择图像源文件】对话框，选择要插入的图像，单击

【确定】按钮，修改图像，如图 12-34 所示。

(3) 选中层中的表格，按下 Del 键删除表格。选择【插入记录】|【表格】命令，打开【表格】对话框，插入一个 4 行 2 列的表格。

(4) 选中层，打开【属性】面板，单击【背景颜色】按钮，打开【调色板】，使用【吸管】工具单击层所在的图像背景颜色，选择层的背景颜色，如图 12-35 所示。

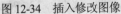

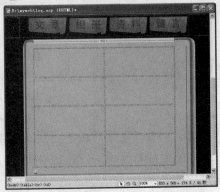

图 12-34　插入修改图像　　　　图 12-35　设置层的背景颜色

(5) 选中表格，打开【属性】面板，设置表格的背景颜色为黑色，如图 12-36 所示。

(6) 选中表格的第 1 行，按下 Ctrl+Alt+M 键，合并单元格。选择【插入记录】|【图像】命令，打开【选择图像源文件】对话框，选择要插入的图像文件(在选择插入的图像文件时，可以根据主页上的"文章"图标，插入相同的图像文件)，单击【确定】按钮插入到表格中，在【属性】面板中设置图像大小为 150×100 像素，对齐方式为左对齐。

(7) 将光标移至插入图像的右侧，输入文本内容"我的文章"，设置字体为 12 像素，粗体，白色，如图 12-37 所示。

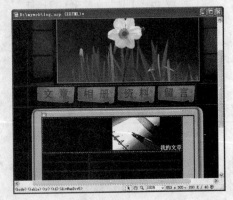

图 12-36　设置表格背景颜色　　　　图 12-37　插入表格内容

(8) 选中表格的 2 行 1 列到 2 行 4 列，按下 Ctrl+Alt+M 键，合并单元格。在合并的单元格中输入文本内容"个人喜欢的语录(摘抄)"，设置文本属性。

(9) 合并表格的 2 行 2 列到 2 行 4 列，单击【插入栏】上的【表单】选项卡，打开【表单】插入栏，如图 12-38 所示。

图 12-38　【表单】插入栏

(10) 单击【表单】插入栏上的【文本字段】按钮，在表格中插入一个文本域。选中插入的文本域，打开【属性】面板，在【类型】选项中选中【多行】单选按钮，在【字符宽度】文本框中输入数值 35，在【行数】文本框中输入数值 15，在【初始值】文本框中输入文章内容，如图 12-39 所示。

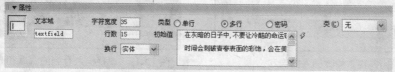

图 12-39　设置【表单】的【属性】面板

(11) 在表单中输入的初始值内容将在文档中显示，如图 12-40 所示。这样一个简单的 log.asp 子页面就制作完成了，用户可以根据实际需要，添加更多的网文内容。

2. 制作 albums.asp 子页面

(1) 打开 lop.asp 网页文档，将该文档另存为 albums.asp 网页文档，替换已经存在的 albums.asp 文档。

(2) 双击文档中间插入的图像，打开【选择图像源文件】对话框，选择要修改的图像文件，单击【确定】按钮，插入到文档中，如图 12-41 所示。

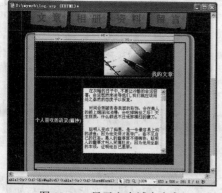

图 12-40　显示文本域中内容

图 12-41　修改插入图像

(3) 双击下面表格中的图像，打开【选择图像源文件】对话框，选择与主页面上相册图标相同的图像，单击【确定】按钮，插入到文档中，调整图像大小为 150×100 像素，左对齐图像。

(4) 将光标移至修改图像的右侧，输入文本内容"我的相册"，设置字体为 12 像素，粗体，字体颜色为白色，如图 12-42 所示。

(5) 删除表格中的文本内容"个人喜欢的语录(摘抄)"以及文本字段表单对象。

(6) 右击表格空白位置，在弹出的快捷菜单中选择【表格】|【插入行】命令，在表格中插入行。继续右击表格的空白位置，在弹出的快捷菜单中选择【表格】|【插入列】命令，在表格中

插入列，调整行列的宽度和高度，如图 12-43 所示。

图 12-42　修改插入图像和文本　　　　　图 12-43　调整插入行列的宽度和高度

(7) 将光标移至表格的 1 行 1 列单元格中，选择【插入记录】|【图像】命令，打开【选择图像源文件】对话框，将图片插入到表格中，打开【属性】面板，设置图像大小为 150×90 像素，对齐方式为居中对齐。

(8) 将光标移至插入图像的下一行中，输入文本内容"城市"，设置字体加粗，对齐方式为居中对齐，如图 12-44 所示。

(9) 参照步骤(7)~(8)，在其他单元格中插入图像和文本内容，并设置图像和文本属性，如图 12-45 所示。

图 12-44　设置图像和文本属性　　　　　图 12-45　插图图像和文本

(10) 一个简单的 albums.asp 子页面就制作完成了，用户可以根据实际需要，添加更多的网文内容。

3. 制作 information 子页面

(1) 打开 albums.asp 子页面，选择【文件】|【另存为】命令，打开【另存为】对话框，另存为 information.asp 网页文档，替换原有的 information.asp 网页文档。

(2) 双击文档中间插入的图像，打开【选择图像源文件】对话框，选择要修改的图像文件，单击【确定】按钮，插入到文档中，如图 12-46 所示。

(3) 双击下面表格中的图像，打开【选择图像源文件】对话框，选择与主页面上相册图标相同的图像，单击【确定】按钮，插入到文档中，调整图像大小为 150×100 像素，左对齐图像。

（4）将光标移至修改图像的右侧，输入文本内容"我的资料"，设置字体为 12 像素，粗体，字体颜色为白色，如图 12-47 所示。

图 12-46　修改插入图像

图 12-47　修改插入图像和文本

（5）删除表格各单元格中的插入图像和文本内容。

（6）选择表格的第 1 行中所有单元格，按下 Ctrl+Alt+M 键，合并单元格，在单元格中输入文本内容"个人资料"，设置字体颜色为白色，字体大小为 24 像素，左侧对齐文本，调整单元格合适高度，如图 12-48 所示。

（7）将光标移至左侧的单元格内，选择【插入记录】|【图像】命令，打开【插入图像】对话框，选择要插入的图像，单击【确定】按钮，插入到单元格中，打开【属性】面板，设置图像大小为 180×230 像素。调整单元格合适宽度和高度，如图 12-49 所示。

图 12-48　插入文本

图 12-49　插入图像

（8）选中整个表格，打开【属性】面板，在【行数】文本框中输入数值 7，在原表格的基础上插入 4 行表格，选择第 1 列中所有单元格，按下 Ctrl+Alt+M 键，合并单元格，如图 12-50 所示。

（9）在插入表格的其他单元格中输入相应的文本内容，设置字体大小为 12 像素，字体颜色为白色，如图 12-51 所示。

（10）一个简单的 information.asp 子页面就制作完成了，用户可以根据实际需要，添加更多的网文内容。

计算机 基础与实训教材系列

-285-

图 12-50 插入行并合并单元格

图 12-51 插入文本内容

4. 制作 messageboard 页面

(1) 打开 information.asp 子页面，选择【文件】|【另存为】命令，打开【另存为】对话框，另存为 messageboard.asp 网页文档，替换原有的 messageboard.asp 网页文档。

(2) 双击文档中间插入的图像，打开【选择图像源文件】对话框，选择要修改的图像文件，单击【确定】按钮，插入到文档中，如图 12-52 所示。

(3) 双击下面表格中的图像，打开【选择图像源文件】对话框，选择与主页面上相册图标相同的图像，单击【确定】按钮，插入到文档中，调整图像大小为 150×100 像素，左对齐图像。

(4) 将光标移至修改图像的右侧，输入文本内容"给我留言"，设置字体为 12 像素，粗体，字体颜色为白色，如图 12-53 所示。

图 12-52 修改插入图像

图 12-53 修改插入图像和文本

(5) 删除表格中的图像和文本内容。

(6) 选中所有单元格，按下 Ctrl+Alt+M 键，合并单元格。

(7) 将光标移至合并的单元格内，选择【插入记录】|【图像】命令，打开【选择图像源文件】对话框，选择要插入的图像，单击【确定】按钮，插入到单元格中，调整插入图像合适大小，如图 12-54 所示。

(8) 将光标移至插入图像的左侧，选择【插入记录】|【布局对象】|AP Div 命令，在文档中插入图层。

图 12-54　插入图像

(9) 将光标移至图层中，选择【插入记录】|【表格】命令，打开【表格】对话框，插入一个 2 行 1 列的表格。

(10) 将光标移至插入表格的第 1 行中，单击【插入栏】上的【表单】选项卡，打开【表单】插入栏。单击【文本字段】按钮，在表格中插入文本域。选中文本域，打开【属性】面板，在【类型】选项中选中【多行】单选按钮，在【字符宽度】文本框中输入数值 25，在【行数】文本框中输入数值 6，如图 12-55 所示。

图 12-55　设置【属性】面板

(11) 将光标移至表格的第 2 行中，单击【表单】插入栏上的【按钮】按钮，插入按钮表单对象。使用同样的方法，继续插入按钮表单对象，打开【属性】面板，在【动作】选项中选中【重设】单选按钮，设置重设动作。

(12) 调整插入的表单对象位置以及层所在的位置，如图 12-56 所示。

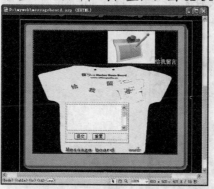

图 12-56　插入表单对象

(13) 一个简单的 messageboard.asp 子页面就制作完成了，用户可以根据实际需要，添加更多的网文内容。

⑫.3 创建超链接

制作好主页面和其他子页面后，如果要将这些页面连接起来，就需要创建超链接。可以创建图像超链接、文本超链接、E-mail 链接等，也可以链接到其他网页中去。

⑫.3.1 创建页内链接

根据创建好的主页以及子页面，创建图像和文本链接，实现页面之间互相跳转。

(1) 选择【窗口】|【文件】命令，打开【文件】面板，如图 12-57 所示。在创建的本地 myweb 站点文件夹中选择 index.asp 网页文档，右击该文档，在弹出的快捷菜单中选择【打开方式】|Dreamweaver 命令，在 Dreamweaver CS3 中打开 index.asp 网页文档，如图 12-58 所示。

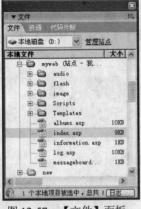

图 12-57 【文件】面板

图 12-58 index.asp 网页文档

(2) 选中导航条中的【文章】项目，打开【属性】面板，单击【链接】文本框右侧的【浏览文件】按钮，打开【选择文件】对话框，选择 log.asp 网页文档，如图 12-59 所示，单击【确定】按钮，创建超链接。这时在【属性】面板的【链接】文本框中会显示创建链接的 log.asp 网页文档的路径，如图 12-60 所示。

图 12-59 【选择文件】对话框

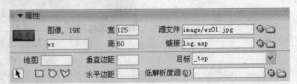

图 12-60 显示创建链接的 log.asp 网页文档的路径

（3）参照步骤(2)，选中导航条中的【相册】、【资料】和【留言】项目，创建超链接，分别连接到 albums.asp、information.asp 和 messageboard.asp 网页文档。

（4）打开 log.asp 网页文档，将光标移至导航条右侧，输入文本内容"返回主页"，打开【属性】面板，设置字体颜色为【#00FF00】，粗体，单击【链接】下拉列表右侧的【浏览文件】按钮，打开【选择文件】对话框，选择 index.asp 网页文档，单击【确定】按钮，创建超链接，在【属性】面板中的设置如图 12-61 所示。

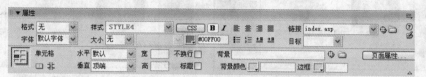

图 12-61　设置文本内容的【属性】面板

（5）参照步骤(4)，分别打开 albums.asp、information.asp 和 messageboard.asp 网页文档，在各个文档中插入文本内容"返回主页"，设置字体颜色和样式，创建链接到 index.asp 网页文档的超链接。

（6）创建以上链接后，通过单击导航条上的项目，跳转到对应的子页面，通过单击子页面上的【返回主页】文本超链接，可以跳转到主页面。

（7）下面要实现子页面之间的互相跳转。打开 log.asp 网页文档，选中导航条上的【文章】项目，打开【属性】面板，单击【链接】文本框右侧的【浏览文件】按钮，打开【选择文件】对话框，选择 log.asp 网页文档，单击【确定】按钮，创建超链接，创建的该超链接可以在 log.asp 文档中访问 log.asp 文档，相当于自动刷新本页面的功能。选中导航条上的【相册】项目，创建连接到 albums.asp 网页文档的超链接，实现在 log.asp 文档中访问 albums.asp 文档的功能。重复操作，选中导航条上的【资料】和【留言】项目，创建连接到 information.asp 和 messageboard.asp 网页文档的超链接。

（8）参照步骤(7)，分别打开 albums.asp、information.asp 和 messageboard.asp 网页文档，选中导航条上的各个项目，创建相应的超链接，实现子页面之间互相跳转的功能。

12.3.2　创建其他链接

通过 12.3.1 节的操作，已经将各个网页通过超链接，实现了互相访问的功能。下面介绍链接到外部页面、创建图像热点链接以及发送 E-mail 链接的方法。

（1）打开 index.asp 网页文档，选中插入文本"我的文章"上方的图像，打开【属性】面板，单击【链接】文本框右侧的【浏览文件】按钮，打开【选择文件】对话框，选择 log.asp 网页文档，单击【确定】按钮，创建图像超链接，创建超链接的图像周围会显示蓝色边框，如图 12-62 所示。

（2）选中插入文本"我的相册"上方的图像，打开【属性】面板，单击【多边形热点工具】按钮，将光标移至图像上，框选图像，创建图像热点地图，如图 12-63 所示。

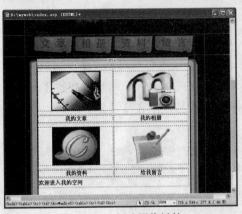
图 12-62　创建图像链接

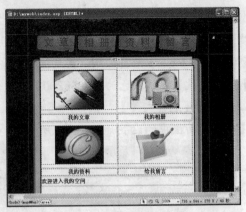
图 12-63　创建图像热点地图

(3) 选中创建的图像热点地图，打开【属性】面板，单击【链接】文本框右侧的【浏览文件】按钮，打开【选择文件】对话框，选择 albums.asp 网页文档，单击【确定】按钮，创建图像热点链接，在【属性】面板中的设置如图 12-64 所示。

(4) 选中插入文本"我的资料"上方的图像，打开【属性】面板，单击【链接】文本框右侧的【浏览文件】按钮，打开【选择文件】对话框，选择 information.asp 网页文档，单击【确定】按钮，创建超链接。

(5) 选中插入文本"给我留言"上方的图像，打开【属性】面板，单击【多边形热点工具】按钮，将光标移至图像上，框选图像，创建图像热点地图。选中创建的图像热点地图，打开【属性】面板，单击【链接】文本框右侧的【浏览文件】按钮，打开【选择文件】对话框，选择 messageboard.asp 网页文档，单击【确定】按钮，创建图像热点链接，如图 12-65 所示。

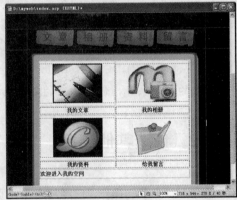
图 12-65　创建链接

图 12-64　设置【属性】面板

(6) 打开 index.asp 网页文档，将光标移至页面左上角的布局单元格内，输入文本内容"联系方式：xdchiang@163.com"，选中文本内容 xdchiang@163.com，打开【属性】面板，在【链接】文本框中输入 mailto:xdchiang@163.com，如图 12-66 所示，创建 E-mail 链接，如图 12-67 所示。

图 12-66　输入链接

图 12-67　创建 E-mail 链接

（7）创建的文本超链接都是蓝色的，这与整个网站的页面不统一，显得颜色太暗，可以改变文本的链接颜色。

（8）右击文档空白位置，在弹出的快捷菜单中选择【页面属性】命令，打开【页面属性】对话框，在【分类】列表框中选择【链接】选项，打开该选项对话框。在【链接颜色】文本框中输入文本链接的字体颜色为【#FFFFFF】，在【已访问链接】文本框中输入字体颜色为【#CCCCCC】，在【下划线样式】下拉列表中选择【始终无下划线】选项，如图 12-68 所示，单击【确定】按钮，设置的文本链接如图 12-69 所示。

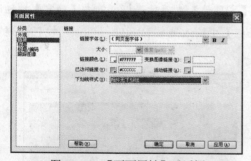

图 12-68　【页面属性】对话框

图 12-69　设置文本链接字体

（9）参照步骤(8)，分别设置 log.asp、albums.asp、information.asp 和 messageboard.asp 网页文档中的文本链接。

⑫.4　设置 IIS 服务器

制作好 ASP 网页后，如果需要浏览网页文档，首先需要设置 IIS 服务器。在之前的章节中已经介绍了如何安装 IIS 组件以及配置 IIS 服务器，但只能浏览默认网站中设置的页面，要浏览其他 ASP 页面，必须重新设置，具体操作可以参考以下步骤。

(1) 打开【控制面板】窗口，双击【管理工具】图标，打开【管理工具】窗口，双击【Internet 信息服务】图标，打开【Internet 信息服务】对话框。

(2) 在【Internet 信息服务】对话框中，展开【本地计算机】列表，展开【网站】列表，右击【默认网站】选项，在弹出的快捷菜单中选择【启动】命令，如图 12-70 所示，启动配置的 IIS 本地服务器。

(3) 右击【默认网站】选项，在弹出的快捷菜单中选择【属性】命令，打开【默认网站 属性】对话框。

图 12-70　启动默认网站

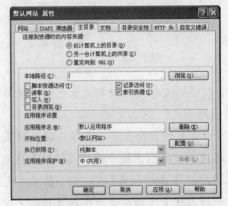

图 12-71　【主目录】选项对话框

(4) 在【默认网站 属性】对话框中，单击【主目录】选项卡，打开该选项卡，如图 12-71 所示。单击【浏览】按钮，打开【浏览文件夹】对话框，选择创建的本地站点根目录 d:\myweb 文件夹，如图 12-72 所示，单击【确定】按钮，返回【主目录】选项对话框，单击【确定】按钮即可。

(5) 打开 Internet Explorer 浏览器，在【地址栏】中输入地址 http://localhost，按 Enter 键，即可在浏览器中预览网页文档，如图 12-73 所示。

图 12-72　【浏览文件夹】对话框

图 12-73　在浏览器中预览网页文档

(6) 在 Internet Explorer 浏览器中默认打开的是 index.asp 主页面，可以单击图像或导航栏上相应项目，打开其他页面，顺便可以测试下创建的超链接是否有出错的地方，包括图像超链接、文本超链接、E-mail 链接以及图像热点地图链接，如图 12-74 所示。

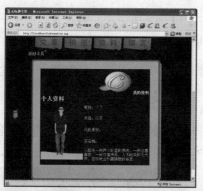

图 12-74　测试创建的各个超链接

⑫.5　制作留言板

制作好各个网页文档，配置好 IIS 服务器并在 IE 浏览器中预览网页文档后，创建的各个页面都可以实现互相访问功能，只需要制作留言板，整个网站就完成了，而网站中的其他一些细节以及页面内容，可以自己根据实际情况进行添加，丰富页面内容。

(1) 打开 messageboard.asp 网页文档，选择【文件】|【另存为】命令，另存为 showmb.asp 网页文档。

(2) 打开 showmb.asp 网页文档，删除层中的文本域和按钮表单对象。

(3) 将光标移至层中，选择【插入记录】|【表格】命令，打开【表格】对话框，插入一个 2 行 1 列的表格。

(4) 将光标移至表格的第 1 行中，输入文本内容"给我留言"，设置文本属性，如图 12-75 所示。

(5) 打开 messageboard.asp 网页文档，在【标签栏】中单击标签<form#form1>，选中表单，打开【属性】面板，单击【动作】文本框右侧的【浏览文件】按钮🗀，打开【选择文件】对话框，选择 showmb.asp 网页文档，在【方法】下拉列表中选择 POST 选项，如图 12-76 所示。

计算机基础与实训教材系列

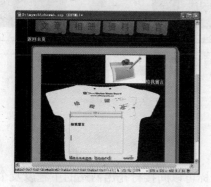

图 12-75　插入文本

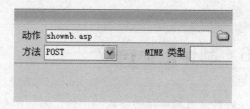

图 12-76　设置【属性】面板

(6) 打开 showmb.asp 网页文档，选择【窗口】|【绑定】命令，打开【应用程序】面板的【绑定】选项卡。

(7) 单击 按钮，在弹出的快捷菜单中选择【请求变量】选项，打开【请求变量】对话框。

(8) 在【请求变量】对话框中的【类型】下拉列表中选择 Request.Form 选项，在【名称】文本框中输入 form1，如图 12-77 所示，单击【确定】按钮。

(9) 将【绑定】选项卡中的变量直接拖动到 showmb.asp 网页文档中的文本内容"给我留言"下方，如图 12-78 所示。

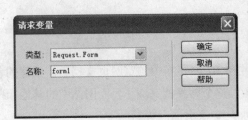

图 12-77　【请求变量】对话框　　　　　图 12-78　拖动变量

(10) 保存文档，在浏览器中预览文档，如图 12-79 所示。

图 12-79　浏览网页文档

12.6　制作鼠标特效

鼠标特效可以改变传统鼠标的形状，不同的鼠标可以间接衬托出网站的主题以及个性。

(1) 打开 index.asp 网页文档，选择【查看】|【代码】命令，切换到【代码】视图。

(2) 将光标移至【代码】视图中最后的</body>标签之前，输入以下代码：

```
<script language="JavaScript">
<!--
ns=(document.layers)?1:0;
Clrs=new Array('ff0000','00ff00','ffffff','ff00ff','ffa500','ffff00','00ff00','ffffff','ff00ff')
var amount=8
var step=0.3;
var currStep=0;
var Ypos=0;
var Xpos=0;
if (ns){
for (i=0; i < amount; i++)
document.write('<LAYER NAME="n'+i+'" LEFT=0 TOP=0 BGCOLOR=#FFFFFF CLIP="0,0,2,2"></LAYER>');
window.captureEvents(Event.MOUSEMOVE);
function nMouse(evnt){
Ypos = evnt.pageY;
Xpos = evnt.pageX;
}
window.onMouseMove=nMouse;
}
else{
document.write('<div style="position:absolute;top:0px;left:0px">');
document.write('<div style="position:relative">');
for (i=0; i < amount; i++)
document.write('<div id="me"
style="position:absolute;top:0px;left:0px;width:2px;height:2px;font-size:2px;background:#00aaff"></div>');
document.write('</div></div>');
function iMouse(){
Ypos=event.y+document.body.scrollTop;
Xpos=event.x+document.body.scrollLeft;
}
document.onmousemove = iMouse;
}
function Comet(){
for (i=0; i < amount; i++){
var randCol=Math.floor(Math.random()*Clrs.length);
var layer=(document.layers)?document.layers['n'+i]:me[i].style;
layer.top =Ypos+60*Math.sin((currStep + i*3.1)/4)*Math.cos(currStep/10);
layer.left=Xpos+60*Math.cos((currStep + i*3.1)/4);
if (ns) layer.bgColor=Clrs[randCol];else layer.background=Clrs[randCol];
}
currStep+=step;
setTimeout("Comet()",10);
}
```

```
window.onload=Comet;
// -->
</script>
</head>
<body bgcolor="#000000">
</body>
</html>
```

(3) 保存文件，在浏览器中预览鼠标效果，如图 12-80 所示。

图 12-80 预览鼠标效果

(4) 可以将代码复制到其他页面文档中，添加鼠标效果。